中国石油和化学工业行业规划教材

“十二五”职业教育国家规划教材
经全国职业教育教材审定委员会审定

化学反应过程与设备
第四版

陈炳和　许宁　主编

U0235011

化学工业出版社

·北京·

内 容 提 要

《化学反应过程与设备》（第四版）根据化工技术类专业的课程标准编写。全书设三个项目：均相反应器、气固相反应器和气液相反应器的选择、设计、操作和控制。本书通过化工生产中反应器选择、设计、操作和控制的实际工作过程揭示工业反应器的共同规律。本版在第三版基础上修订，内容作了适当的调整与增减，项目设置按实际工作过程展开，增加了大量资源素材，补充了微反应器及相关新技术、新设备、新工艺内容，引入反应器选择、设计、安装、操作与控制、事故判断与处理等工业案例，增加了例题的相关技术背景，丰富了习题等。本书配有微课、动画、自测题等丰富的线上资源，读者可扫描封底与各任务标题处的二维码获取。

《化学反应过程与设备》（第四版）可作为高等职业教育化工技术类相关专业（无机化工、有机化工、精细化工、高分子化工、石油化工、生物化工、医药化工、环保工程、化学制药等）教材，也可供有关部门的科研及生产一线技术人员阅读参考，同时也可作为企业职工培训用书。

图书在版编目（CIP）数据

化学反应过程与设备/陈炳和，许宁主编. —4 版. —北京：化学工业出版社，2020.6（2024.1 重印）

"十二五"职业教育国家规划教材

ISBN 978-7-122-36317-6

Ⅰ. ①化… Ⅱ. ①陈…②许… Ⅲ. ①反应器-设计-职业教育-教材 Ⅳ. ①TQ052.502

中国版本图书馆 CIP 数据核字（2020）第 032635 号

责任编辑：徐雅妮 提 岩　　　　装帧设计：李子姮
责任校对：盛 琦

出版发行：化学工业出版社（北京市东城区青年湖南街 13 号　邮政编码 100011）
印　　刷：北京云浩印刷有限责任公司
装　　订：三河市振勇印装有限公司
787mm×1092mm　1/16　印张 19　字数 446 千字　2024 年 1 月北京第 4 版第 7 次印刷

购书咨询：010-64518888　　　　　售后服务：010-64518899
网　　址：http://www.cip.com.cn
凡购买本书，如有缺损质量问题，本社销售中心负责调换。

定　　价：49.00 元

前　言

党的二十大报告提出要"推进教育数字化"。教育数字化转型已成为我国教育改革发展的重要战略主题。在开启智能时代教育新征程上，数字化教育深度融入教材改革，是培育教育教学新形态、持续赋能教育现代化发展的"必由之路"。本次进行的《化学反应过程与设备》（第四版）的改版工作，聚焦教育数字化战略行动，在业已建成的化学反应过程与设备课程资源库基础上，通过充分利用移动互联网、移动终端设备与相关信息技术软件为读者提供数字化程度更高的学习内容、学习方式与交互环境，让课程处处能学、时时可学。

本版教材继续沿用第三版教材的两条主线，一条是以化学反应器对应的职业岗位工作过程为主线，即反应器的选择（反应器的特征、应用和结构等）、反应器的设计（反应过程、反应器传热传质、反应动力学和反应器组合优化等）、反应器的操作与控制（反应器的开停车操作要点、反应器的常见故障等）；另一条是以化学反应器的物料相态为主线，即均相反应器（间歇操作釜式反应器、连续操作釜式反应器和管式反应器）、气固相反应器（固定床反应器、流化床反应器和其他气固相反应器）、气液相反应器（鼓泡塔反应器、喷淋塔反应器和其他气液相反应器）。通过这两条脉络清晰的内容编排，既确保了化学反应器相关知识体系的完整性，又突出了教学过程与生产过程的有效对接，契合了以"突出能力目标、职业活动导向、学生主体、项目载体、任务驱动、素质特色、融教学做一体化"为特征的教学理念，符合基于职业岗位工作过程知识、能力与素质的要求，保障了化工生产反应器操作与控制能力培养目标的达成。

本版教材除对第三版教材的部分内容优化外，增加了催化剂制备、固定床反应器和流化床反应器计算等新内容。另外结合最新反应器前沿技术，还增加了微反应器的内容。微反应器的内容依据其所在均相反应、气固相反应及气液相反应的应用进行了编排。通过多个实例介绍了微反应器的结构组成、固体催化剂使用方式以及微反应器中的反应器放大方法。

本版教材中增加了课程资源二维码，读者可以使用移动终端获取教材配套资源和拓展内容（微课、动画、自测题等）。通过配套的操作动画、自测题以及富媒体教材自带的多种功能，可以让学生在使用本教材过程中，深入体会教材内容的内在逻辑性和一些实操环节的操作要领，从而提升学习体验与效果。

本教材内容深入浅出，内容实用性强，配套学习资源丰富，可供高职高专院校化工技术类、制药技术类、环境保护类、生物技术类等专业学生使用，也可供化工企业职工自学或岗位培训使用。

本教材由常州工程职业技术学院陈炳和教授、南京科技职业学院许宁教授主编，常州工程职业技术学院刘承先教授主审。其中，任务1~8、11、17、知识拓展及技术前沿由陈炳和、程进编写；任务12~16由许宁和于荟编写；任务9、任务10、任务18~20、复习思考题、习题由陆敏编写；亚什兰（常州）化学有限公司丁国忠高级工程师编写了反应精馏技术、热管反应器、固定床和流化床反应器安装要点，提供了教材编写的工业案例。在教材编写过程中，常州工程职业技术学院领导以及樊亚娟、文艺、伍士国等给予了帮助和支持，在此一并表示衷心感谢。

由于编者学术水平与实践经验有限，教材中不妥之处在所难免，恳请广大教师和读者提出宝贵意见，以便能不断提升教材质量，提供给读者更好的学习体验。

编者

2023 年 7 月

作者简介

陈炳和，1958 年生，江苏省金坛人。国家开放大学石油和化工学院副院长、常州工程职业技术学院原副院长、二级教授。长期从事化工职业教育工作，主讲"化学反应过程与设备"课程二十余年。创新建设了生产性化工实训基地，首创全国石油和化工职业院校学生技能大赛，推行项目化教学改革试点，主持完成国家级专业教学资源库《反应器操作与控制》建设。主编《化学反应过程与设备》第一版至第四版教材，该教材先后被评为"十一五""十二五"国家规划教材和国家精品教材。

社会兼职：曾任教育部高等学校高职高专院校化工技术类专业教学指导委员会委员，全国石油和化工职业教育教学指导委员会委员，全国高职化工技术类专业委员会主任，全国石油和化工职业院校学生技能大赛总监察长，中国化工教育协会化工区协作组组长。

主要荣誉：2009 年高等教育国家级教学成果一等奖主持人，2009 年江苏省高等学校教学名师，2011 年江苏省高等教育教学成果一等奖主持人，2013 年江苏省有突出贡献的中青年专家，2014 年职业教育国家级教学成果二等奖主持人。

本书历版编写分工

第一版于 2003 年出版，由常州工程职业技术学院陈炳和、泰山医学院工程学院许宁主编，吉林工业职业技术学院赵杰民主审。绪论、第一章、第三章由陈炳和编写；第二章、第四章第三节、第六章由许宁编写；第四章第一节、第二节、第五章以及复习思考题、习题由常州工程职业技术学院陆敏编写。

第二版于 2009 年出版，由常州工程职业技术学院陈炳和、南京化工职业技术学院许宁主编，常州工程职业技术学院刘承先、扬子石化股份有限公司化工厂秦建元主审。项目 1 中任务 1、任务 3，项目 2 中任务 1、任务 2、任务 3、任务 4、任务 5，项目 3 中任务 1、任务 2 由陈炳和编写；项目 1 中任务 2，项目 2 中任务 6、任务 7，项目 3 中任务 5、任务 6 由许宁编写；项目 2 中任务 8、任务 9，项目 3 中任务 3、任务 4、任务 7、任务 8 以及复习思考题、习题由常州工程职业技术学院陆敏编写。

第三版于 2014 年出版，由常州工程职业技术学院陈炳和、南京化工职业技术学院许宁主编，常州工程职业技术学院刘承先副教授、扬子石化股份有限公司化工厂秦建元总工程师主审。其中，任务 1～任务 8、任务 16 以及知识拓展和项目一、项目二资源导读由陈炳和编写；任务 11～任务 15 由许宁编写；任务 9、任务 10、任务 17～任务 20，复习思考题、习题以及项目三资源导读由常州工程职业技术学院陆敏编写；亚什兰（常州）化学有限公司丁国忠高级工程师编写反应精馏技术、热管反应器、固定床和流化床反应器安装要点，提供了教材编写的工业案例。樊亚娟、文艺、程进等老师提供了帮助与支持。

目　录

项目一　均相反应器选择、设计、操作与控制

本书思维导图

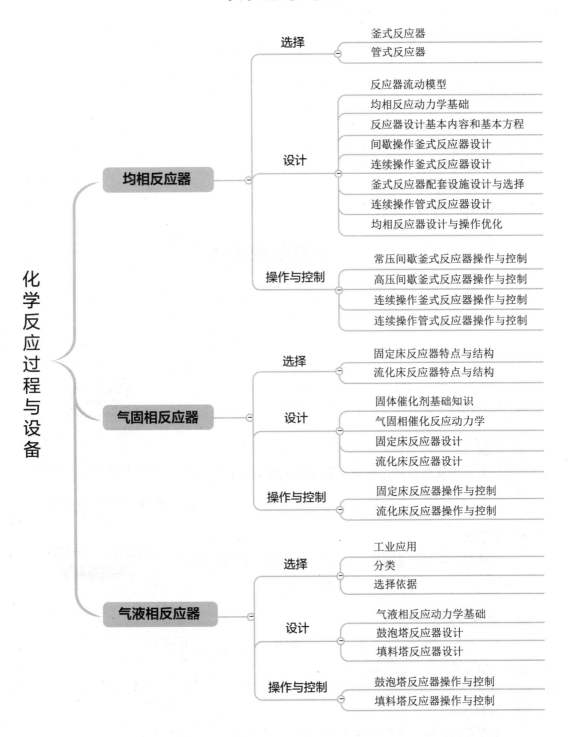

化学反应过程与设备

均相反应器
- 选择
  - 釜式反应器
  - 管式反应器
- 设计
  - 反应器流动模型
  - 均相反应动力学基础
  - 反应器设计基本内容和基本方程
  - 间歇操作釜式反应器设计
  - 连续操作釜式反应器设计
  - 釜式反应器配套设施设计与选择
  - 连续操作管式反应器设计
  - 均相反应器设计与操作优化
- 操作与控制
  - 常压间歇釜式反应器操作与控制
  - 高压间歇釜式反应器操作与控制
  - 连续操作釜式反应器操作与控制
  - 连续操作管式反应器操作与控制

气固相反应器
- 选择
  - 固定床反应器特点与结构
  - 流化床反应器特点与结构
- 设计
  - 固体催化剂基础知识
  - 气固相催化反应动力学
  - 固定床反应器设计
  - 流化床反应器设计
- 操作与控制
  - 固定床反应器操作与控制
  - 流化床反应器操作与控制

气液相反应器
- 选择
  - 工业应用
  - 分类
  - 选择依据
- 设计
  - 气液相反应动力学基础
  - 鼓泡塔反应器设计
  - 填料塔反应器设计
- 操作与控制
  - 鼓泡塔反应器操作与控制
  - 填料塔反应器操作与控制

本书学习总目标

强基础，重应用，提高反应器操作与控制能力

- 掌握化学反应过程原理及动力学知识
- 掌握各种反应器的结构与特点
- 掌握各种常见反应器的操作与维护方法
- 掌握反应器不正常工况的判断和排除方法
- 了解各种反应器工艺设计方法
- 了解各种反应器的工业应用及选用依据
- 了解微反应器等前沿技术

本书使用说明

本书配有丰富的在线资源，扫描下方二维码获取资源，
让学习更轻松，理解更深刻，记忆更持久！

微课

观看微课预习课程，提前掌握重点，使课堂学习更轻松！随时回顾，提高复习效果，温故知新！

动画

观看动画辅助学习，让抽象的知识变得直观而生动，理解更快速，记忆更持久！

自测题

完成每个项目的学习后，通过在线自测题可以找出存在的知识薄弱点，有针对性地学习提高！

交流群

加入学习交流群，分享学习技巧，互助解决问题，汇聚奇思妙想，学习道路上不再有障碍！

专家答疑

专家在线答疑，帮您解决教学困惑，交流教改经验，共建优质教学资源！

微信扫描二维码
↓
关注"易读书坊"公众号
↓
刮开封底正版授权码涂层，扫码认证
↓
选择所需资源与服务

点击获取

在线课程介绍

《化学反应过程与设备》配有三门在线课程：1. 易课堂；2. 智慧职教；3. 中国大学MOOC。三个平台功能各异，师生可根据需要选择使用。

1. 化学反应过程与设备——易课堂

使用方法： 线上线下混合式教学

易课堂

主要功能： 课程结构包括"课前""课中"和"课后"完整的教学环节，有效辅助课内外教学。教学资源包括微课、动画、测试题等，多角度展示教学内容，提升教学效果。教学互动设置了课堂问答、头脑风暴、在线测验、调研问卷等，丰富教学设计。教师可对课程进行个性化改造，记录与分析学生的学习数据。

登录方式： https://www.cipeke.com，教师需扫描右侧二维码，查看课程说明后，申请课程使用授权。

2. 反应器操作与控制——智慧职教

使用方法： 教学资源查阅

智慧职教

资源内容： 教学视频，企业生产录像，虚拟实训，2D和3D动画，测试题，工业应用案例，化工生产操作规程，化工生产现场场景、设备、工具等图片，并设置了化工专家、业内资讯、技术进展等栏目。

登录方式： https://www.icve.com.cn，搜索"反应器操作与控制"或扫描右侧二维码。

3. 化学反应过程与设备——中国大学MOOC

使用方法： 学生自学、教师参考

中国大学
MOOC

主要功能： 2017年建成，每年开设两期，采用完全开放，免费自助学习的方式。平台基于自行学习的需要，对每个知识点配备了微课、动画、自测题、课后讨论及课后作业。

登录方式： https://www.icourse163.org，或扫描右侧二维码，搜索"化学反应过程与设备"。

项目一
均相反应器选择、设计、操作与控制

学习目标

专业能力目标

通过本项目的学习和工作任务的训练，能根据反应特点和生产条件，正确选择均相反应器的类型；能根据生产要求对釜式反应器、管式反应器进行工艺设计，能对均相反应器进行优化；能对间歇操作釜式反应器、连续操作釜式反应器、连续操作管式反应器进行操作与控制，并能判断、分析和处理常见反应器故障。

知识目标

(1) 了解均相反应器在化学工业中的地位与作用，及其发展趋势；

(2) 掌握均相反应器分类方法，釜式反应器、管式反应器的基本结构与特点，及类型选择方法；

(3) 理解均相反应动力学基本概念；

(4) 掌握理想流动模型；

(5) 掌握间歇与连续操作釜式反应器、连续操作管式反应器的工艺设计方法；

(6) 掌握釜式反应器配套设施的选择；

(7) 理解理想均相反应器的优化目标与实现初步优化的方法；

(8) 理解釜式反应器、管式反应器操作工艺参数的控制方案；

(9) 理解反应器稳定操作的重要性和方法；

(10) 掌握间歇操作釜式反应器、连续操作釜式反应器、连续操作管式反应器的操作和控制规律。

工作任务

根据化工产品的反应特点和生产条件选择均相反应器的类型，进行工艺设计，并能对典型均相反应器进行操作与控制。

任务 ① 均相反应器选择

在线资源扫码使用

📋 工作任务

根据化工产品的反应特点和生产条件初步选择均相反应器的类型。

📖 技术理论

化工生产过程纷繁复杂，不同的产品制造有着不同的工艺过程，从原料到产品需要进行一系列的处理过程。

一个典型的化工生产过程（见图1-1）大致由三个组成部分：①原料预处理，即按化学反应的要求将原料进行净化等操作，使其符合化学反应器进料要求；②化学反应，即将一种或几种反应原料转化为所需的产物；③产物分离，以获得符合规格要求的化工产品。很显然，化学反应是化工生产过程的核心。用来进行化学反应的设备称为化学反应器，化学反应器是化工生产装置中的关键设备。

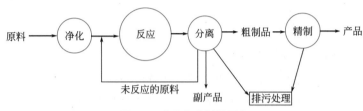

图 1-1　化工生产过程示意

化学反应器中进行的过程不仅有化学反应过程，同时还伴有许多物理过程。这些物理过程与化学过程相互影响、相互渗透，必然影响过程的特性和化学反应的结果，使反应过程复杂化。

反应器选择、设计与操作是关于如何在工业规模上实现化学反应过程，以期最有效地把化工原料转化为尽可能多的目的产品，实现经济效益，以满足国民经济需要的一门工程技术学科。它在化学工业生产的各个领域，特别是在反应装置的选型、反应器尺寸的设计计算、过程开发、过程最优化以及操作最优化控制等方面起着越来越大的推动作用，并日益受到广泛的重视。

化学工业产品品种繁多，使用的反应器种类很多，每一个产品都有各自的反应过程与设备。化学反应器的分类方式很多，一般按结构原理的特点、反应相态、操作方式来分类。

化学工业生产中最为常见的是均相反应器，主要有釜式反应器、管式反应器等，它们的分类与结构介绍如下。

1.1 釜式反应器应用与分类

微课
化学反应器的
分类与选择

1.1.1 釜式反应器在化工生产中的应用

装有搅拌器的釜式设备（或称槽、罐）是化学工业中广泛采用的反应器之一，它可用来进行液液均相反应，也可用于非均相反应，如非均相液相、液固相、气液相、气液固相等。普遍应用于石油化工、橡胶、农药、染料、医药等工业，用来完成磺化、硝化、氢化、烃化、聚合、缩合等工艺过程，以及有机染料和医药中间体的许多其他工艺过程。聚合反应过程约90%采用搅拌釜式反应器，如聚氯乙烯，在美国70%以上用悬浮法生产，采用10~150m³的搅拌釜式反应器；德国氯乙烯悬浮聚合采用200m³的大型釜式反应器；中国生产聚氯乙烯，大多采用13.5m³、33m³不锈钢或复合钢板的聚合釜式反应器，以及7m³、14m³的搪瓷釜式反应器。又如涤纶树脂的生产采用本体熔融缩聚，聚合反应也使用釜式反应器。在染料、医药、香精等精细化工的生产中，几乎所有的单元操作都可以在釜式反应器内进行。

釜式反应器的应用范围之所以广泛，是因为这类反应器结构简单、加工方便，传质效率高，温度分布均匀，操作条件（如温度、浓度、停留时间等）的可控范围较广，操作灵活性大，便于更换品种，能适应多样化的生产。

1.1.2 釜式反应器分类

1.1.2.1 按操作方式分类

按操作方式分类为间歇（分批）式、半连续（半间歇）式和连续式操作。

釜式反应器可以进行间歇式操作：一次加入反应物料，在一定的反应条件下，经过一定的反应时间，当达到所要求的转化率时取出全部产物的生产过程，如图 1-2（a）所示。间歇式操作设备利用率不高、劳动强度大，只适用于小批量、多品种生产，在染料及制药工业中广泛采用这种操作。

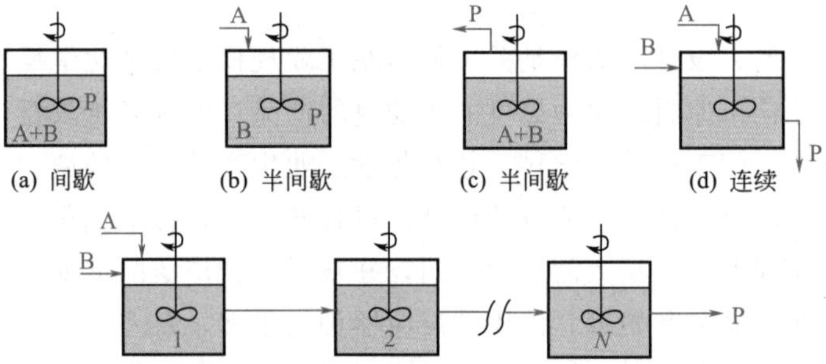

微课
釜式反应器
的分类——
按操作方式分

(a) 间歇　　(b) 半间歇　　(c) 半间歇　　(d) 连续

(e) 多釜串联

图 1-2　反应釜的操作方式

釜式反应器也可以进行半间歇操作：一种物料分批加入，而另一种物料连续加入的生产过程，如图 1-2（b）所示；或者是一批加入物料，用蒸馏的方法连续移走部分产品的生产过程，如图 1-2（c）所示。半间歇操作特别适用于要求一种反应物的浓度高而另一种反应物的浓度低的化学反应，适用于可以通过调节加料速度来控制所要求反应温度的反应。

釜式反应器还可以单釜或多釜串联［见图 1-2（e）］进行连续操作：连续加入反应物和取出产物，如图 1-2（d）所示。连续操作设备利用率高，产品质量稳定，易于自动控制，适用于大规模生产。

1.1.2.2 按材质分类

按材质分为钢制（或衬瓷板）反应釜、铸铁反应釜及搪玻璃反应釜。

① 钢制反应釜　最常见的钢制反应釜的材料为 Q235A（或容器钢）。钢制反应釜的特点是制造工艺简单、造价费用较低，维护检修方便，使用范围广泛。因此，化工生产普遍采用。

用 Q235A 材料制作的反应釜不耐酸性介质腐蚀，不锈钢材料制的反应釜可以耐一般酸性介质，经过镜面抛光的不锈钢制反应釜还特别适用于高黏度体

微课
釜式反应器的分
类——按材质及
操作压力分

系聚合反应。

② 铸铁反应釜 在氯化、磺化、硝化、缩合、硫酸增浓等反应过程中使用较多。

③ 搪玻璃反应釜 俗称搪瓷锅。在碳钢锅的内表面涂上含有二氧化硅玻璃釉，经900℃左右的高温焙烧，形成玻璃搪层。搪玻璃反应釜的夹套用Q235A型等普通钢材制造，若使用低于0℃的冷却剂时则须改用合适的夹套材料。由于搪玻璃反应釜对许多介质具有良好的抗腐蚀性，所以广泛用于精细化工生产中的卤化反应及有盐酸、硫酸、硝酸等存在时的各种反应。

我国标准搪玻璃反应釜有 K 型和 F 型两种。K 型反应釜是锅盖和锅体分开，可以装置尺寸较大的锚式、框式和桨式等各种形式的搅拌器。反应釜容积有50～10000L 的不同规格，因而适用范围广。F 型是盖体不分的结构，盖上都装置人孔，搅拌器为尺寸较小的锚式或桨式，适用于低黏度、容易混合的液液相、气液相等反应。F 型反应釜的密封面比 K 型小很多，所以对一些气液相卤化反应以及带有真空和压力下的操作更为适宜。

有关选用技术参数可查阅有关设计手册和产品样本。

1.1.2.3 按操作压力分类

按反应釜所能承受的操作压力可分为低压釜和高压釜。

低压釜是最常见的搅拌釜式反应器。在搅拌轴与壳体之间采用动密封结构，在低压（1.6MPa 以下）条件下能够防止物料的泄漏。

高压条件下，动密封往往难以保证不泄漏。目前，高压常采用磁力搅拌釜。磁力釜的主要特点是以静密封代替了传统的填料密封或机械密封，从而实现整台反应釜在全密封状态下工作，保证无泄漏。因此，更适合于各种极毒、易燃、易爆以及其他渗透力极强的化工工艺过程，是石油化工、有机合成、化学制药、食品等工艺中进行硫化、氟化、氢化、氧化等反应的理想设备。

1.2 釜式反应器结构

1.2.1 釜式反应器基本结构

釜式反应器主要由壳体、搅拌装置、轴封和换热装置四大部分组成。釜式反应器的基本结构如图 1-3 所示。

微课
釜式反应器的结构

1.2.1.1 壳体

壳体由圆形筒体、上盖、下封头构成。上盖与筒体连接有两种方法：一种是盖子与筒体直接焊死，构成一个整体；另一种形式是考虑拆卸方便用法兰连接，上盖开有人孔、手孔和工艺接口等。壳体材料根据工艺要求确定，最常用的是铸铁和钢板，也有采用合金钢或复合钢板。当用来处理有腐蚀性介质时，则需用耐腐蚀材料来制造反应釜，或者将反应釜内衬内表搪瓷、衬瓷板或

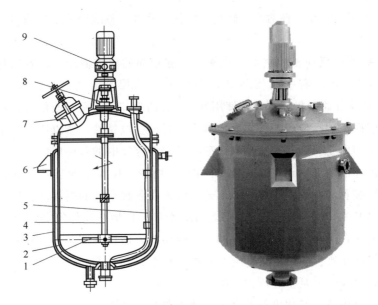
图 1-3　釜式反应器的基本结构

1—搅拌器；2—釜体；3—夹套；4—搅拌轴；5—压料管；

6—支座；7—人孔；8—轴封；9—传动装置

橡胶。

　　釜底常用的形状有平面形、碟形、椭圆形和球形，如图 1-4 所示。平面形结构简单，容易制造，一般在釜体直径小、常压（或压力不大）条件下操作时采用；碟形或椭圆形应用较多；球形多用于高压反应器；当反应后物料需用分层法使其分离时可用锥形底。

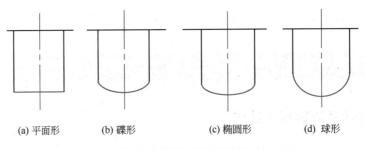

(a) 平面形　　　(b) 碟形　　　(c) 椭圆形　　　(d) 球形

图 1-4　反应釜底常用形状

1.2.1.2　搅拌装置

　　搅拌装置由搅拌轴和搅拌电机组成，其目的是加强反应釜内物料的混合，以强化反应的传质和传热。

1.2.1.3　轴封

　　轴封用来防止釜的主体与搅拌轴之间的泄漏。轴封主要有填料密封和机械密封两种。

（1）填料密封

如图 1-5 所示，填料箱由箱体、填料、油环、衬套、压盖和压紧螺栓等零件组成，旋转压紧螺栓时压盖压紧填料，使填料变形并紧贴在轴表面上，达到密封目的。在化工生产中，轴封容易泄漏，一旦有毒气体逸出会污染环境，甚至发生事故，因而需控制好压紧力。压紧力过大，轴旋转时轴与填料间摩擦增大，会使磨损加快，在填料处定期加润滑剂可减少摩擦，并能减少因螺栓压紧力过大而产生的摩擦发热。填料要富于弹性，有良好的耐磨性和导热性。填料的弹性变形要大，使填料紧贴转轴，对转轴产生收缩力，同时还要求填料有足够的圈数。

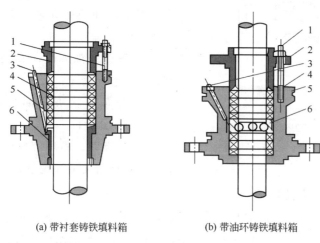

(a) 带衬套铸铁填料箱　　　　　(b) 带油环铸铁填料箱

图 1-5　标准填料箱结构

1—螺栓；2—压盖；3—油环；4—填料；5—箱体；6—衬套

使用中由于磨损应适当增补填料，调节螺栓的压紧力，以达到密封效果。填料压盖要防止歪斜。有的设备在填料箱处设有冷却夹套，可防止填料摩擦发热。

填料密封安装要点如下：

安装时，应先将填料制成填料环，接头处应互为搭接，其开口坡度为 45°，搭接后的直径应与轴径相同；每层接头在圆周内的错角按 0°、180°、90°、270° 交叉放置；压紧压盖时，应均匀、对称地拧紧，压盖与填料箱端面应平行，且四个方位的间距相等。填料箱体的冷却系统应畅通无阻，保证冷却的效果。

（2）机械密封

机械密封在反应釜上已广泛应用，它的结构和类型繁多，工作原理和基本结构相同。如图 1-6 所示是一种结构比较简单的釜用机械密封装置。

机械密封由动环、静环、弹簧加荷装置（弹簧、螺栓、螺母、弹簧座、弹簧压板）及辅助密封圈四个部分组成。由于弹簧力的作用使动环紧紧压在静环上，当轴旋转时，弹簧座、弹簧、弹簧压板、动环等零件随轴一起旋转，而静环则固定在座架上静止不动，动环与静环相接触的环形密封端面阻止了物料的泄漏。机械密封结构较复杂，但密封效果甚佳。

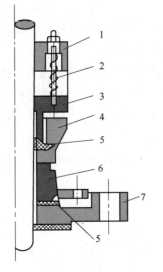

图1-6　机械密封装置的密封处

1—弹簧座；2—弹簧；3—弹簧
压板；4—动环；5—密封圈；
6—静环；7—静环座

▶ 动画
机械密封装置

机械密封的安装及日常维护要点如下：

① 拆装要按顺序进行，不得磕碰、敲打；

② 安装前检验每个弹簧的压紧力，严格按规程装配；

③ 保持动、静环的垂直和平行，防止脏物进入；

④ 开车前一定要将平衡管进行排空，保证冷却液体在前、后密封的流道畅通；

⑤ 要盘车看是否有卡住现象，以及密封处的渗漏情况；

⑥ 开车后检查泄漏情况，不大于15～30滴/分钟；

⑦ 检查动、静环的发热情况，平衡管及过滤网有无堵塞现象。

1.2.1.4　换热装置

换热装置是用来加热或冷却反应物料，使之符合工艺要求的温度条件的设备。其结构类型主要有夹套式、蛇管式、列管式、外部循环式等，也可用直接火焰或电感加热，如图1-7所示。

▶ 动画
夹套换热器

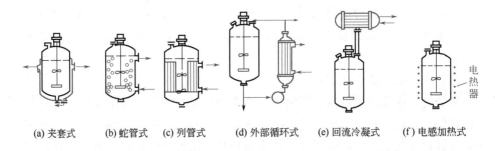

(a) 夹套式　　(b) 蛇管式　(c) 列管式　(d) 外部循环式　(e) 回流冷凝式　　(f) 电感加热式

图1-7　釜式反应器的换热装置

1.2.2　无泄漏磁力釜基本结构

无泄漏磁力釜的结构如图1-8所示。

(1) 釜体

釜体主要由釜身与釜盖两大部件组成。釜身用高强度合金钢板卷制成，其内侧一般衬以能承受介质腐蚀的耐腐蚀材料，其中以0Cr18Ni11Ti或00Cr17Ni14Mo2等材料占多数，在内衬与釜身之间填充铅锑合金，以利导热和受力。也有直接用0Cr18Ni11Ti等材料单层制成。

釜盖为平板盖或凸形封头，它也由高强度合金钢制成，盖上设置按工艺要求的进气口、加料口、测压口及安全附件等不同口径接管。为了防止介质对釜盖的腐蚀，在与介质接触的一侧也可以衬填耐腐蚀材料。

釜身与釜盖之间装有密封垫片，通过主螺栓及主螺母使其密封成一体。

（2）搅拌转子

为了使釜内物料进行激烈搅拌，以利化学反应，在釜内垂直悬置一根搅拌转子，其上配置与釜体内径成比例的搅拌器（如涡轮式、推进式等），搅拌器离釜底较近，以利物料翻动。

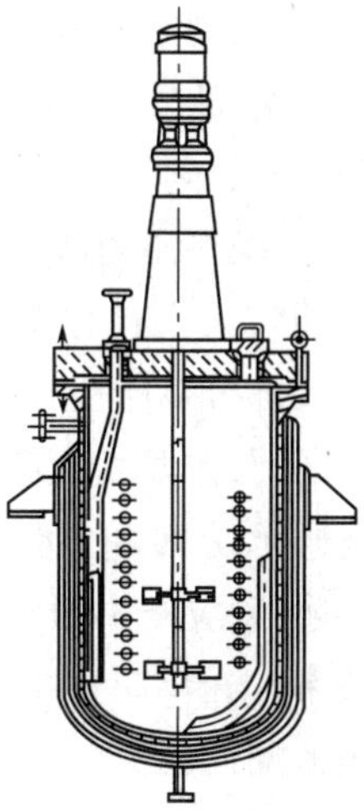

（3）传热构件

釜内介质的热量传递，可通过在釜外焊制传热夹套，通入适当载热体进行热交换；也可以在釜内设置螺旋盘管，在管内通过载热体把釜内物料的热量带走或传入，以满足反应的需要。

（4）传动装置

搅拌转子的旋转运动是通过一个磁力驱动器来实现的，它位于釜盖中央，与搅拌转子联成一体，以同步转速旋转。

磁力驱动装置用高压法兰、螺钉与釜盖连接为一体，中间由金属密封垫片实现与釜盖静密封。

传动装置采用的电机与减速器安装有两种形式：一种为用三角皮带侧面传动，另一种为电机与减速器直接驱动。

磁力驱动器是一种非接触传动机械，它的驱动原理是磁的库仑定律。釜内介质被一个与釜盖密封成一体的护套隔开，从而构成一个全封闭式反应釜。

（5）安全与保护装置

隔爆型三相异步电动机可保护电机在易燃易爆工况下安全运转。釜盖上设置有安全阀或爆破片泄压安全附件。当釜内压力超过规定压力时，打开泄放装置，自行降压，以保证设备的安全。安全阀必须经过校准后才能使用，校正后加铅封。

釜盖与釜体法兰上均备有衬里夹层排气小孔，如有渗漏，首先在此发现，可及时采取措施。

密闭釜体内部转轴运转情况可借助于装在磁力驱动器外部的转速传感器显示出来，如有异常情况，可及时采取停车检查措施。

图 1-8　无泄漏磁力釜结构示意

▶ 动画
磁力釜搅拌

1.2.3　反应釜的特点与发展趋势

目前在化工生产中，反应釜所用的材料、搅拌装置、加热方法、轴封结构、容积、温度、压力等种类繁多，但基本具有以下共同特点。

① 结构基本相同。除有反应釜体外，还有传动装置、搅拌器和加热（或冷却）装置等，以改善传热条件，使反应温度控制均匀，并且强化传质过程。

② 操作压力较高。釜内的压力是由化学反应产生或温度升高形成的，压力波动较大，有时操作不稳定，压力突然增高可能超过正常压力几倍，所以反应釜大部分属于受压容器。

③ 操作温度较高。化学反应需要在一定的温度条件下才能进行，所以反应釜既承受压力又承受温度。

④ 反应釜中通常要进行化学反应。为保证反应能均匀而较快地进行，提高效率，在反应釜中装有相应的搅拌装置，这样就需要考虑传动轴的动密封和防止泄漏问题。

⑤ 反应釜多属间歇操作。有时为保证产品质量，每批出料后须进行清洗。釜顶装有快开人孔及手孔，便于取样、观察反应情况和进入设备内部检修。

化工生产的发展对反应釜的要求和发展趋势：

① 大容积化。这是增加产量、减少批量生产之间的质量误差、降低产品成本的必然发展趋势，如染料行业生产用反应釜国内为 6000L 以下，其他行业有的可达 30m³；而国外在染料行业有的可达 20000～30000L，其他行业的可达 120m³。

② 搅拌器改进。反应釜的搅拌器已由单搅拌器发展到用双搅拌器或外加泵强制循环。国外除了装有搅拌装置外，还使釜体沿水平线旋转，从而提高反应速率。

③ 生产自动化和连续化。如采用计算机集散控制，既可稳定生产，提高产品质量，增加效益，减轻体力劳动，又可消除对环境的污染，甚至可防止和消除事故的发生。

④ 合理利用热能。工艺选择最佳的操作条件，加强保温措施，提高传热效率，使热损失降至最小，余热或反应后产生的热能充分利用。

1.3 管式反应器应用与分类

1.3.1 管式反应器在化工生产中的应用与分类

通常按管式反应器管道的连接方式不同，把管式反应器分为多管串联管式反应器和多管并联管式反应器。多管串联结构的管式反应器如图 1-9 所示，一般用于气相反应和气液相反应，例如烃类裂解反应和乙烯液相氧化制乙醛反应。多管并联结构的管式反应器如图 1-10 所示，一般用于气固相反应，例如气相氯化氢和乙炔在多管并联装有固相催化剂中反应制氯乙烯，气相氮和氢混合物在多管并联装有固相铁催化剂中合成氨。

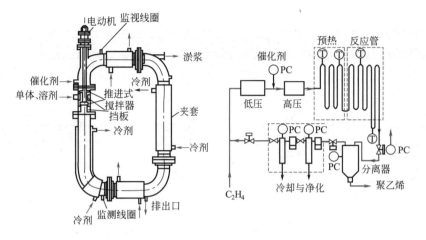

(a) 管式反应器生产高压聚乙烯　　　　(b) 环管式聚合反应器

图 1-9　多管串联结构管式反应器

1.3.2 管式反应器的特点

管式反应器是由多根细管串联或并联而构成的一种反应器。通常管式反应器的长度和直径之比为 $50\sim100$。管式反应器在实际应用中,多数采用连续操作,少数采用半连续操作,使用间歇操作的则极为罕见。管式反应器有如下几个特点。

① 单位反应器体积具有较大的换热面积,特别适用于热效应较大的反应。

② 由于反应物在管式反应器中反应速率快、流速快,所以它的生产效率高。

③ 适用于大型化和连续化生产,便于计算机集散控制,产品质量有保证。

④ 与釜式反应器相比较,其返混较小,在流速较低的情况下,其管内流体流型接近于理想置换流。

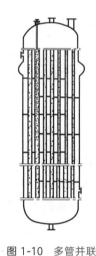

图 1-10　多管并联结构管式反应器

1.4　管式反应器结构

下面以套管式反应器为例介绍管式反应器的具体结构。

套管式反应器由长径比很大的细长管和密封环通过连接件的紧固串联安放在机架上而组成,如图 1-11 所示。它包括直管、弯管、密封环、法兰及紧固件、温差补偿器、传热夹套及连接管和机架等几部分。

(1) 直管

直管的结构如图 1-12 所示。内管长 8m。根据反应段的不同,内管内径通

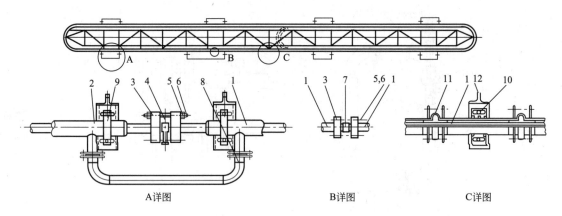

图 1-11 套管式反应器结构

1—直管；2—弯管；3—法兰；4—带接管的"T"形透镜环；5—螺母；
6—弹性螺柱；7—圆柱形透镜环；8—连接管；9—支座（抱箍）；
10—支座；11—补偿器；12—机架

▶ 动画
直管式管式
反应器结构

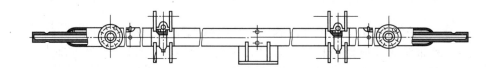

图 1-12 直管结构

常也不同（如 $\phi 27mm$ 和 $\phi 34mm$）。夹套管用焊接形式与内管固定。夹套管上对称地安装一对不锈钢制成的 Ω 形补偿器，以消除开停车时内外管线膨胀系数不同而附加在焊缝上的拉应力。

反应器预热段夹套管内通蒸汽加热进行反应，反应段及冷却段通热水移去反应热或冷却。所以在夹套管两端开了孔，并装有连接法兰，以便和相邻夹套管相连通。为安装方便，在整管的中间部位装有支座。

（2）弯管

弯管结构与直管基本相同，如图 1-13 所示。弯头半径 $R \geqslant 5D \pm 4\%$。弯管在机架上的安装方法允许其有足够的伸缩量，故不再另加补偿器。内管总长（包括弯头弧长）也是 8m。

（3）密封环

套管式反应器的密封环为透镜环。透镜环有两种形状，一种是圆柱形，另一种是带接管的"T"形。圆柱形透镜环采用与反应器内管同一材质制成。带接管的"T"形透镜环可用于安装测温、测压元件，如图 1-14 所示。

（4）管件

反应器的连接必须按规定的紧固力矩进行，所以对法兰、螺柱和螺母都有一定要求。

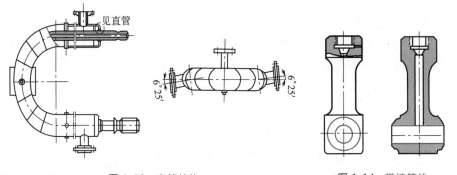

▷ 动画
盘管式管式
反应器结构

图 1-13　弯管结构

图 1-14　带接管的
"T" 形透镜环

（5）机架

反应器机架用桥梁钢焊接成整体，地脚螺栓安放在基础桩的柱头上，安装管子支座部位装有托架，管子用抱箍与托架固定。

任务实施

1.5 均相反应器选择

均相反应器主要有间歇操作搅拌釜式反应器、连续操作搅拌釜式反应器、多釜串联连续操作搅拌釜式反应器、连续操作管式反应器等。

通常反应器选择的依据如下。

① 物料相态：反应器的选型很大程度上取决于物系的相态。

② 物料腐蚀性：反应物料的腐蚀性决定反应器的材质。

③ 反应特征：主副反应的生成途径、主副反应的反应级数、反应速率等。

④ 反应热效应：热效应大小将决定反应器的传热方式、传热构件的类型和传热面积的大小。而这些又都影响反应器的类型和结构。

⑤ 反应器特征：返混大小、流动状态等。

⑥ 生产要求：反应温度、反应压力、反应时间、转化率、选择性、压降、能耗、生产能力等。

对于具体的反应过程而言，并不是上述因素同等重要，常常是其中的一个因素对反应器选型起决定性的作用。因此，在选择反应器类型时，应该对化学反应过程进行具体分析，抓住影响的主要因素，作出合理的选择，使反应器能满足生产效率高、产品质量好、原料消耗少、劳动强度小、设备结构简单、操作费用低、维护维修方便、保证安全生产等要求。

均相反应器的选择主要考虑以下几个方面。

① 根据物料的聚集状态选择。气相反应选择连续操作管式反应器，液相反应通常选择釜式反应器。

② 根据生产量选择。通常产量大的采用连续操作反应器，产量较小的采用间歇操作反应器。

③ 根据反应速率选择。液相快反应可选择连续操作管式反应器或连续操作釜式反应器，而慢反应则可选择间歇釜式反应器。

④ 根据动力学特性选择。这主要结合反应的优化指标和化学反应动力学方程来选择。

表 1-1 为均相化学反应器选择举例。

表 1-1 均相化学反应器选择举例

类型	适用的反应	应用特点	应用举例
管式反应器	气相,液相	返混小,所需反应器体积较小,比传热面积大,但对慢速反应管要很长,压降大	石脑油裂解,甲基丁炔醇合成,管式法高压聚乙烯生产等
反应釜,单釜或多釜串联	液相,液-液相,液-固相	适用性强,操作弹性大,连续操作时温度、浓度容易控制,产品质量均一,但高转化率时反应器体积大	甲苯硝化,氯乙烯聚合,酯化反应等

知识拓展

一、搪玻璃反应釜使用条件

1. 通常筒体设计压力 $p \leqslant 1.0\text{MPa}$，根据使用要求，分 0.25MPa、0.60MPa 和 1.0MPa 三个等级；夹套设计压力为 0.60MPa。

2. 金属胎体材质为 Q235A、Q235B 时，设计温度为 $0 \sim 200℃$，金属胎材质为 20R 时，设计温度为 $-20 \sim 200℃$。

3. 以下介质不能使用：①氢氟酸及含氟离子介质；②磷酸，质量分数 30% 以上，温度高于 $180℃$；③硫酸，质量分数 $10\% \sim 30\%$，温度高于 $200℃$；④碱液，$\text{pH} \geqslant 12$，温度高于 $100℃$。

二、反应釜安装要点

釜式反应器一般用挂耳支承在建（构）筑物上或操作台的梁上，对于体积大、质量大和振动大的设备，要用支脚直接支承在地面或楼板上。两台以上相同的反应器应尽可能排成一直线。反应器之间的距离应根据设备的大小、附属设备和管道具体情况而定。管道阀门应尽可能集中布置在反应器一侧，以便操作和控制。

间歇操作釜式反应器布置时要考虑便于加料和出料。液体物料通常是经高位槽计量后靠压差加入釜中，固体物料大多是用吊车从人孔或加料口加入釜内，因此，人孔或加料口离地面、楼面或操作平台面的高度以 800mm 为宜，如图 1-15 所示。

因多数釜式反应器带有搅拌器，所以上部要设置安装及检修用的起吊设备，并考虑足够的高度，以便抽出搅拌器轴等。

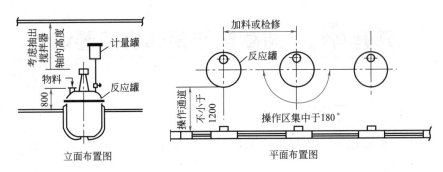

图 1-15　釜式反应器布置示意

连续操作釜式反应器有单台和多台串联式，如图 1-16 所示。布置时除考虑前述要求外，由于进料、出料都是连续的，因此在多台串联时必须特别注意物料进、出口间的压差和流体流动的阻力损失。

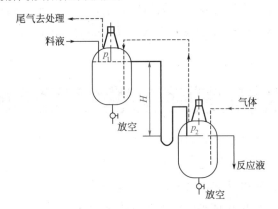

图 1-16　多台连续操作釜式反应器串联布置示意

在线资源扫码使用

工作任务

根据化工产品的生产条件和工艺要求进行间歇操作釜式反应器的工艺设计。

技术理论

根据反应特性和工艺要求初步选定反应器类型后，要进行具体的工艺设计，即要计算出反应器的有效体积，进而计算出反应器体积，并根据国家或行业化工设备标准进行选型。要进行反应器的工艺设计，必须先了解反应器的流动模型。

2.1 反应器流动模型

化工操作过程可分为间歇过程、连续过程和半连续过程。反应器中流体的流动模型是针对连续过程而言。由于真实反应器几何尺寸、操作条件、搅拌等的复杂性，使得反应器内流动十分复杂，而反应器中流体的流动直接影响反应器的性能，为此有必要讨论反应器内的流体流动。

2.1.1 理想流动模型

微课
理想流动模型

为简化反应器工艺设计，根据反应器内流体的流动状况，可以建立两种理想流动模型：理想置换流动模型和理想混合流动模型。

2.1.1.1 理想置换流动模型

理想置换流动模型也称作平推流模型或活塞流模型，如图 2-1 所示。任一截面的物料如同汽缸活塞一样在反应器中移动，垂直于流体流动方向的任一横截面上所有的物料质点的年龄相同，是一种返混量为零的极限流动模型。其特点是，在定态情况下，沿着物料流动方向物料的参数会发生变化，而垂直于流体流动方向任一截面上物料的所有参数都相同。这些参数包括物料的浓度、温度、压力、流速等，所有物料质点在反应器中都具有相同的停留时间。长径比较大和流速

动画
置换流运动模型

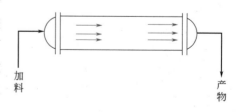

加料　　　　　　　　　产物

图 2-1　理想置换流动模型

较高的连续操作管式反应器中的流体流动均可视为理想置换流动。

2.1.1.2 理想混合流动模型

理想混合流动模型也称为全混流模型，如图 2-2 所示。由于强烈搅拌，反应器内物料质点返混程度为无穷大，所有空间位置物料的各种参数完全均匀一致。反应物料以稳定的流量进入反应器，刚进入反应器的新鲜物料与存留在其中的物料瞬间达到完全混合，而且出口处物料性质与反应器内完全相同。流体由于受搅拌的作用，进入反应器的物料质点可能有一部分立即从出口流出，停留时间很短，另有一部分可能刚到出口附近又被搅拌回来，致使这些物料质点在反应器中的停留时间极长。所以，物料质点在理想混合反应器中的停留时间参差不齐，存在停留时间的分布。搅拌十分强烈的连续操作搅拌釜式反应器中的流体流动可视为理想混合流动。

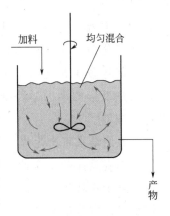

动画
理想混合流动模型

图 2-2　理想混合流动模型

2.1.1.3 返混及其对反应的影响

返混不是一般意义上的混合，它专指不同时刻进入反应器的物料之间的混合，是逆向的混合，或者说是不同年龄质点之间的混合。返混是连续化后才出现的一种混合现象。间歇操作反应器中不存在返混，理想置换反应器是没有返混的一种典型的连续反应器，而理想混合反应器则是返混达到极限状态的一种反应器。

微课
返混

非理想流动反应器存在不同程度的返混，返混带来的最大影响是反应器进口处反应物高浓度区的消失或减低。下面以理想混合反应器为例来说明。对理想混合反应器而言，进口处的反应物虽然具有高浓度，但一旦进入反应器内，由于存在剧烈的混合作用，进入的高浓度反应物料立即被迅速分散到反应器的各个部位，并与那里原有的低浓度物料相混合，使高浓度瞬间消失。可见，理想混合反应器中由于剧烈的搅拌混合，不可能存在高浓度区。

在此需要指出的是，间歇操作釜式反应器中同样存在剧烈的搅拌与混合，但不会导致高浓度的消失，这是因为混合对象不同。间歇操作釜式反应器中彼此混合的物料是在同一时刻进入反应器的，又在反应器中同样条件下经历了相同的反应时间，因而具有相同的性质、相同的浓度，这种浓度相同的物料之间的混合当然不会使原有的高浓度消失。而连续操作釜式反应器中存在的都是早先进入反应器并经历了不同反应时间的物料，其浓度已经下降，进入反应器的新鲜高浓度物料一旦与这种已经反应过的物料相混合，高浓度自然会随之消失。因此，间歇操作和连续操作釜式反应器虽然同样存在剧烈的搅拌与混合，但参与混合的物料是不同的。前者是同一时刻进入反应器的物料之间的混合，并不改变原有的物料浓度；后者则是不同时刻进入反应器的物料之间的混合，是不同浓度、不同性质物料之间的混合，属于返混，它造成了反应物高浓度的迅速消失，导致反应器的生产能力下降。

返混改变了反应器内的浓度分布，使反应器内反应物的浓度下降，反应产物的浓度上升。但是，这种浓度分布的改变对反应的利弊取决于反应过程的浓度效应。返混是连续操作反应器中的一个重要工程因素，任何过程在连续化时必须充分考虑这个因素的影响，否则不但不能强化生产，反而有可能导致生产能力的下降或反应选择性的降低。实际工作中，应首先研究清楚反应的动力学特征，然后根据它的浓度效应确定恰当型式的连续操作反应器。

返混的结果将产生停留时间分布，并改变反应器内浓度分布。返混对反应的利弊视具体的反应特征而异。在返混对反应不利的情况下，要使反应过程由间歇操作转为连续操作时，应当考虑返混可能造成的危害。选择反应器的型式时，应尽量避免选用可能造成返混的反应器，特别应当注意有些反应器内的返混程度会随其几何尺寸的变化而显著增强。

返混不但对反应过程产生不同程度的影响，更重要的是对反应器的工程放大产生的问题。由于放大后的反应器中流动状况改变，导致了返混程度的变化，给反应器的放大计算带来很大的困难。因此，在分析各种类型反应器的特征及选用反应器时都必须把反应器的返混状况作为一项重要特征加以考虑。

降低返混程度的主要措施是分割，通常有横向分割和纵向分割两种，其中重要的是横向分割。

连续操作搅拌釜式反应器，其返混程度可能达到理想混合程度。为了减少返混，工业上常采用多釜串联的操作，这是横向分割的典型例子。当串联釜数足够多时，这种连续多釜串联的操作性能就很接近理想置换反应器的性能。

流化床反应器是气固相连续操作的一种工业反应器。流化床中由于气泡运动造成气相和固相都存在严重的返混。为了限制返混，对高径比较大的流化床反应器常在其内部装置横向挡板以减少返混，而对高径比较小的流化床反应器则可设置垂直管作为内部构件，这是纵向分割的例子。

对于气液鼓泡反应器，由于气泡搅动所造成的液体反向流动，形成很大的液相循环流量。因此，其液相流动十分接近于理想混合。为了限制气液鼓泡反应器中液相的返混程度，工业上常采用以下措施：放置填料，即填料鼓泡塔，填料不但起分散气泡、增强气液相间传质的作用，而且限制了液相的返混；设置多孔多层横向挡板，把床层分成若干级，尽管在每一级内液相仍然达到全混，但对整个床层来说类似于多釜串联反应器，使级间的返混受到了很大的限制；设置垂直管，既可限制气泡的合并长大，又在一定程度上起到了限制液相返混的作用。

2.1.2 非理想流动

理想流动模型是两种极端状况下的流体流动，即理想置换流动和理想混合流动。前者在反应器出口的物料质点具有相同的停留时间，也就是有相同的反应时间；而后者虽然在反应器出口的物料质点具有不同的停留时间，即存在停留时间分布，但它具有与反应器内的物料相同的停留时间分布。反应物料在这两种理想反应器中具有不同的流动模式，反应结果也就存在明显的差异。实际工业反应器中的反应物料流动模型与理想流动有所偏离，往往介于两者之间。对于所有偏离理想置换和理想混合的流动模式统称为非理想流动。显然，偏离理想流动的程度不同，反应结果也不同。实际反应器中流动状况偏离理想流动状况的原因可以归纳为下列几个方面。

（1）滞留区的存在

滞留区亦称死区、死角，是指反应器中流体流动极慢导致几乎不流动的区域。它的存在使部分流体的停留时间极长。滞留区主要产生于设备的死角中，如设备两端、挡板与设备壁的交接处以及设备设有其他障碍物时最易产生死角。滞留区的减少主要通过合理的设计来保证。

（2）存在短路与沟流

设备设计不合理，如进出口离得太近，会出现短路。固定床反应器和填料塔反应器中，由于催化剂颗粒或填料装填不匀，形成低阻力的通道，使部分流体快速从此通过，而形成沟流。

（3）循环流

实际的釜式反应器、鼓泡塔反应器和流化床反应器中均存在流体的循环运动。

（4）流体流速分布不均匀

由于流体在反应器内的径向流速分布得不均匀，造成流体在反应器内的停留时间长短不一。如管式反应器中流体呈层流流动，同一截面上物料质点的流速不均匀，与理想置换反应器发生明显偏离。

（5）扩散

由于分子扩散及涡流扩散的存在而造成物料质点的混合，使停留时间分布偏离理想流动状况。

上述是造成非理想流动的几种常见原因，对一个流动系统可能全部存在，也可能是其中的几种，甚至有其他的原因。

由于理想反应器设计计算比较简单，工业生产中许多装置又可近似地按理想状况处理，故常以理想反应器设计计算作为实际反应器设计计算的基础。

2.2 均相反应动力学基础

在工业反应器中，化学反应过程与质量、热量和动量传递过程同时进行，这种化学反应与物理变化过程的综合称为宏观反应过程。研究宏观反应过程的动力学称为宏观反应动力学。排除了一切物理传递过程的影响得到的反应动力学称为化学动力学或本征动力学。宏观动力学与化学动力学不同之处在于，除了研究化学反应本身以外，还要考虑到质量、热量、动量传递过程对化学反应的作用及相互影响，这显然与反应器的结构设计和操作条件有关。因此，有必要在物理化学的基础上，来阐明某些常用的化学动力学及宏观动力学。

2.2.1　化学反应速率及反应动力学方程

2.2.1.1　化学反应速率定义

化学反应速率的定义为：在反应系统中，某一物质在单位时间、单位反应区域内的反应量。如式（2-1）所示。

$$反应速率 = \frac{反应量}{反应区域 \times 反应时间} \tag{2-1}$$

反应速率是对于某一物质而言的，常以符号 $\pm r_i$ 表示。这种物质可以是反应物，也可以是产物。反应量一般用物质的量（mol）来表示，也可用物质的质量或分压等表示。如果是反应物，其量总是随反应进程而减少，为保持反应速率为正，在反应速率前赋予负号，如 $-r_A$ 表示反应物 A 的消耗速率。如果是产物，其量则随反应进程而增加，反应速率取正号，如 r_R 表示产物 R 的生成速率。因此，在一般情况下，按不同物质计算的反应速率在数值上常常是不相等的。

由式（2-1）可知，反应速率的单位取决于反应量、反应区域和反应时间的单位。均相反应过程的反应区域通常取反应混合物总体积，则反应速率单位以 $kmol/(m^3 \cdot h)$ 表示。

2.2.1.2　化学反应动力学方程

定量描述反应速率与影响反应速率因素之间的关系式称为化学反应动力学方程。影响反应速率的因素有反应温度、组成、压力、溶剂性质、催化剂性质等。然而对于绝大多数的反应，影响的最主要因素是反应物的浓度和反应温度，因而化学反应动力学方程一般都可以写成

$$\pm r_i = f(c, T) \tag{2-2}$$

式中，r_i 为组分 i 的反应速率，$kmol/(m^3 \cdot h)$；c 为反应物料的浓度，$kmol/m^3$；T 为反应温度，K。

式（2-2）表示反应速率与温度及浓度的关系，称为化学反应动力学表达式，或称化学动力学方程。对一个由几个组分组成的反应系统，其反应速率与各个组分的浓度都有关系。当然，各个反应组分的浓度并不都是相互独立的，它们受化学计量方程和物料衡算关系的约束。

恒温条件下，化学动力学方程可写成

$$\pm r_i = k f(c_A, c_B, \cdots) \tag{2-3}$$

式中，c_A、c_B、$\cdots$ 为 A、B、$\cdots$组分的浓度，$kmol/m^3$；k 为反应速率常数，$kmol^{1-n}/[(m^3)^{1-n} \cdot h]$。

非恒温时，化学动力学方程可写成

$$\pm r_i = f'(T) f(c_A, c_B, \cdots) \tag{2-4}$$

式中，$k = f'(T)$，其值与组分的浓度无关。反应速率常数是温度的函数，其关系式可用阿伦尼乌斯（Arrhenius）方程表示

$$k = A_0 \exp\left(-\frac{E}{RT}\right) \tag{2-5}$$

式中，A_0 为指前因子，也称频率因子，$kmol^{1-n}/[(m^3)^{1-n} \cdot h]$；$E$ 为反应活化能，$kJ/kmol$；R 为气体通用常数，$R = 8.314 kJ/(kmol \cdot K)$。

各组分浓度对反应速率的影响表示为 $f(c_A, c_B, \cdots)$，具体表示形式由实验确定，通常采用以下两种形式。

（1）幂函数型

$$f(c_A, c_B, \cdots) = c_A^{\alpha_1} c_B^{\alpha_2} \cdots \tag{2-6}$$

（2）双曲线型

$$f(c_A, c_B, \cdots) = \frac{c_A^{\alpha_1} c_B^{\alpha_2} \cdots}{[1 + K_A c_A + K_B c_B + \cdots]^m} \tag{2-7}$$

式中，α_1、α_2、$\cdots$为反应级数；K_A、K_B、$\cdots$为组分 A、B、$\cdots$的吸附平衡常数；m 为吸附中心数。

2.2.2 均相反应速率及反应动力学

2.2.2.1 均相反应速率

均相反应是指在均一的液相或气相中进行的化学反应，有很广泛的应用范围。如烃类的热裂解为典型的气相均相反应，而酸碱中和、酯化、皂化等则为典型的液相均相反应。

均相反应速率的定义是指在均相反应系统中某一物质在单位时间、单位反应混合物总体积中的反应量，反应速率单位以 $kmol/(m^3 \cdot h)$ 表示。

为了生产上使用的方便，人们常将反应速率定义式中的反应量由物质的量（mol）改换成其他物理量，从而使反应速率有其他表示方式。

（1）用组分转化率表示

由转化率的定义可知：$n_A = n_{A0}(1 - x_A)$，则 A 组分的反应量 $dn_A = -n_{A0} dx_A$。若反应区域选取反应体积 V，则有

$$(-r_A) = \frac{n_{A0}}{V} \times \frac{dx_A}{d\tau} \tag{2-8}$$

式中，V 为反应体积，m^3；τ 为反应时间，h。

（2）用浓度表示

因为 $n_A = V \cdot c_A$，所以

$$(-r_A) = -\frac{1}{V} \times \frac{d(V \cdot c_A)}{d\tau} = -\frac{dc_A}{d\tau} - \frac{c_A}{V} \times \frac{dV}{d\tau} \tag{2-9}$$

对于恒容过程，反应体积 V 为常数，则式(2-9) 可写成

$$(-r_A) = -\frac{dc_A}{d\tau} \tag{2-10}$$

应该注意：式(2-10) 仅适用于恒容过程。对于变容过程，则式(2-9) 中右边第二项不为零。

对于多组分单一反应系统，各个组分的反应速率受化学计量关系的约束，存在一定比例关系。对于 $aA + bB \longrightarrow rR + sS$ 反应，根据化学反应计量学可知，各组分的变化量符合下列关系

$$\frac{n_{A0} - n_A}{a} = \frac{n_{B0} - n_B}{b} = \frac{n_R - n_{R0}}{r} = \frac{n_S - n_{S0}}{s} \tag{2-11}$$

式中，a、b、r、s 为表示各组分的化学计量系数；n_{A0}、n_{B0}、n_{R0}、n_{S0} 为反应开始时各组分 A、B、R、S 的物质的量，kmol；n_A、n_B、n_R、n_S 为反应到某一时刻各组分 A、B、R、S 的物质的量，kmol。

各组分的反应速率必然满足式(2-12)

$$\frac{(-r_A)}{a} = \frac{(-r_B)}{b} = \frac{r_R}{r} = \frac{r_S}{s} \tag{2-12}$$

式中，$(-r_A)$、$(-r_B)$ 为组分 A、B 的消耗速率；r_R、r_S 为组分 R、S 的生成速率。

这说明无论按哪一个反应组分计算的反应速率，其与相应的化学计量系数之比恒为定值。

2.2.2.2　均相反应动力学

研究均相反应过程，首先要掌握均相反应的动力学。它是不计过程物理因素的影响，仅研究化学反应本身的速率规律，也就是研究物料的浓度、温度以及催化剂等因素对化学反应速率的影响。

在均相反应系统中只进行如下不可逆化学反应

$$aA + bB \longrightarrow rR + sS$$

其动力学方程一般都可用式(2-13) 表示

$$\pm r_i = k_i c_A^{\alpha_1} c_B^{\alpha_2} \tag{2-13}$$

则同一反应的不同组分消耗速率可分别表示为

$$(-r_A) = -\frac{1}{V} \frac{dn_A}{d\tau} = k_A c_A^{\alpha_1} c_B^{\alpha_2} \tag{2-14}$$

$$(-r_B) = -\frac{1}{V} \frac{dn_B}{d\tau} = k_B c_A^{\alpha_1} c_B^{\alpha_2} \tag{2-15}$$

对于气相反应，由于分压与浓度成正比，也常使用分压来表示

$$(-r_A) = -\frac{1}{V} \frac{dn_A}{d\tau} = k_p p_A^{\alpha_1} p_B^{\alpha_2} \tag{2-16}$$

其中
$$k_p = \frac{k_A}{(RT)^{\alpha_1 + \alpha_2}} = \frac{k_A}{(RT)^n} \qquad (2-17)$$

式中，k_p 为以分压表示的反应速率常数，$kmol/(m^3 \cdot h \cdot Pa^n)$；$n$ 为总反应级数。

一般来说，可以用任一与浓度相当的参数来表达反应速率，但动力学方程式中各参数的量纲单位必须一致。如当 $\alpha_1 = \alpha_2 = 1$ 时，式（2-13）中的反应速率的单位为 $kmol/(m^3 \cdot h)$，浓度的单位为 $kmol/m^3$，则反应速率常数的单位为 $m^3/(kmol \cdot h)$；而在式（2-16）中，若反应速率的单位仍为 $kmol/(m^3 \cdot h)$，分压的单位为 Pa，则 k_p 的单位为 $kmol/(m^3 \cdot h \cdot Pa^2)$。

为了能深刻理解动力学方程，结合物理化学课程中的内容，就动力学方程中的反应级数 α_1、α_2、$\cdots$ 以及反应速率常数 k 和活化能 E 加以讨论。

1. 反应分子数与反应级数

在讨论反应的分子数和级数之前，有必要先区别单一反应和复杂反应、基元反应和非基元反应。

所谓单一反应，是指只用一个化学反应式和一个动力学方程式便能代表的反应；而复杂反应则是有几个反应同时进行，因此，就要用几个动力学方程式才能加以描述。常见的复杂反应有连串反应、平行反应、平行-连串反应等。

设有单一反应，其化学反应式为

$$A + B \longrightarrow P + S$$

假定控制此反应速率的机理是单分子 A 和单分子 B 的相互作用或碰撞，而分子 A 与分子 B 的碰撞次数决定了反应的速率。在给定的温度下，由于碰撞次数正比于混合物中反应物的浓度，所以 A 的消耗速率为

$$-r_A = k_A c_A c_B \qquad (2-18)$$

如果反应物分子在碰撞中一步直接转化为产物分子，则称该反应为**基元反应**。此时，根据化学反应式的计量系数可以直接写出反应速率式中各浓度项的指数。若反应物分子要经过若干步骤，即经由几个基元反应才能转化成为产物分子的反应，则称为**非基元反应**。人们熟知的例子就是 H_2 和 Br_2 之间的反应

$$H_2 + Br_2 \longrightarrow 2HBr$$

实验得知此反应系由以下基元反应组成

$$Br_2 \longrightarrow 2Br \cdot \qquad [A]$$
$$Br \cdot + H_2 \longrightarrow HBr + H \cdot \qquad [B]$$
$$H \cdot + Br_2 \longrightarrow HBr + Br \cdot \qquad [C]$$
$$H \cdot + HBr \longrightarrow H_2 + Br \cdot \qquad [D]$$
$$2Br \cdot \longrightarrow Br_2 \qquad [E]$$

其动力学方程式为

$$r_{HBr} = \frac{k_1 c_{H_2} c_{Br_2}^{\frac{1}{2}}}{k_2 + \dfrac{c_{HBr}}{c_{Br_2}}} \qquad (2-19)$$

本例中包括了五个基元反应，其中每一个都真实地反映了直接碰撞接触的情况。[A] 反应是 Br_2 的离解，实际上参加反应的分子数是一个，称为单分子反应；[B] 反应是由两个分子碰撞接触的，称为双分子反应。所以，所谓单分子、双分子、三分子反应是针对基元反应而言的。非基元过程因为并不反映直接碰撞的情况，故不能称为单分子或双分子反应。

反应的级数是指动力学方程式中浓度项的指数，它是由实验确定的常数。对基元反应，反应级数 α_1、α_2、…即等于化学反应式的计量系数值；而对非基元反应，都应通过实验来确定。一般情况下，反应级数在一定温度范围内保持不变，它的绝对值不会超过3，但可以是分数，也可以是负数。反应级数的大小反映了该物料浓度对反应速率影响的程度。反应级数的绝对值愈高，则该物料浓度的变化对反应速率的影响愈显著。如果反应级数等于零，在动力学方程式中该物料的浓度项就不出现，说明该物料浓度的变化对反应速率没有影响；如果反应级数是负值，说明该物料浓度的增加反而阻抑了反应，使反应速率下降。总反应级数等于各组分反应级数之和，即 $n = \alpha_1 + \alpha_2 + \alpha_3 + \cdots$。

综上所述，在理解反应级数时必须特别注意以下两点。

① 反应级数不同于反应的分子数，前者是在动力学意义上讲的，后者是在计量化学意义上讲的。

② 反应级数高低并不单独决定反应速率的快慢，反应级数只反映反应速率对浓度的敏感程度。级数愈高，浓度对反应速率的影响愈大。表 2-1 列举了不同级数反应的反应速率随组成的变化情况。

表 2-1　不同级数反应的反应速率随组成的变化

转化率	反应物组成	相对反应速率		
		零级反应	一级反应	二级反应
0	1	1	1	1
0.3	0.7	1	0.7	0.49
0.5	0.5	1	0.5	0.25
0.9	0.1	1	0.1	0.01
0.99	0.01	1	0.01	0.0001

由表 2-1 可见，除零级反应外，随着转化率提高，反应物浓度下降，反应速率显著下降，二级反应的下降幅度较一级反应更甚。特别在反应末期，反应速率极慢。由此不难想象，当要求高转化率时，反应的大部分时间将用于反应的末期。

2. 反应速率常数 k 和活化能 E

由式(2-13)可知，当 c_A 和 c_B 均等于 1 时，$\pm r_i = k$。说明 k 就是当反应物浓度为 1 时的反应速率，因此又称反应的比速率。k 值大小直接决定了反应速率的高低和反应进行的难易程度。不同的反应有不同的反应速率常数。对于同一个反应，反应速率常数随温度、溶剂、催化剂的变化而变化。

温度是影响反应速率的主要因素之一。大多数反应的速率都随着温度的升高而增加，但对不同的反应，反应速率增加的快慢是不一样的。范霍夫（Van't Hoff）曾根据实验事实总结出一条近似规律：温度每升高 10K，反应速率大约增加 2～4 倍。因此 k 即代表温度对反应速率的影响项，在所有情况下，其随温度的变化规律符合式(2-20) 阿伦尼乌斯方程

微课
反应活化能

$$k = A_0 \exp\left(-\frac{E}{RT}\right) \tag{2-20}$$

式中的活化能 E 是一个非常重要的动力学参数。

反应物分子间相互接触碰撞是发生化学反应的前提，但是只有已被"激发"的反应物分子——活化分子之间的碰撞才有可能奏效。为使反应物分子"激发"所需给予的能量即为反应活化能，这就是活化能的物理含义。可见活化能的大小是表征化学反应进行难易程度的标志。活化能高，反应难于进行；活化能低，则容易进行。但是活化能 E 不是决定反应难易程度的唯一因素，它与频率因子 A_0 共同决定反应速率。

"激发"态的活化分子进行反应，转变成产物。产物分子的能量水平或者比反应物分子高，或者比其低。而反应物分子和产物分子间的能量水平差异即为反应的热效应——反应热。图 2-3 为吸热反应和放热反应的能量示意图。显然，反应热和活化能是两个不同的概念，它们之间并无必然的大小关系。

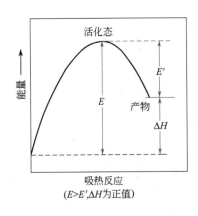 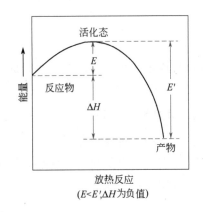

动画
吸热反应和放热反应的能量示意图

图 2-3　吸热反应和放热反应的能量示意

以阿伦尼乌斯方程中反应速率常数 k 对温度 T 求导，整理可得

$$\frac{\mathrm{d}k/k}{\mathrm{d}T/T} = \frac{E}{RT} \tag{2-21}$$

由式(2-21) 可见，反应活化能直接决定了反应速率常数对温度的相对变化率大小，因此它是反应速率对反应温度敏感程度的一种度量。活化能愈大，温度对反应速率的影响就愈显著，即温度的改变会使反应速率发生较大的变化。例如在常温下，温度每升高 1℃，若反应活化能 E 为 42kJ/mol，反应速率常数约增加 5%；如果活化能为 126kJ/mol，则 k 将增加 15% 左右。当然，这种影响的程度还与反应的温度水平有关。

总之，在理解化学反应的重要特征——活化能 E 时，应当注意以下三点。

① 活化能 E 不同于反应的热效应，它并不表示反应过程中吸收或放出的热量，而只表示使反应分子达到活化态所需的能量，故与反应热效应并无直接的关系。

② 活化能 E 不能独立预示反应速率的大小，它只表明反应速率对温度的敏感程度。E 愈大，温度对反应速率的影响愈大。除个别的反应外，一般反应速率均随温度的上升而加快。E 愈大，反应速率随温度的上升增加得愈快。

③ 对于同一反应，即当活化能 E 一定时，反应速率对温度的敏感程度随着温度的升高而降低。

表 2-2 列出了不同反应活化能时反应速率增大一倍所需要提高的温度。

表 2-2　反应温度敏感性——使反应速率增大一倍所需提高的温度

温度/℃	所需提高的温度/℃		
	活化能 42kJ/mol	活化能 167kJ/mol	活化能 293kJ/mol
0	11	3	2
400	70	17	9
1000	273	62	37
2000	1037	197	107

微课
均相动力学积分式的理解

2.2.2.3　均相单一反应动力学方程

如果在系统中仅发生一个不可逆化学反应

$$a\mathrm{A}+b\mathrm{B}+\cdots\longrightarrow r\mathrm{R}+s\mathrm{S}+\cdots$$

则称该反应系统为单一反应过程，此时动力学方程以式(2-22)表示

$$\pm r_i = kc_\mathrm{A}^{\alpha_1}c_\mathrm{B}^{\alpha_2}\cdots \tag{2-22}$$

1. 恒温恒容过程

(1) 一级不可逆反应

工业上许多有机化合物的热分解和分子重排反应等都是常见的一级不可逆反应，常用如下反应表示

$$\mathrm{A}\longrightarrow\mathrm{P}$$

有两个反应物参与的反应，若其中某一反应物极大过量，则该反应物浓度在反应过程中无多大变化，可视为定值而并入反应速率常数中。此时如果反应速率对另一反应物的浓度关系为一级，则该反应仍可按一级反应处理。

一级反应的动力学方程式为

$$(-r_\mathrm{A}) = -\frac{\mathrm{d}c_\mathrm{A}}{\mathrm{d}\tau} = kc_\mathrm{A} \tag{2-23}$$

可见式(2-23)的反应速率与浓度成线性的比例关系。当初始条件 $\tau=0$、$c_\mathrm{A}=c_{\mathrm{A}0}$ 时，式(2-23)分离变量积分，得

$$\tau = -\int_{c_{\mathrm{A}0}}^{c_\mathrm{A}} \frac{\mathrm{d}c_\mathrm{A}}{kc_\mathrm{A}} \tag{2-24}$$

在恒温条件下，k 为常数，则式（2-24）积分得到

$$\ln \frac{c_{A0}}{c_A} = k\tau \tag{2-25}$$

即

$$c_A = c_{A0} e^{-k\tau} \tag{2-26}$$

如用转化率 x_A 表示式（2-25），则可写成

$$\ln \frac{1}{1-x_A} = k\tau \tag{2-27}$$

式（2-26）和式（2-27）表示了一级反应的反应结果与反应时间的关系。之所以采用式（2-26）和式（2-27）的两种形式是为了适应工业上的两种不同要求。工业上对这样简单的反应无非是两方面的要求：一是要求达到规定的转化率，即着眼于反应物料的利用率，或者着眼于减轻后工序分离的任务，此时应用式（2-27）较为方便；另一是要求达到规定的残余浓度，这完全是为了适应后处理工序的要求，例如有害杂质的除去即属此类，此时应用式（2-26）较为方便。

（2）二级不可逆反应

工业上，二级不可逆反应最为常见，如乙烯、丙烯、异丁烯及环戊二烯的二聚反应、烯烃的加成反应等。

二级反应的反应速率与反应物浓度的平方成正比。有两种情况：一种是对某一反应物为二级且无其他反应物，或者是其他反应物大量存在，因而在反应过程中可视为常值；另一种是对某一反应物为一级，对另一反应物也是一级，而且两反应物初始浓度相等且为等分子反应时，亦就演变成第一种情况。此时其动力学方程式为

$$(-r_A) = -\frac{dc_A}{d\tau} = kc_A^2 \tag{2-28}$$

经变量分离并考虑初始条件（$\tau = 0$，$c_A = c_{A0}$），恒温时 k 为常数，则积分结果为

$$\frac{1}{c_A} - \frac{1}{c_{A0}} = k\tau \tag{2-29}$$

或

$$c_A = \frac{c_{A0}}{1 + c_{A0} k\tau} \tag{2-30}$$

若用转化率 x_A 表示

$$\frac{x_A}{1-x_A} = c_{A0} k\tau$$

即

$$x_A = \frac{c_{A0} k\tau}{1 + c_{A0} k\tau} \tag{2-31}$$

对于其他级数的不可逆反应，只要知道其反应动力学方程，代入式（2-32），积分即可求得结果。

$$\tau = -\int_{c_{A0}}^{c_A} \frac{dc_A}{(-r_A)} \tag{2-32}$$

现将常见整数级数动力学方程的积分结果列于表 2-3 中，便于对照和使用。初始条件均为：$\tau=0$，$c_A=c_{A0}$。

从表 2-3 可得到一些定性的结论，它有助于考察反应的基本特征。

表 2-3　恒温恒容不可逆反应速率方程及其积分形式

化学反应	反应速率方程	积分形式
$A \longrightarrow P$ （零级）	$(-r_A)=-\dfrac{dc_A}{d\tau}=k$	$k\tau=c_{A0}-c_A=c_{A0}x_A$
$A \longrightarrow P$ （一级）	$(-r_A)=-\dfrac{dc_A}{d\tau}=kc_A$	$k\tau=\ln\dfrac{c_{A0}}{c_A}=\ln\dfrac{1}{1-x_A}$
$2A \longrightarrow P$ $A+B \longrightarrow P$ $(c_{A0}=c_{B0})$（二级）	$(-r_A)=-\dfrac{dc_A}{d\tau}=kc_A^2$	$k\tau=\dfrac{1}{c_A}-\dfrac{1}{c_{A0}}=\dfrac{1}{c_{A0}}\times\dfrac{x_A}{1-x_A}$
$A+B \longrightarrow P$ $(c_{A0}\neq c_{B0})$（二级）	$(-r_A)=-\dfrac{dc_A}{d\tau}=kc_Ac_B$	$k\tau=\dfrac{1}{c_{B0}-c_{A0}}\ln\dfrac{c_Bc_{A0}}{c_Ac_{B0}}=\dfrac{1}{c_{B0}-c_{A0}}\ln\dfrac{1-x_B}{1-x_A}$
$A \longrightarrow P$ （n 级）	$(-r_A)=-\dfrac{dc_A}{d\tau}=kc_A^n$	$k\tau=\dfrac{1}{n-1}(c_A^{1-n}-c_{A0}^{1-n})$ $=\dfrac{1}{c_{A0}^{n-1}(n-1)}[(1-x_A)^{1-n}-1]$

① 速率方程积分表达式中，左边是反应速率常数 k 与反应时间 τ 的乘积，表示当反应初始条件和反应结果不变时，反应速率常数 k 以任何倍数增加，将导致反应时间以同样倍数下降。

② 一级反应所需时间 τ 仅与转化率 x_A 有关，而与初始浓度无关。因此，可用改变初始浓度的办法来鉴别所考察的反应是否属于一级反应。以 $\ln(c_{A0}/c_A)$ 或 $\ln[1/(1-x_A)]$ 对 τ 作图，若是直线，则为一级反应，其斜率为 k。

③ 二级反应达到一定转化率所需反应时间 τ 与初始浓度有关。初始浓度提高，达到同样转化率 x_A 所需反应时间减小。

④ 对 n 级反应

$$c_{A0}^{n-1}k\tau=\int_0^{x_A}\frac{dx_A}{(1-x_A)^n} \tag{2-33}$$

当 $n>1$ 时，达到同样转化率，初始浓度 c_{A0} 提高，反应时间减少；当 $n<1$ 时，初始浓度 c_{A0} 提高，要达到同样转化率，反应时间增加。对 $n<1$ 的反应，反应时间达到某个值时，反应转化率可达 100%；而 $n\geqslant 1$ 的反应，反应转化率达 100%，所需反应时间为无限长。这表明反应级数 $n\geqslant 1$ 的反应大部分反应时间是用于反应的末期。高转化率或低残余浓度的要求会使反应所需时间大幅度地增加。

【例 2-1】　果糖在食品中主要作为甜味剂使用。数千年以来，果糖一直没有远离人类的饮食，但由于加工工艺和技术能力的限制，果糖一直没有大规模地占领人们的餐桌。直到 20 世纪 70 年代，突破了蔗糖水解生产果糖的技术瓶颈，才开始了大规模工业化地生产果糖。此后，果糖的产量以每年 30% 的速度迅猛增长。下题通过分析蔗糖的水解过程，来探讨蔗糖初始浓度对生产果糖的转化率与速度的影响。

蔗糖在稀水溶液中按下式水解，生成葡萄糖和果糖

$$C_{12}H_{22}O_{11} + H_2O \xrightarrow{H^+} C_6H_{12}O_6 + C_6H_{12}O_6$$
蔗糖(A)　　　水(B)　　　葡萄糖(R)　　果糖(S)

当水极大过量时，遵循一级反应动力学，即 $(-r_A) = kc_A$，在催化剂 HCl 浓度为 0.01mol/L、反应温度为 48℃ 时，反应速率常数 $k = 0.0193\text{min}^{-1}$。当蔗糖的初始浓度为 ①0.1mol/L、②0.5mol/L 时，试计算：(1) 反应 20min 后，①和②溶液中蔗糖、葡萄糖和果糖的浓度各为多少？(2) 此时，两溶液中的蔗糖转化率各达到多少？是否相等？(3) 若要求蔗糖浓度降到 0.01mol/L，它们各需的反应时间是多长？

解　(1) 由式(2-26)知，经历不同反应时间后反应物 A 的残余浓度为

$$c_A = c_{A0}e^{-k\tau}$$

将反应物的初始浓度 c_{A0}、反应速率常数 k 值和反应时间代入上式，得

溶液①　　　　　　$c_{A1} = 0.1 \times e^{-0.0193 \times 20} = 0.068\text{mol/L}$

溶液②　　　　　　$c_{A2} = 0.5 \times e^{-0.0193 \times 20} = 0.34\text{mol/L}$

按化学计量关系，此时葡萄糖和果糖浓度为 $c_R = c_S = c_{A0} - c_A$，则

溶液①　　　　$c_R = c_S = c_{A0} - c_A = 0.1 - 0.068 = 0.032\text{mol/L}$

溶液②　　　　$c_R = c_S = c_{A0} - c_A = 0.5 - 0.34 = 0.16\text{mol/L}$

(2) 计算转化率时，由式(2-27)知 $x_A = 1 - e^{-k\tau}$，则

溶液①　　　　$x_{A1} = 1 - e^{-0.0193 \times 20} = 1 - 0.68 = 0.32 = 32\%$

溶液②　　　　$x_{A2} = 1 - e^{-0.0193 \times 20} = 1 - 0.68 = 0.32 = 32\%$

结果表明，尽管在溶液①和②中反应物的初始浓度不同，但经历相同的反应时间后，却具有相同的转化率。

(3) 反应时间计算，由式(2-25)知 $\tau = \dfrac{1}{k}\ln\dfrac{c_{A0}}{c_A}$，则

溶液①　　　　　$\tau_1 = \dfrac{1}{0.0193}\ln\dfrac{0.1}{0.01} = 120\text{min}$

溶液②　　　　　$\tau_2 = \dfrac{1}{0.0193}\ln\dfrac{0.5}{0.01} = 203\text{min}$

所以，反应物初始浓度虽然提高了 5 倍，但达到规定的反应物残余浓度时，所需的反应时间却增加不到 2 倍。

【例 2-2】　碘化氢（A）气相热分解生成氢气（B）和碘（C）的反应中，反应速率与碘化氢浓度的二次方成正比。该反应的动力学方程为 $(-r_A) = 0.35c_A^2\text{mol/(L·s)}$。若碘化氢的初始浓度分别为 ①1mol/L、②5mol/L 时，试

求碘化氢的残余浓度达到 0.01mol/L 时分别需多少时间？

解　由式(2-29) 知 $\tau = \dfrac{1}{k}\left(\dfrac{1}{c_A} - \dfrac{1}{c_{A0}}\right)$，所以

$$\tau_1 = \frac{1}{0.35}\left(\frac{1}{0.01} - \frac{1}{1}\right) = 283s$$

$$\tau_2 = \frac{1}{0.35}\left(\frac{1}{0.01} - \frac{1}{5}\right) = 285s$$

计算表明，对二级反应而言，若要求残余浓度很低时，尽管初始浓度相差甚大，但所需的反应时间却相差甚少。

2. 恒温变容过程

化工生产中，若气相反应前后物质的量发生变化，或因压强等因素的影响而使物料系统的密度发生变化，称为变容过程。此时，反应物浓度、压力、摩尔分数与转化率的函数关系如下。

设有化学反应 $aA + bB \longrightarrow rR + sS$，当反应物质 A 每反应 1mol 时，引起整个系统物质的量（mol）的变化量定义为膨胀因子 ε_A，如式(2-34) 所示

$$\varepsilon_A = \frac{(r+s) - (a+b)}{a} \tag{2-34}$$

进料中带有的惰性气体并不影响 ε_A 的大小，因此在计算时不予考虑。$\varepsilon_A > 0$，说明该反应为物质的量增大的反应；$\varepsilon_A = 0$，是等分子反应；$\varepsilon_A < 0$，为物质的量减少的反应。

设反应开始时 ($x_{A0} = 0$)，反应中各物质的量分别为 n_{A0}、n_{B0}、n_{R0}、n_{S0}，此时系统的总物质的量 $n_{t0} = n_{A0} + n_{B0} + n_{R0} + n_{S0}$。当反应经过 τ 时间后，A 的转化率为 x_A 时，系统的总物质的量为 $n_t = n_{t0} + \varepsilon_A n_{A0} x_A = n_{t0}(1 + \varepsilon_A y_{A0} x_A)$，其中 $y_{A0} = n_{A0}/n_{t0}$ 为 A 组分占反应开始时总物质的摩尔分数。

一般可设各气体的性质符合理想气体定律，则有

$$V = \frac{RT}{p}n_t = \frac{RT}{p}n_{t0}(1 + \varepsilon_A y_{A0} x_A) = V_0(1 + \varepsilon_A y_{A0} x_A) \tag{2-35}$$

c_A 和 x_A 的关系为

$$c_A = \frac{n_A}{V} = \frac{n_{A0}(1 - x_A)}{V_0\ (1 + \varepsilon_A y_{A0} x_A)}$$

$$c_A = c_{A0}\frac{1 - x_A}{1 + \varepsilon_A y_{A0} x_A} \tag{2-36}$$

当 $\varepsilon_A = 0$ 时，即恒容过程，且 $c_A = c_{A0}(1 - x_A)$，说明式(2-36) 同时适用于恒容和变容过程。

当反应速率用分压表示时，对于理想气体，有

$$p_A = \frac{n_A RT}{V} = c_A RT$$

则

$$c_A = \frac{p_A}{RT}$$

同理
$$c_{A0} = \frac{p_{A0}}{RT}$$

将以上两式代入式(2-36)，可得

$$p_A = p_{A0} \frac{1 - x_A}{1 + y_{A0} \varepsilon_A x_A} \qquad (2\text{-}37)$$

用以上相关关系式代入反应速率方程式

$$(-r_A) = -\frac{1}{V} \times \frac{dn_A}{d\tau} = -\frac{1}{V_0(1 + y_{A0} \varepsilon_A x_A)} \times \frac{d[n_{A0}(1 - x_A)]}{d\tau}$$

由此得出

$$(-r_A) = -\frac{1}{V} \times \frac{dn_A}{d\tau} = \frac{c_{A0}}{1 + y_{A0} \varepsilon_A x_A} \times \frac{dx_A}{d\tau} \qquad (2\text{-}38)$$

将动力学方程式(2-38)代入式(2-32)，就可用解析法、数值法或图解法进行积分。对单一反应得到的积分式如表 2-4 所示。

表 2-4 恒温变容过程反应速率方程及其积分式

化学反应	反应速率方程	积分形式
A⟶P （零级）	$(-r_A) = k$	$k\tau = \dfrac{c_{A0}}{y_{A0} \varepsilon_A} \ln(1 + y_{A0} \varepsilon_A x_A)$
A⟶P （一级）	$(-r_A) = kc_A$	$k\tau = -\ln(1 - x_A)$
2A⟶P A+B⟶P $(c_{A0} = c_{B0})$（二级）	$(-r_A) = kc_A^2$	$c_{A0} k\tau = \dfrac{(1 + \varepsilon_A y_{A0}) x_A}{1 - x_A} + \varepsilon_A y_{A0} \ln(1 - x_A)$

2.2.2.4 复杂反应动力学方程

复杂反应由若干单一反应组成，对各个单一反应来说，可以采用上述介绍的方法建立动力学方程。若考察某一组分的反应速率或生成速率时，则必须将各个反应速率综合起来。

复杂反应通常可分为如下几种类型。

(1) 可逆反应

在反应物发生化学反应生成产物的同时，产物之间也在发生化学反应转化成原料，如

$$A + B \longrightarrow R + S$$
$$R + S \longrightarrow A + B$$

也可以写成

$$A + B \Longleftrightarrow R + S$$

(2) 平行反应

在系统中反应物除发生化学反应生成一种产物外，该反应物还能进行另一

个化学反应生成另一种产物，如

乙烷裂解生成乙烯 $\qquad C_2H_6 \longrightarrow C_2H_4 + H_2$

乙烷也能裂解成碳和氢 $\qquad C_2H_6 \longrightarrow 2C + 3H_2$

(3) 连串反应

反应物发生化学反应生成产物的同时，该产物又能进一步反应生成另一种产物，如

$$A \longrightarrow R \longrightarrow S$$

(4) 复合复杂反应

在反应系统中，同时进行有可逆反应、平行反应和连串反应，该系统进行的反应称为复合复杂反应，如

$$A + B \Longleftrightarrow C + D$$
$$A + C \Longleftrightarrow E$$
$$D \longrightarrow R + S$$

复杂反应的动力学方程通常采用下述方法进行计算：①将复杂反应分解为若干个单一反应，并按单一反应过程求得各自的动力学方程；②在复杂反应系统中，某一组分对化学反应的贡献通常用该组分的生成速率来表示。某组分可能同时参与若干个单一反应时，该组分的生成速率应该是它在各个单一反应中的生成速率之和，即

$$r_i = \sum_{j=1}^{M} t_{ij} r_{ij} \qquad (2-39)$$

式中，r_{ij} 为组分 i 在第 j 个反应中的反应生成速率；t_{ij} 为组分 i 在第 j 个反应中的化学计量系数，若为反应物取负值，若为产物则取正值。

【例 2-3】 在系统中同时进行三个基元反应：$A + B \Longleftrightarrow C$，$2A + C \longrightarrow D$，$D \Longleftrightarrow E$，试计算各组分的生成速率。

解 （1）首先将该复合复杂反应分解为五个简单反应，并求出其动力学方程。

反应 1 $\qquad A + B \xrightarrow{k_1} C \qquad r_1 = (-r_{A1}) = (-r_{B1}) = r_{C1} = k_1 c_A c_B$

反应 2 $\qquad C \xrightarrow{k_2} A + B \qquad r_2 = (-r_{C2}) = r_{A2} = r_{B2} = k_2 c_C$

反应 3 $\qquad 2A + C \xrightarrow{k_3} D \qquad r_3 = \dfrac{(-r_{A3})}{2} = (-r_{C3}) = r_{D3} = k_3 c_A^2 c_C$

反应 4 $\qquad D \xrightarrow{k_4} E \qquad r_4 = (-r_{D4}) = r_{E4} = k_4 c_D$

反应 5 $\qquad E \xrightarrow{k_5} D \qquad r_5 = -r_{E5} = r_{D5} = k_5 c_E$

（2）计算各组分的生成速率

$$r_A = \frac{1}{V} \times \frac{dn_A}{d\tau} = r_{A1} + r_{A2} + r_{A3} = -k_1 c_A c_B + k_2 c_C - 2k_3 c_A^2 c_C$$

$$r_B = \frac{1}{V} \times \frac{\mathrm{d}n_B}{\mathrm{d}\tau} = r_{B1} + r_{B2} = -k_1 c_A c_B + k_2 c_C$$

$$r_C = \frac{1}{V} \times \frac{\mathrm{d}n_C}{\mathrm{d}\tau} = r_{C1} + r_{C2} + r_{C3} = k_1 c_A c_B - k_2 c_C - k_3 c_A^2 c_C$$

$$r_D = \frac{1}{V} \times \frac{\mathrm{d}n_D}{\mathrm{d}\tau} = r_{D3} + r_{D4} + r_{D5} = k_3 c_A^2 c_C - k_4 c_D + k_5 c_E$$

$$r_E = \frac{1}{V} \times \frac{\mathrm{d}n_E}{\mathrm{d}\tau} = r_{D4} + r_{D5} = k_4 c_D - k_5 c_E$$

在化工生产中，为解决加快反应速率、降低能耗以及尽可能多地获得产物量等问题，应根据动力学方程，结合反应器特性合理地选择反应器类型和确定适宜的操作条件。

2.3 反应器设计基本内容和基本方程

2.3.1 反应器设计基本内容

反应器工艺设计主要包括以下三项内容：①选择合适的反应器类型；②确定最优的操作条件；③计算所需的反应器体积。这三个方面内容不是各自孤立，而是相互联系的，需要进行多个方案的反复比较，才能作出合适的决定。

选择合适的反应器类型，就是根据反应系统动力学特性（如反应过程的浓度效应、温度效应及反应的热效应），结合反应器的流动特征和传递特性（如反应器的返混程度），选择合适的反应器，以满足反应过程的需要，使反应结果最优。

操作条件，如反应器的进口物料配比、流量、温度、压力和最终转化率等，直接影响反应器的反应结果，也影响反应器的生产能力。对正在运行的装置，因原料组成的改变，工艺参数调整是常有的事。现代化大型化工厂工艺参数的调整是通过计算机集散控制完成的，计算机收到参数变化的信息，根据已输入的数学模型和程序计算出结果，反馈给相应的执行机构，完成参数的调整。

反应器体积的确定是反应器工艺设计计算的最核心内容。根据所确定的操作条件，针对所选定的反应器类型计算完成规定生产能力所需的反应器有效体积，同时由此确定反应器的结构和尺寸。

2.3.2 反应器设计基本方程

反应器设计计算可以采用经验计算法和数学模型法。经验计算法是根据已有的装置生产定额进行相同生产条件、相同结构生产装置的工艺计算。经验计算法的局限性很大，只能在相近条件下进行反应器体积的估算。

如果改变反应过程的条件或改变反应器结构，以改进反应器的设计，或者进一步确定反应器的最优结构、操作条件，经验计算法是不适用的，这时应该用数学模型法计算。根据小型实验建立的数学模型（一般需经中试验证），结合一定的求解条件——边界条件和初始条件，预计大型设备的行为，实现工程计算。数学模型法计算的基础是描述化学过程本质的动力学模型以及反映传递过程特性的传递模型。基本方法是以实验事实为基础建立上述模型，并建立相应的求解边界条件，然后求解。

反应器设计的基本方程包括：①描述浓度变化的物料衡算式；②描述温度变化的热量衡算式；③描述压力变化的动量衡算式；④描述反应速率变化的动力学方程式。

（1）物料衡算式

物料衡算式以质量守恒定律为基础，是计算反应器体积的基本方程。它给出反应物浓度或转化率随反应器位置或反应时间变化的函数关系。对任何类型的反应器，若已知其传递特性，都可以取某一反应组分或产物作物料衡算。如果反应器内的参数是均一的，则可取整个反应器建立衡算式。如果反应器内参数是变化的，可认为在反应器的微元体积内参数是均一的，则微元时间内取微元体积建立衡算式

$$
\begin{bmatrix} 微元时间内 \\ 进入微元体 \\ 积的反应物量 \end{bmatrix} = \begin{bmatrix} 微元时间内 \\ 离开微元体 \\ 积的反应物量 \end{bmatrix} + \begin{bmatrix} 微元时间微元 \\ 体积内转化掉 \\ 的反应物量 \end{bmatrix} + \begin{bmatrix} 微元时间微 \\ 元体积内反 \\ 应物的累积量 \end{bmatrix} \quad (2\text{-}40)
$$

式(2-40)是一个普遍式，无论对流动系统或间歇系统都适用，不同情况下可作相应简化。

（2）热量衡算式

热量衡算式以能量守恒与转换定律为基础，它给出了温度随反应器位置或反应时间变化的函数关系，反映换热条件对过程的影响。当过程恒温时，反应器有效体积的计算不需要热量衡算式，但是要维持恒温条件而应交换的热量和所需的换热面积却必须有热量衡算式。微元时间对微元体积所作的热量衡算如式(2-41)所示

$$
\begin{bmatrix} 微元时间内进入 \\ 微元体积的物料 \\ 所带进的热量 \end{bmatrix} = \begin{bmatrix} 微元时间内离开 \\ 微元体积的物料 \\ 所带走的热量 \end{bmatrix} - \begin{bmatrix} 微元时间微元 \\ 体积内由于反 \\ 应产生的热量 \end{bmatrix} +
$$

$$
\begin{bmatrix} 微元时间内微元 \\ 体积传递至环境 \\ 或载热体的热量 \end{bmatrix} + \begin{bmatrix} 微元时间 \\ 微元体积 \\ 内累积的热量 \end{bmatrix} \quad (2\text{-}41)
$$

式(2-41)也是普遍式，不同情况下也可作相应简化。

（3）动量衡算式

动量衡算式以动量守恒与转化定律为基础，计算反应器的压力变化。当气相流动反应器的进出口压差很大，以致影响到反应组分浓度时，就要考虑流体的动量衡算。一般情况下，反应器计算可以不考虑此项。

（4）动力学方程式

对于均相反应，需要有本征动力学方程；对于非均相反应，应该有包括相际传递过程在内的宏观动力学方程。

物料衡算式和动力学方程式是描述反应器性能的两个最基本的方程式。

任务实施

2.4 间歇操作釜式反应器体积和数量计算

微课
间歇反应釜的
体积与数量的
计算

由物料衡算求出生产中每小时需处理的物料体积后，即可进行反应釜的体积和数量的计算。计算时，在反应釜体积 V 和数量 n 这两个变量中必须先确定一个。由于数量一般不会很多，通常可以用几个不同的 n 值来算出相应的 V 值，然后再决定采用哪一组 n 和 V 值比较合适。

从提高劳动生产率和降低设备投资来考虑，选用体积大而台数少的设备比选用体积小而台数多的设备有利，但是还要考虑其他因素作全面比较。例如大体积设备的加工和检修条件是否具备，厂房建筑条件（如厂房的高度、大型设备的支撑构件等）是否具备，有时还要考虑大型设备的操作工艺和生产控制方法是否成熟。

（1）给定 V，求 n

每天需操作的批次为

$$\alpha = \frac{24V_0}{V_R} = \frac{24V_0}{V\varphi} \tag{2-42}$$

式中，α 为每天操作批次；V_0 为每小时处理的物料体积，m^3/h；V_R 为反应器有效体积，即反应区域，m^3；V 为反应器体积，m^3；φ 为装料系数。

设备中物料所占体积即反应器有效体积 V_R 与设备实际体积即反应器体积 V 之比称为设备装料系数，以符号 φ 表示。其具体数值根据实际情况而变化，可参考表 2-5。

表 2-5　设备装料系数

条件	装料系数 φ 范围
不带搅拌或搅拌缓慢的反应釜	0.8～0.85
带搅拌的反应釜	0.7～0.8
易起泡沫和在沸腾下操作的设备	0.4～0.6
贮槽和计量槽（液面平静）	0.85～0.9

每天每台反应釜可操作的批次为

$$\beta = \frac{24}{t} = \frac{24}{\tau + \tau'} \tag{2-43}$$

式中，β 为每天每台反应釜操作批次；t 为操作周期，h；τ 为反应时间，h；τ' 为辅助时间，h。

操作周期 t 又称工时定额，是指生产每一批物料的全部操作时间。由于间歇反应器是分批操作，其操作时间由两部分构成：一是反应时间，用 τ 表示；二是辅助时间，即装料、卸料、检查及清洗设备等所需时间，用 τ' 表示。

生产过程需用的反应釜数量 n' 可按下式计算

$$n' = \frac{\alpha}{\beta} = \frac{V_0(\tau + \tau')}{\varphi V} \tag{2-44}$$

式中，n' 为反应釜数量，台。

由式(2-44)计算得到的 n' 值通常不是整数，需圆整成整数 n。这样反应釜的生产能力较计算要求提高了，其提高程度称为生产能力的后备系数，以 δ 表示，即

$$\delta = \frac{n}{n'} \tag{2-45}$$

式中，δ 为后备系数；n 为圆整后的反应釜数量，台。

后备系数一般在 $1.1 \sim 1.15$ 较为合适。

反应器有效体积 V_R 按下式计算

$$V_R = \varphi V = V_0(\tau + \tau') \tag{2-46}$$

(2) 给定 n，求 V

有时由于受生产厂房面积的限制或工艺过程的要求，先确定了反应釜的数量 n，此时每台反应釜的体积可按下式求得

$$V = \frac{V_0(\tau + \tau')\delta}{n\varphi} \tag{2-47}$$

【例 2-4】 加入 WTO 之后，我国传统农药、染料及其中间体的出口行情大好，作为其重要原料的邻苯二胺逐步进入了一个稳定发展的态势。目前我国生产邻苯二胺的企业众多，生产水平差距不大，基本都采用高压釜氨化与硫化碱还原的两步法工艺。即采用分批操作法用 Na_2S 还原邻硝基苯胺制取邻苯二胺，用两台还原釜交替进行受料和反应。每小时氨化出料为 $0.83m^3$，还原工序操作周期为 8h（不算受料的时间），受料时间为 8h。计算每台还原釜的体积。装料系数取 0.75。

解 因前一道工序连续操作，至少用两台还原釜交替进行受料与反应。今还原操作周期为 8h，受料时间为 8h，安排每班做一次还原操作，则每一批料的总操作周期（包括受料时间）为 16h。于是需要设备的总体积为

$$nV = \frac{V_0 t}{\varphi} = \frac{0.83 \times 16}{0.75} = 17.7m^3$$

2 台反应釜，即 $n=2$，每台反应釜的体积为

$$V = \frac{17.7}{2} = 8.85m^3$$

微课
间歇釜反应时间和转化率的计算

间歇反应是非定态操作，釜内组分的浓度随反应时间而变化，如图 2-4 所示。反应 A $\longrightarrow$ R 随反应时间 τ 的延长原料 A 浓度 c_A 减少，而产物 R 的浓度 c_R 增加。很显然组分 A 的转化率也随反应时间的延长而增加。

在反应器内，由于剧烈搅拌，所以在任一瞬间反应器内各处的组成是均一的。对于整个反应器以原料 A 组分进行物料衡算。由于在反应期间没有物料进出，故根据式(2-40)

$$\begin{bmatrix} 微元时间内 \\ 进入微元体 \\ 积的反应物量 \end{bmatrix} = \begin{bmatrix} 微元时间内 \\ 离开微元体 \\ 积的反应物量 \end{bmatrix} + \begin{bmatrix} 微元时间微元 \\ 体积内转化掉 \\ 的反应物量 \end{bmatrix} + \begin{bmatrix} 微元时间微 \\ 元体积内反 \\ 应物的累积量 \end{bmatrix}$$

$$\qquad 0 \qquad\qquad 0 \qquad\qquad (-r_A)V_R d\tau \qquad\quad dn_A$$

则有 $\qquad (-r_A)V_R d\tau + dn_A = 0 \qquad (2-48)$

式中，$(-r_A)$ 为反应速率，$\mathrm{kmol/(m^3 \cdot h)}$；$n_A$ 为当转化率为 x_A 时反应器内组分 A 的物质的量，kmol。

以 n_{A0} 表示反应器内最初物质的量，则得
$$dn_A = d[n_{A0}(1 - x_A)]$$
$$= -n_{A0} dx_A$$

将上式代入式(2-48) 并整理，积分得

$$\tau = n_{A0} \int_{x_{A0}}^{x_{Af}} \frac{dx_A}{(-r_A)V_R} \qquad (2-49)$$

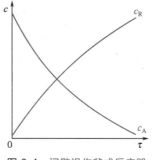

图 2-4　间歇操作釜式反应器内物料浓度随时间变化关系

式中，n_{A0} 为反应开始时反应器内组分 A 的物质的量，kmol；x_{A0} 为初始转化率；x_{Af} 为最终转化率。

式(2-49) 是计算间歇操作釜式反应器中反应时间的通式，表达了在一定操作条件下为达到所要求的转化率 x_{Af} 所需的反应时间 τ。它适用于任何间歇反应过程，均相或非均相，恒温或非恒温。但对于非恒温过程需结合反应器的热量衡算求解。

2.5.1　恒容恒温间歇反应

在恒容条件下，反应器有效体积 V_R 为常数，即反应过程中物料体积不变，可用组分 A 的初始浓度表示式(2-49)，有

$$\tau = c_{A0} \int_{x_{A0}}^{x_{Af}} \frac{dx_A}{(-r_A)} \qquad (2-50)$$

式中，c_{A0} 为组分 A 的初始浓度，$\mathrm{kmol/m^3}$。

因为在恒容下有 $c_A = c_{A0}(1 - x_A)$，则 $dc_A = -c_{A0} dx_A$，并代入式(2-50)，有

$$\tau = -\int_{c_{A0}}^{c_A} \frac{\mathrm{d}c_A}{(-r_A)} \tag{2-51}$$

式中，c_A 为当转化率为 x_A 时组分 A 的浓度，$kmol/m^3$。

从式(2-50)可以得到一个非常重要的结论：间歇操作釜反应器达到一定转化率所需的反应时间只取决于过程的反应速率，而与反应器的大小无关。反应器的大小仅取决于反应物料的处理量。当利用中间试验数据计算大型装置时，只要保证两种情况下化学反应速率的影响因素相同，就可以做到高倍数放大。

一般说来，液相反应时的体积变化是很小的，而气相反应时，气相物料必须充满整个反应空间。因此，间歇反应过程大多属于恒容过程。

【例 2-5】 乙酸丁酯是一种优良的有机溶剂，广泛用于硝化纤维清漆中，在人造革、织物及塑料加工过程中用作溶剂，也用于香料工业。目前国内生产乙酸丁酯的代表性企业是位于重庆的扬子江乙酰化工有限公司，其年生产能力为 8 万吨，采用的生产工艺是乙酸和丁醇进行酯化反应生产乙酸丁酯。本题以实际生产为例，讲解计算合成乙酸丁酯间歇反应器体积的问题。

在搅拌良好的间歇操作釜式反应器中，用乙酸和丁醇生产乙酸丁酯，其反应式为：$CH_3COOH + C_4H_9OH \longrightarrow CH_3COOC_4H_9 + H_2O$，反应在恒温(373K)条件下进行，进料摩尔比为乙酸：丁醇 $= 1:4.97$，以少量 H_2SO_4 作催化剂。当使用过量丁醇时，该反应以乙酸（下标以 A 计）表示的动力学方程式为 $(-r_A) = kc_A^2$。在上述条件下，反应速率常数 $k = 0.0174 m^3/(kmol \cdot min)$，反应物密度 $\rho = 750 kg/m^3$（假设反应前后不变）。若每天生产 2400kg 乙酸丁酯（不考虑分离等过程损失），乙酸转化率 x_{Af} 达到 0.5，求所需反应器的有效体积和实际体积。取每批辅助时间为 30min，反应釜台数为 1，装料系数 φ 为 0.7。

解 (1) 计算反应时间 以 $(-r_A) = kc_A^2$ 代入式(2-50)，积分得

$$\tau = c_{A0}\int_{x_{A0}}^{x_{Af}} \frac{\mathrm{d}x_A}{(-r_A)} = c_{A0}\int_0^{x_{Af}} \frac{\mathrm{d}x_A}{kc_{A0}^2(1-x_A)^2} = \frac{1}{kc_{A0}} \times \frac{x_{Af}}{(1-x_{Af})}$$

乙酸和丁酯的相对分子质量分别为 60 和 74，故得乙酸的初始浓度为

$$c_{A0} = \frac{1 \times 750}{1 \times 60 + 4.97 \times 74} = 1.8 kmol/m^3$$

将反应速率常数 $k = 0.0174 m^3/(kmol \cdot min)$ 和乙酸的转化率 $x_{Af} = 0.5$ 代入，得反应时间为

$$\tau = \frac{1}{0.0174 \times 1.8} \times \frac{0.5}{1-0.5} = 32min = 0.53h$$

(2) 计算反应器有效体积 要求每天生产 2400kg 乙酸丁酯，乙酸丁酯的相对分子质量为 116，则每小时乙酸用量

$$\frac{2400}{24} \times \frac{60}{116} \times \frac{1}{0.5} = 103 kg/h$$

每小时需要处理的原料体积为

$$V_0 = 103 \times \left(1 + \frac{74}{60} \times 4.97\right)\frac{1}{750} = 0.979\,\text{m}^3/\text{h}$$

根据式(2-46)，反应器有效体积为

$$V_R = 0.979 \times (0.5 + 0.53) = 1.008\,\text{m}^3$$

（3）计算反应器体积　根据装料系数定义，反应器体积为

$$V = \frac{V_R}{\varphi} = \frac{1.008}{0.7} = 1.44\,\text{m}^3$$

对于其他各种不同反应的动力学方程式都可以代入式(2-50) 或式(2-51) 进行积分计算，便可求得反应时间和转化率的关系。当动力学方程解析式相当复杂或不能做数值积分时，可以图解积分法计算所需反应时间，如图 2-5 所示。

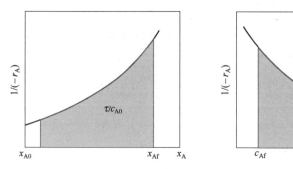

图 2-5　间歇反应器恒温过程图解计算

2.5.2　恒容非恒温间歇反应

对于间歇操作釜式反应器要做到绝对恒温是极其困难的。当反应热效应不大时，近似恒温是可以做到的，但当反应热效应很大时就很难做到。另一方面，对于许多化学反应，恒温操作的效果不如变温操作好。所以，研究变温操作具有重要的意义。

温度是影响反应器操作的最敏感因素，它对转化率、收率、反应速率以及反应器的生产能力都有影响。温度不同，反应系统的物理性质也不同，从而影响到传热和传质速率及搅拌器的功率。因此，对间歇操作反应器而言，确定反应过程的温度和时间的关系十分必要，这是进行反应器计算、分析和操作所必不可少的。

间歇反应过程温度与时间的关系可由热量衡算式来确定。

由于反应器内物料具有相同的温度，因此，根据式(2-41)

$$
\begin{bmatrix} 微元时间内进入 \\ 微元体积的物料 \\ 所带进的热量 \end{bmatrix} = \begin{bmatrix} 微元时间内离开 \\ 微元体积的物料 \\ 带走的热量 \end{bmatrix} - \begin{bmatrix} 微元时间微元 \\ 体积内由于反 \\ 应产生的热量 \end{bmatrix} + \begin{bmatrix} 微元时间内微元 \\ 体积传递至环境 \\ 或载热体的热量 \end{bmatrix} + \begin{bmatrix} 微元时间 \\ 微元体积 \\ 内累积的热量 \end{bmatrix}
$$

$$\quad\quad 0 \quad\quad\quad\quad\quad\quad 0 \quad\quad -(-\Delta H_A)(-r_A)V_R\text{d}\tau \quad KA(T-T_s)\text{d}\tau \quad m_t c_{pt}\text{d}T$$

即　　　$$-(-\Delta H_A)(-r_A)V_R\text{d}\tau + KA(T-T_s)\text{d}\tau + m_t c_{pt}\text{d}T = 0$$

整理后得
$$m_t c_{pt} \frac{\mathrm{d}T}{\mathrm{d}\tau} = (-\Delta H_r)(-r_A)V_R + KA(T_s - T) \tag{2-52}$$

式中，m_t 为反应物料总质量，kg；c_{pt} 为物料的平均定压比热容，kJ/(kg·K)；$-\Delta H_A$ 为化学反应热，kJ/kmol；$-r_A$ 为反应速率，kmol/(m^3·s)；K 为传热系数，kW/(m^2·K)；A 为传热面积，m^2；T 为反应液体温度，K；T_s 为传热介质温度，K。

式(2-52) 即为间歇操作釜式反应器反应物料的温度与时间的关系式。对于变温过程，由于（$-r_A$）为温度和转化率的函数，只有知道反应过程的温度随时间的变化关系，才能确定（$-r_A$）。所以，变温间歇反应器的计算，必须将物料衡算式和热量衡算式联立求解，方可求得反应的转化率、温度和反应时间的关系。将物料衡算式(2-48) 代入式(2-52) 可得

$$m_t c_{pt} \frac{\mathrm{d}T}{\mathrm{d}\tau} = KA(T_s - T) + (-\Delta H_A)n_{A0}\frac{\mathrm{d}x_A}{\mathrm{d}\tau} \tag{2-53}$$

由此可知，对于一定的反应系统而言，温度与转化率的关系取决于系统与换热介质的换热速率。由式(2-53) 得

$$m_t c_{pt}\int_{T_0}^{T}\mathrm{d}T = \int_0^{\tau} KA(T_s - T)\mathrm{d}\tau + \int_{x_{A0}}^{x_{Af}}(-\Delta H_A)n_{A0}\mathrm{d}x_A$$

即
$$m_t c_{pt}(T - T_0) - (-\Delta H_A)n_{A0}(x_{Af} - x_{A0}) = \int_0^{\tau} KA(T_s - T)\mathrm{d}\tau \tag{2-54}$$

式中，T_0 为反应开始时的物料温度，K。

当反应在绝热条件下进行时，传热项为零，于是式(2-54) 变为

$$T - T_0 = \frac{(-\Delta H_A)n_{A0}}{m_t c_{pt}}(x_{Af} - x_{A0}) \tag{2-55}$$

由式(2-55) 可知，绝热反应过程的热量衡算式通过积分而变成反应温度与转化率的代数式，且这一关系为线性关系，称为绝热方程式。上式可以写成

$$T - T_0 = \lambda(x_{Af} - x_{A0}) \tag{2-56}$$

式中，$\lambda = \dfrac{(-\Delta H_A)n_{A0}}{m_t c_{pt}}$，称为绝热温升，其意义为当反应系统中的组分 A 全部转化时系统温度升高（放热）或降低（吸热）的度数。c_{pt} 为常数时，λ 也为常数。

式(2-56) 为线性关系式，否则 T 与 x_{Af} 为非线性关系。当 $x_{A0} = 0$，式(2-56) 变为

$$T = T_0 + \lambda x_{Af} \tag{2-57}$$

在这种情况下，把式(2-57) 得到的温度与转化率之间的关系代入方程式(2-49)，则式(2-49) 变成只含有 x_A 的微分方程，解此微分方程即可得到反应时间，或用图解法求得反应时间，如图 2-6 所示。

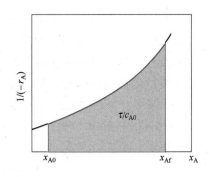

图 2-6　间歇反应器非恒温过程图解计算

2.6 间歇操作釜式反应器直径和高度的计算

一般搅拌反应釜的高度与直径之比 $H/D=1.2$ 左右,如图 2-7 所示。釜盖与釜底采用椭圆形封头,如图 2-8 所示,图中注明的封头体积($V=0.131D^3$)不包括直边高度(25~50mm)的体积在内。

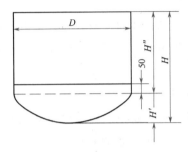

图 2-7 反应釜的主要尺寸

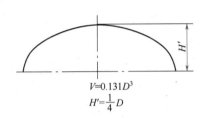

$$V=0.131D^3$$
$$H'=\frac{1}{4}D$$

图 2-8 椭圆形封头

由工艺计算决定反应器的体积后,即可按下式求得其直径与高度

$$V=\frac{\pi}{4}D^2H''+0.131D^3 \tag{2-58}$$

所求得的圆筒高度及直径需要圆整,并检验装料系数是否合适。

确定了反应釜的主要尺寸后,其壁厚、法兰尺寸以及手孔、视镜、工艺接管口等均可按工艺条件由国家或行业标准中选择。

2.7 设备之间的平衡

微课

间歇操作设备
之间的平衡

由式(2-47)可得

$$nV=\frac{V_0(\tau+\tau')\delta}{\varphi} \tag{2-59}$$

动画

● 反应釜出料正常
● 反应釜出料过慢
● 反应器配套设施
处理能力不足

式中,V_0、φ 和 δ 均由生产过程的要求决定。要使 nV 值(决定投资额)减小,只有从减小 $\tau+\tau'$ 着手。而反应时间 τ 已由工艺条件(温度、压力、浓度、催化剂等)决定,因此缩短辅助时间 τ' 也就成为关键所在。

在通常情况下,加料、出料、清洗等辅助时间是不会太长的。但当前后工序设备之间不平衡时,就会出现前工序反应完毕要出料,后工序却不能接受来料;或者,后工序待接受来料,而前工序尚未反应完毕的情况,这时将大大延长辅助操作的时间。关于设备之间的平衡,大致有下列几种情况。

(1) 反应釜与反应釜之间的平衡

为了便于生产的组织管理和产品的质量检验,通常要求不同批号的物料不相混,这样就应使各道工序每天操作的批次相同,即 $\dfrac{24V_0}{V\varphi}$ 为一常数。计算时一般首先确定主要反应工序的设备体积、数量及每天操作批次,然后使其他工

序的 α 值都与其相同，再确定各工序的设备体积与数量。

（2）反应釜与物理过程设备之间的平衡

当反应后需要过滤或离心脱水时，通常每台反应釜配置一台过滤机或离心机比较方便。若过滤需要的时间很短，也可以两台或几台反应釜合用一台过滤机。若过滤需要时间较长，则可以按反应工序的 α 值取其整数倍来确定过滤机的台数，也可以每台反应釜配两台或更多的过滤机（此时可考虑采用一个较大规格的过滤机）。

当反应后需要浓缩或蒸馏时，因为它们的操作时间较长，通常需要设置中间贮槽，将反应完成液先贮入贮槽中，以避免两个工序之间因操作上不协调而耽误时间。

（3）反应釜与计量槽、贮槽之间的平衡

通常液体原料都要经过计量后加入反应釜，每只反应釜单独配置专用的计量槽，操作方便。计量槽的体积通常按一批操作需要的原料用量来决定（φ 取 $0.8 \sim 0.85$）。贮槽的体积则可按一天的需用量来决定。当每天的用量较少时，也可按贮备 $2 \sim 3$ 天的量来计算（φ 取 $0.8 \sim 0.9$）。

【例 2-6】 2-氯-5-硝基苯磺酸钠作为一种重要的染料中间体，可通过对硝基氯苯磺化再盐析来制备。某生产企业在磺化时物料总量为每天 $5m^3$，生产周期为 12h；在盐析时物料总量为每天 $20m^3$，生产周期为 20h。若每台磺化釜体积为 $2m^3$，$\varphi = 0.75$，求：（1）磺化釜数量与后备系数；（2）盐析器数量、体积（$\varphi = 0.8$）及后备系数。

解 （1）磺化釜

每天操作批次：$\alpha = \dfrac{5}{20 \times 0.75} = 3.33$

每台设备每天操作批次：$\beta = \dfrac{24}{12} = 2$，所需设备数量：$n' = \dfrac{3.33}{2} = 1.665$

采用两台磺化釜，其后备系数为 $\delta = \dfrac{2}{1.665} = 1.2$

（2）盐析器

按不同批号的物料不相混的原则，盐析器每天操作的批数也应取 3.33。所以每台盐析器的体积为

$$V = \frac{24V_0}{\alpha \varphi} = \frac{20}{3.33 \times 0.8} = 7.5 \, m^3$$

每台盐析器每天操作批次：$\beta = \dfrac{24}{20} = 1.2$，所需盐析器数量：$n' = \dfrac{3.33}{1.2} = 2.78$

采用 3 台盐析器，其后备系数为 $\delta = \dfrac{3}{2.78} = 1.079$

反应精馏的特点、适用范围及工艺要求

反应精馏是将化学反应与精馏分离结合在同一设备中进行的一种耦合过程。按照反应中是否使用催化剂可将反应精馏分为催化反应精馏过程和无催化剂的反应精馏过程，催化反应精馏过程按所用催化剂的相态又可分为均相催化反应精馏和非均相催化精馏过程。 非均相催化精馏过程即为通常所讲的催化精馏。

催化精馏把催化反应和精馏分离有机地结合起来，使二者都得到强化，而且该过程中采用固态催化剂，既起催化作用又有填料作用。 所以，与传统的反应和精馏单独进行的过程相比，它具有其自身独特的优点：

① 催化反应和精馏在同一设备中进行，简化了流程，使设备费和操作费同时下降。

② 对于放热反应过程，反应热全部提供为精馏过程所需热量的一部分，节省能量。

③ 对于可逆反应过程，由于产物的不断分离，使平衡移动，增大过程的转化率，甚至有可能实现与平衡常数无关的完全转化，减轻后继分离工序的负荷。

④ 对于目的产物具有二次副反应，由于通过某一反应物的不断分离从而抑制了副反应，提高了选择性。

⑤ 由于反应热被精馏过程所消耗，且塔内各点温度受汽液平衡的限制，始终为系统压力下该点处混合物的泡点，故反应温度容易通过调整系统压力来控制，且不存在飞温问题。

⑥ 对于催化精馏过程，由于催化剂以特殊方式填充在塔内，不与塔身直接接触，避免了催化剂对设备的腐蚀。

⑦ 容易实现老工艺的改造。 对于现有的生产装置，在大多数情况下，只需用催化剂结构取代部分塔板或填料，就可以完成向催化精馏塔的改造。 对于平衡可逆反应，原有的反应器仍可继续使用，只需在反应器后串联一个催化精馏塔，就有可能使反应进一步进行下去，从而获得更高的转化率。

催化精馏技术并不是能适用于所有的化工过程，它最适用于混合物精馏过程促使反应组分完全转化的可逆反应。 催化精馏技术的应用受以下条件的限制：

① 操作必须在组分的临界点以下，否则蒸汽与液体形成均相混合物，将无法进行分离；

② 在催化反应适宜的压力、温度范围内，反应组分必须能进行精馏操作；

③ 原料和反应产物挥发度必须有较大差别和适宜的序列，反应物与产物不能存在共沸现象；

④ 催化精馏过程所用的催化剂不能和反应系统各组分有互溶或相互作用，原料中不能含有催化剂毒物，对反应中容易在催化剂上结焦的石油化工过程不适用；

⑤ 精馏温度范围内，催化剂必须有较高的活性和较长的寿命。

工作任务

根据化工产品的生产条件和工艺要求进行连续操作釜式反应器的工艺设计。

技术理论

连续操作釜式反应器的结构和间歇操作釜式反应器相同，但进、出物料的操作是连续的，即边连续恒定地向反应器内加入反应物，边连续不断地把反应产物引出反应器，如图3-1所示。这样的流动状况很接近理想混合流动模型。

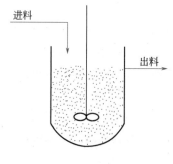

进料

出料

图3-1　连续搅拌釜式
反应器示意

动画
CSTR进出料

由于是连续操作，该反应釜不存在间歇操作中的辅助时间问题，所以一般来说适用于产量较大的化工产品生产。连续操作过程正常情况下都为稳定过程，容易自动控制，操作简单，节省人力。由于搅拌使加入的浓度较高的原料立即和釜内物料完全混合，不存在热量的积累引起局部过热问题，特别适宜对温度敏感的化学反应，不容易引起副反应。由于釜式反应器的物料容量大，当进料条件发生一定程度的波动时，不会引起釜内反应条件的明显变化，稳定性好，操作安全。

3.1 单个连续操作釜式反应器设计

在连续操作釜式反应器内，过程参数与空间位置、时间无关，各处的物料组成和温度都是相同的，且等于出口处的组成和温度。图3-2为单个连续操作釜式反应器的性能示意图。

微课
连续操作釜的
计算

计算连续操作釜式反应器的反应体积时，可以对整个反应釜作某一组分的物料衡算。在稳定状况下，没有物料累积，则有

$$\begin{bmatrix} 单位时间内 \\ 物料进入量 \end{bmatrix} = \begin{bmatrix} 单位时间内 \\ 物料排出量 \end{bmatrix} + \begin{bmatrix} 单位时间内 \\ 反应消耗量 \end{bmatrix} + \begin{bmatrix} 单位时间内 \\ 物料累积量 \end{bmatrix}$$

$$\qquad F_{A0} \qquad\qquad F_A \qquad\qquad (-r_A)V_R \qquad\qquad 0$$

即

$$F_{A0} = F_A + (-r_A)V_R$$

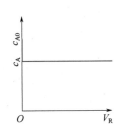 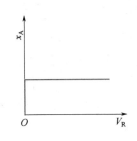 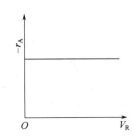

图 3-2 单个连续操作釜式反应器的性能示意

因为

$$F_A = F_{A0}(1 - x_A)$$

故有

$$F_{A0}x_A = (-r_A)V_R$$

整理得

$$\frac{V_R}{F_{A0}} = \frac{\overline{\tau}}{c_{A0}} = \frac{\Delta x_A}{(-r_A)} = \frac{x_{Af} - x_{A0}}{(-r_A)} = \frac{x_{Af}}{(-r_A)} \tag{3-1}$$

或

$$\overline{\tau} = \frac{V_R}{V_0} = \frac{c_{A0} - c_A}{(-r_A)} = \frac{c_{A0}x_{Af}}{(-r_A)} \tag{3-2}$$

式中，F_{A0} 为进口物料中组分 A 的摩尔流量，kmol/h；F_A 为出口物料中组分 A 的摩尔流量，kmol/h；V_0 为进口物料体积流量，m^3/h；$\overline{\tau}$ 为物料在釜式反应器中的平均停留时间，h。

以不同的 $(-r_A)$ 和已知条件代入式(3-1) 或式(3-2)，便可对不同反应的计算式中任意一项进行计算。

【例 3-1】 乙酸丁酯生产工艺有连续法和间歇法两种，视生产规模不同而定。大型生产企业为提高乙酸丁酯产品的稳定性和自动化程度，通常采用连续法。某大型乙酸丁酯生产企业采用连续操作釜式反应器进行乙酸与丁醇的酯化反应，假设该企业反应条件及产量与例 2-5 中相同，试计算其所使用的釜式反应器的有效体积和反应物平均停留时间。

解 按式(3-2) 计算，其中 $V_0 = 0.979m^3/h$，$x_{Af} = 0.5$，$c_{A0} = 1.8kmol/m^3$，$k = 0.0174m^3/(kmol \cdot min)$，将各量代入得

$$V_R = 0.979 \times \frac{0.5}{0.0174 \times 60 \times 1.8 \times (1 - 0.5)^2} = 1.04m^3$$

$$\overline{\tau} = \frac{V_R}{V_0} = \frac{1.04}{0.979} = 1.06h$$

通过例 2-5 与例 3-1 计算结果的比较可以看出，因连续操作的搅拌釜内的化学反应是在较低浓度下进行，反应速率较慢，达到同样转化率时，所需要的时间较间歇生产过程要长些，相应的有效体积也要大些。

【例 3-2】 可逆反应是指在同一条件下正反应方向和逆反应方向均能进行的化学反应。某大型化工企业采用连续操作釜式反应器进行液相可逆反应 A＋B $\underset{k_2}{\overset{k_1}{\rightleftharpoons}}$ P＋R，在 120℃时，正、逆反应速率常数分别为 $k_1 = 8L/(mol \cdot min)$，

$k_2 = 1.7 \text{L}/(\text{mol} \cdot \text{min})$。若反应在单一连续操作釜式反应器中进行，有效装料量为 100L，两股进料同时等量导入反应釜，其中一股组分 A 浓度为 3.0mol/L，另一股组分 B 浓度为 2.0mol/L。反应动力学方程式为

$$(-r_A) = (-r_B) = k_1 c_A c_B - k_2 c_P c_R$$

求当组分 B 的转化率为 0.8 时，每股料液的进料流量分别为多少？

解 按液相恒容反应计算

因 $c_{A0} = \dfrac{3.0}{2} = 1.5 \text{mol/L}$，$c_{B0} = \dfrac{2.0}{2} = 1.0 \text{mol/L}$，$c_{P0} = 0$，$c_{R0} = 0$，

所以 $c_B = c_{B0}(1 - x_B) = 1.0 \times (1 - 0.8) = 0.2 \text{mol/L}$

$c_A = c_{A0} - c_{B0} x_B = 1.5 - 1 \times 0.8 = 0.7 \text{mol/L}$

$c_P = c_{B0} x_B = 1 \times 0.8 = 0.8 \text{mol/L}$

$c_R = c_{B0} x_B = 1 \times 0.8 = 0.8 \text{mol/L}$

则

$$
\begin{aligned}
V_0 &= \frac{V_R(-r_A)}{c_{A0} - c_A} = \frac{V_R(k_1 c_A c_B - k_2 c_P c_R)}{c_{A0} - c_A} \\
&= \frac{100 \times (8 \times 0.7 \times 0.2 - 1.7 \times 0.8 \times 0.8)}{1.5 - 0.7} = 4 \text{L/min}
\end{aligned}
$$

所以，两股进料中每一股进料量应为 2L/min。

3.2 多个串联连续操作釜式反应器设计

由于单个连续操作釜式反应器存在严重的逆向混合，降低了反应速率，同时由于逆向混合，有些物料质点在釜内停留时间很长，容易在某些反应中导致副反应的增加。为了降低逆向混合的程度，又发挥其优点，可采用多个连续操作釜式反应器的串联。这样不但抑制了逆向混合程度，同时还可以在各釜内控制不同的反应温度和物料浓度以及不同的搅拌和加料情况，以适应工艺上的不同要求。

3.2.1 解析法

假设多釜串联连续操作釜式反应器中各釜内均为理想混合，且各釜之间没有逆向混合，如图 3-3 所示。

对于稳定操作、恒容过程的第 i 釜，以组分 A 为基准进行物料衡算

$$
\begin{bmatrix} 单位时间内 \\ 物料进入量 \end{bmatrix} = \begin{bmatrix} 单位时间内 \\ 物料排出量 \end{bmatrix} + \begin{bmatrix} 单位时间内 \\ 反应消耗量 \end{bmatrix} + \begin{bmatrix} 单位时间内 \\ 物料累积量 \end{bmatrix}
$$

$$F_{A(i-1)} \qquad\qquad F_{Ai} \qquad\qquad (-r_A)_i V_{Ri} \qquad\qquad 0$$

故有 $$F_{A(i-1)} = F_{Ai} + (-r_A)_i V_{Ri}$$

整理得 $$\frac{V_{Ri}}{V_0} = \frac{c_{A(i-1)} - c_{Ai}}{(-r_A)_i}$$

式中，$\dfrac{V_{Ri}}{V_0}$ 为物料在第 i 釜内的平均停留时间，以 $\overline{\tau}_i$ 表示，则有

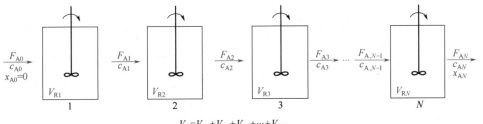

▶ 动画

多釜串联操作

$$V_R = V_{R1} + V_{R2} + V_{R3} + \cdots + V_{RN}$$

图 3-3 多釜串联操作示意

$$\bar{\tau}_i = \frac{V_{Ri}}{V_0} = \frac{c_{A(i-1)} - c_{Ai}}{(-r_A)_i} \tag{3-3}$$

若改浓度为反应转化率形式表示，则有

$$\bar{\tau}_i = \frac{V_{Ri}}{V_0} = c_{A0}\frac{x_{Ai} - x_{A(i-1)}}{(-r_A)_i} \tag{3-4}$$

式中，V_{Ri} 为第 i 釜的有效体积，m^3；c_{Ai} 为第 i 釜组分 A 的浓度，$kmol/m^3$；$c_{A(i-1)}$ 为第 $i-1$ 釜组分 A 的浓度，$kmol/m^3$；x_{Ai} 为第 i 釜组分 A 的转化率；$x_{A(i-1)}$ 为第 $i-1$ 釜组分 A 的转化率；$(-r_A)_i$ 为第 i 釜的反应速率，$kmol/(m^3 \cdot h)$；$\bar{\tau}_i$ 为物料在第 i 釜中的平均停留时间，h。

式（3-3）和式（3-4）为多釜串联恒容反应器计算的基本公式，具体应用仍然按不同的反应动力学方程式代入，依次逐釜进行计算，直至达到要求的转化率为止，如

第一釜的有效体积 $\qquad V_{R1} = V_0 c_{A0}\dfrac{x_{A1} - x_{A0}}{(-r_A)_1}$

第二釜的有效体积 $\qquad V_{R2} = V_0 c_{A0}\dfrac{x_{A2} - x_{A1}}{(-r_A)_2}$

$$\vdots$$

第 i 釜的有效体积 $\qquad V_{Ri} = V_0 c_{A0}\dfrac{x_{Ai} - x_{A(i-1)}}{(-r_A)_i}$

$$\vdots$$

第 N 釜的有效体积 $\qquad V_{RN} = V_0 c_{A0}\dfrac{x_{AN} - x_{A(N-1)}}{(-r_A)_N}$

则反应器的总有效体积为 $\quad V_R = V_{R1} + V_{R2} + \cdots + V_{Ri} + \cdots + V_{RN}$

【例 3-3】 某大型乙酸丁酯生产企业为了提高反应效率和可操控率，采用两台串联的釜式反应器进行连续生产。现要求第一台釜中乙酸的转化率为 0.323，第二台釜中乙酸的转化率为 0.5，反应条件与［例 2-5］相同，试计算各釜的有效体积。

解 第一台釜的有效体积为

$$V_{R1} = V_0 c_{A0}\frac{x_{A1} - x_{A0}}{(-r_A)_1} = V_0 \frac{x_{A1} - x_{A0}}{kc_{A0}(1-x_{A1})^2}$$

$$=0.979 \times \frac{0.323}{0.0174 \times 60 \times 1.8 \times (1-0.323)^2}$$

$$=0.37 \text{m}^3$$

第二台釜的有效体积为

$$V_{R2} = V_0 c_{A0} \frac{x_{A2} - x_{A1}}{(-r_A)_2} = V_0 \frac{x_{A2} - x_{A1}}{k c_{A0} (1-x_{A2})^2}$$

$$=0.979 \times \frac{0.5-0.323}{0.0174 \times 60 \times 1.8 \times (1-0.5)^2}$$

$$=0.37 \text{m}^3$$

两台釜式反应器的总有效体积为

$$V_R = V_{R1} + V_{R2} = 0.37 + 0.37 = 0.74 \text{m}^3$$

3.2.2　图解法

对于反应级数较高的化学反应过程，采用解析法计算多釜串联连续操作釜式反应器的有关参数（如浓度等）比较麻烦，因此常采用图解法计算，尤其是在缺少动力学方程时，使用图解法更为适宜。

首先根据动力学方程或实验数据绘出在操作温度下的 $(-r_A) = k c_A^n$ 的动力学关系曲线（如图3-4中的 OA 线）。然后根据同一温度下由多釜串联中的某一釜物料衡算式(2-24)改写成

$$(-r_A)_i = -\frac{c_{Ai}}{\overline{\tau}_i} + \frac{c_{A(i-1)}}{\overline{\tau}_i}$$

此为一直线方程式，直线斜率为 $-\dfrac{1}{\overline{\tau}_i}$，即 $-\dfrac{V_0}{V_{Ri}}$，它表示了反应速率 $(-r_A)$ 和浓度 c_A 间的操作关系。在同一图上绘出相同温度下的操作线，如图3-4中的 $c_{A0}-A_1 \sim c_{A2}-A_3$，所得交点同时满足动力学方程式和物料衡算式。交点所对应的坐标值即为多釜串联中某釜内的化学反应速率和该釜的出口浓度。由此可根据式(3-3)进一步求出反应的体积及连续串联操作所需要的釜式反应器的台数。

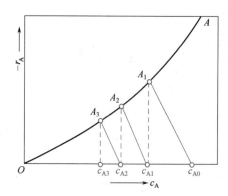

① 如已知处理量 V_0、初始浓度 c_{A0} 和要求的最终转化率 x_{AN}，采用相同体积 V_{Ri} 的理想连续釜式反应器串联操作，求其串联的台数，可在 $(-r_A) \sim c_A$ 图上进行。其步骤如下。

首先根据动力学方程式或实验数据绘出 $(-r_A) \sim c_A$ 动力学曲线（如图3-4中 OA 线），然后根据操作线方程，由 c_A 坐标上的点 c_{A0} 出发，作斜率为

$-\dfrac{V_0}{V_{Ri}}$ 的平行直线（如图3-4中直线

动画
多釜理想连续
反应器的图解
计算

图3-4　多釜理想连续反应器的图解计算

$c_{A0}A_1$），与动力学曲线相交得点 A_1。由点 A_1 作垂线，与坐标 c_A 相交得点 c_{A1}。再从点 c_{A1} 作相同斜率的平行直线（如图 3-4 中直线 $c_{A1}A_2$），与曲线相交得点 A_2。如此反复，直至操作线与动力学曲线相交点的浓度小于或等于与最终转化率 x_{AN} 相对应的浓度 c_{AN} 为止。此时所作的平行操作线数即为所求串联釜式反应器的只数。

② 如果已知处理量 V_0、初始浓度 c_{A0} 和最终转化率 x_{AN}，要求确定串联连续操作釜式反应器的台数和各釜的有效体积，也可以在绘有动力学曲线的 $(-r_A)$-c_A 图上进行试算。若各釜的有效体积相同时，根据操作线方程，假设不同的 V_{Ri}，就可以在 c_{A0} 和 c_{AN} 之间作出多组具有不同斜率、不同段数的平行直线，表示着釜数 n 和各釜有效体积 V_{Ri} 值的不同组合关系。通过技术经济比较，确定其中一组为所求的解。当串联的釜数已经选定，仅需在图上调整平行线的斜率，使之同时满足 c_{A0}、c_{AN} 和 n，然后由平行线的斜率 $-\dfrac{V_0}{V_{Ri}}$ 即可求出有效体积 V_{Ri} 值。

如果串联的各釜式反应器操作温度不同，就需要绘出各釜操作温度下的动力学曲线，并分别与相对应的操作线得出交点，同时满足各釜动力学方程式和物料衡算式的要求。

如果串联的各釜式反应器的有效体积不同，则物料通过各釜的平均停留时间也不同，即各釜操作线斜率 $-\dfrac{V_0}{V_{Ri}}$ 不同，此时就需要以各釜的操作线与对应的动力学曲线相交，计算各釜的出口浓度和串联的台数。

应该指出，上述图解法只在动力学方程式仅用一种反应物浓度的函数关系表示时方可适用。对于连串、平行等复杂反应，图解法就不适宜了。

【例 3-4】 上例中的乙酸丁酯生产企业为了进一步提高反应效率和可操控率，决定采用三台串联、大小相同的釜式反应器进行连续生产。假定反应条件和产量与例 2-5 相同，试计算三台釜式反应器的总有效体积。

解 已知动力学方程 $(-r_A)=kc_A^2$，恒容过程 $c_A=c_{A0}(1-x_A)$，分别求出与 $x_A=0\sim0.5$ 相对应的反应速率，列于下表。

x_A	0	0.1	0.2	0.3	0.4	0.5
c_A/(kmol/m³)	1.80	1.62	1.44	1.26	1.08	0.90
$(-r_A)$/[kmol/(m³·h)]	3.38	2.74	2.16	1.66	1.22	0.85

用表中数据绘制动力学曲线（如图 3-5 中 OA 线）。

取三台釜式反应器的体积相同，并假设每台釜的有效体积均为 0.22m^3，可得各平行操作线的斜率为

$$-\frac{1}{\tau_i}=-\frac{V_0}{V_{Ri}}=-\frac{0.979}{0.22}=-4.45。$$ 以求得的假设斜率通过 $c_A=c_{A0}=1.8$ 先作第一釜的操作线 $c_{A0}A_1$，并与 OA 曲线交于 A_1 点，A_1 点的横坐标 c_{A1} 即

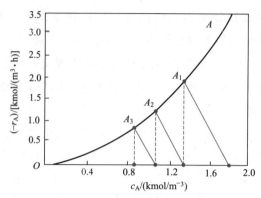

图 3-5　三釜连续操作图解计算

为第一釜出口物料中反应物 A 的浓度。类此作第二釜的操作线 $c_{A1}A_2$、第三釜的操作线 $c_{A2}A_3$，它们均平行于第一釜操作线 $c_{A0}A_1$，出口浓度分别为 c_{A2}、c_{A3}。从图中可见，$c_{A3}=0.9$ 与要求达到的转化率 $x_{Af}=0.5$ 所对应的浓度值（见例表）完全相等。所以三台釜的总有效体积为 $V_R=0.22\times3=0.66\,\mathrm{m}^3$。

 知识拓展

微课
半间歇操作
反应釜

半间歇操作釜式反应器

一、概述

半间歇操作釜式反应器具有间歇操作和连续操作的某些特征，又称半连续操作，但生产过程还是间歇的。对于要求一种反应物的浓度高而另一种反应物的浓度低的化学反应，常采用半间歇操作。

某些强烈放热反应除了通过冷却介质移走热量外，采用半间歇操作可以调节加料速度来控制所要求的反应温度。为了提高某些可逆反应的产品收率，办法之一是不断移走产物，打破反应的平衡，与此同时还可提高反应过程的速率。例如将反应与精馏结合进行，即所谓的反应精馏就是应用了这一基本道理。由于半间歇操作所具有的特殊功能，所以广泛用于精细化工生产，如硝化、磺化、氯化、氧化、酰化及重氮化等许多单元反应中都可以采用半间歇操作形式。下面介绍几种半间歇操作形式的主要特点，以便计算、选用和操作反应器时参考。

以反应物 A、B，产物 R 为例，图 3-6（a）～（d）是常用的几种半间歇操作形式。

图 3-6（a）：将反应物 B 一次性投入反应器中，反应物 A 在反应过程中连续加入，生成的产物 R 连续排出，反应达到终点后一次性出料。此种操作主要适应于以下几种情况：①可以在沸腾温度下进行的强烈放热反应，用汽化潜热带走大量反应热；②要求严格控制反应物 A 的浓度；③B 浓度高、A 和 R 浓度低对反应有利的场合；④可逆反应。

图 3-6（b）：反应物 B 一次性投入反应器，反应物 A 在反应过程中连续加入，反应过程中不出料，反应结束后一次出料。主要适用于以下情况：①要求严格控

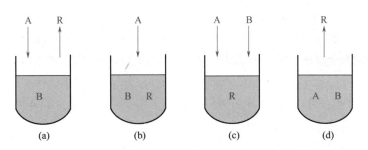

图 3-6　半间歇操作示意图

制反应器内 A 的浓度，防止因 A 过量而使副反应增加的情况；②保持在较低温度下进行的放热反应；③A 浓度低、B 浓度高对反应有利的情况。

图 3-6（c）：反应物 A 和反应物 B 同时连续加入反应器，反应过程中不出料，反应完毕后一次出料。这种操作可以严格控制 A、B 的加料比例，而且可以保持 A 和 B 都在较低的浓度下进行，适合于 A、B 浓度降低对反应有利的场合。

图 3-6（d）：将反应物 A、B 一次性按比例全部投入反应器，反应过程中连续不断地移出反应产物 R。这种操作方式既能满足 A、B 的比例要求，又能保持A、B 在反应过程中的高浓度，对可逆反应尤其合适。

二、均相半间歇操作釜式反应器的计算

釜式反应器不仅可以用于均相间歇反应，而且也可用于半间歇反应。半间歇操作和间歇操作的相同点是反应系统的组成随时间而变。半间歇操作生产过程比较简单，但是反应器的计算比较复杂。以下仅介绍一种情况，如液相、恒温反应 $A+B \longrightarrow R$，按图 3-6（b）形式进行操作的反应器有效体积和转化率的计算方法。

反应釜内瞬时物料体积即反应器有效体积随反应时间变化关系为

$$V_R = V_1 + V_0 \tau \tag{3-5}$$

组分 A 的物料衡算式可按下式建立

$$\begin{bmatrix} 微元时间内 \\ 进入微元体 \\ 积的反应物量 \end{bmatrix} = \begin{bmatrix} 微元时间内 \\ 离开微元体 \\ 积的反应物量 \end{bmatrix} + \begin{bmatrix} 微元时间微元 \\ 体积内转化掉 \\ 的反应物量 \end{bmatrix} + \begin{bmatrix} 微元时间微 \\ 元体积内反 \\ 应物的累积量 \end{bmatrix}$$

$$V_0 c_{A0} d\tau \qquad\qquad 0 \qquad\qquad (-r_A) V_R d\tau \qquad\qquad d(V_R c_A)$$

即　　$V_0 c_{A0} d\tau = (-r_A) V_R d\tau + d(V_R c_A) \tag{3-6}$

而　　$d(V_R c_A) = dn_A = d[(n_{A1} + V_0 c_{A0}\tau)(1 - x_A)]$

$$= (1 - x_A) V_0 c_{A0} d\tau - (n_{A1} + V_0 c_{A0}\tau) dx_A \tag{3-7}$$

将式（3-7）代入式（3-6），得

$$(n_{A1} + V_0 c_{A0}\tau) dx_A = [(-r_A) V_R - V_0 c_{A0} x_A] d\tau \tag{3-8}$$

式中，V_1 为先加入反应釜内原料 B 的体积，m^3；n_{A1} 为反应釜内原有物料含 A 的物质的量，kmol；V_0 为组分 A 的加料体积流量，m^3/h；c_{A0} 为原料中 A 的浓度，$kmol/m^3$；V_R 为反应釜中瞬时物料体积，m^3；c_A 为反应釜中物料瞬时含 A 浓度，

$kmol/m^3$；τ 为反应时间，h；x_A 为反应釜中物料 A 的瞬时转化率；$(-r_A)$ 为瞬时反应速率，$kmol/(m^3 \cdot h)$。

式（3-8）即可计算 x_A 与 τ 之关系。式中 $(-r_A)=f(x_A)$ 和 $V_R=f(\tau)$ 比较复杂时难于求解析解，可写成差分形式，用数值法求解。式（3-8）写成差分式为

$$(n_{A1}+V_0c_{A0}\tau)\Delta x_A=\{[(-r_A)V_R]_{平均}-V_0c_{A0}x_A\}\Delta\tau \tag{3-9}$$

若 $n_{A1}=0$，则式（3-8）可变为

$$V_0c_{A0}d(x_A\tau)=(-r_A)V_Rd\tau \tag{3-10}$$

式（3-10）写成差分式为

$$V_0c_{A0}\Delta(x_A\tau)=[(-r_A)V_R]_{平均}\Delta\tau \tag{3-11}$$

【例 3-5】半间歇操作釜式反应器中进行一级不可逆恒温均相液相反应 $A+B\longrightarrow R$，动力学方程式为 $(-r_A)=kc_A$。先在反应釜内加入 500L 物料 B，含 B 浓度为 16mol/L，不含 A。然后连续加入物料 A，含 A 浓度为 8mol/L，加料速度为 10L/min。反应速率常数 $k=0.0133min^{-1}$。求：(1)100min 后釜内物料体积；(2)A 的转化率随时间变化情况。

解　(1) $V_R=V_1+V_0\tau=500+10\times100=1500L$

(2) 因为 $n_{A1}=0$，所以可用差分式(3-11)计算

$$(-r_A)=kc_A=k\frac{n_A}{V_R}=k\frac{c_{A0}V_0\tau(1-x_A)}{V_R}$$

$$(-r_A)V_R=kc_{A0}V_0(1-x_A)\tau$$

$$[(-r_A)V_R]_{平均}=\frac{1}{2}[(-r_A)_iV_{Ri}+(-r_A)_{i+1}V_{R(i+1)}]$$

$$=\frac{kV_0c_{A0}}{2}[(1-x_{A(i+1)})\tau_{i+1}+(1-x_{Ai})\tau_i]$$

$$\Delta\tau=\tau_{i+1}-\tau_i$$

$$\Delta(x_A\tau)=x_{A(i+1)}\tau_{i+1}-x_{Ai}\tau_i$$

将 $\Delta(x_A\tau)$、$[(-r_A)V]_{平均}$ 代入式(3-11)，得

$$x_{A(i+1)}=\frac{2\tau_i+\Delta\tau+\left(\dfrac{2}{k\Delta\tau}-1\right)x_{Ai}\tau_i}{\left(\dfrac{2}{k\Delta\tau}+1\right)(\tau_i+\Delta\tau)}$$

取 $\Delta\tau$，初始条件 $i=0$，$x_{A0}=0$，$\tau_0=0$ 和上式进行迭代求解。

例如取 $\Delta\tau=10min$、$20min$、$30min$、…计算，结果如下表所示。

τ/min	10	20	30	40	50	60	70	80	90	100
x_A	0.062	0.121	0.174	0.224	0.269	0.311	0.349	0.384	0.417	0.447

计算结果表明，当 $\tau=100min$ 时，组分 A 的转化率达到 0.447。

工作任务

根据化工产品的生产条件和工艺要求，为釜式反应器配套搅拌器和换热装置等进行设计与选型。

任务实施

化工过程的各种化学变化，是以参加反应物质的充分混合以及维持适宜的反应温度等工艺条件为前提的。就釜式反应器而言，达到充分混合的条件是对反应混合物进行充分的搅拌；满足适宜的反应温度的根本途径是良好的传热等。釜式反应器配套设施主要是搅拌器、换热装置、各种工艺配管等，它们都是釜式反应器正常工作的重要设施。

4.1 搅拌装置设计与选型

微课
搅拌装置——流动
模型和搅拌附件

搅拌器是搅拌釜式反应器的一个关键部件，其根本目的是加强釜式反应器内物料的均匀混合，以强化传质和传热。搅拌器由搅拌轴和搅拌电机组成。

搅拌器的类型选择及计算是否正确，直接关系到搅拌釜式反应器的操作和反应的结果。如果搅拌器不能使物料混合均匀，可能会导致某些副反应的发生，使产品质量恶化，收率下降，反应结果严重偏离小试结果，即产生所谓的放大效应。另外，不良的搅拌还可能会造成生产事故。例如某些硝化反应，如果搅拌效果不好，可能使某些反应区域的反应非常剧烈，严重时会发生爆炸。由于搅拌的存在，使搅拌釜式反应器物料侧的传热系数增大，因此搅拌对传热过程也有影响。

4.1.1 搅拌的目的和要求

（1）搅拌目的

① 均相液体的混合　通过搅拌使反应釜中的互溶液体达到分子规模的均匀程度。

② 液液分散　把不互溶的两种液体混合起来，使其中的一相液体以微小的液滴均匀分散到另一相液体中。被分散的一相为分散相，另一相为连续相。被分散的液滴越小，两相接触面积越大。

③ 气液相分散　在气液接触过程中，搅拌器把大气泡打碎成微小气泡并使之均匀分散到整个液相中，以增大气液接触面积。另一方面，搅拌还造成液

相的剧烈湍动，以降低液膜的传质阻力。

④ 固液分散　让固体颗粒悬浮于液体中。例如硝基物的液相加氢还原反应，一般以骨架镍为固体催化剂，反应时需要把固体颗粒催化剂悬浮于液体中，才能使反应顺利进行。

⑤ 固体溶解　当反应物之一为固体而溶于液体时，固体颗粒需要悬浮于液体之中。搅拌可加强固液间的传质，以促进固体溶解。

⑥ 强化传热　有些物理或化学过程对传热有很高的要求，或需要消除釜内的温度差，或需要提高釜内壁的传热系数，搅拌可以达到上述强化传热的要求。

（2）搅拌要求

① 反应釜中的物料能很快且良好地分布到反应釜中的整个物料之中。

② 反应釜中的物料混合要充分，没有死角，任何一处的浓度均应相等。对于某些快速复杂反应，可以防止局部浓度过高，使副反应增加，从而导致选择性降低。

③ 反应釜内物料侧的传热系数要求足够大，从而使反应热可以及时移出或使反应需要的热量及时传入。

④ 如果反应受传质速率的控制，通过搅拌的作用可以使传质速率达到合适的数值。

4.1.2　搅拌液体的流动特性

搅拌器之所以能起到液液、气液、固液分散等搅拌效果，主要在于搅拌器的混合作用。

搅拌器运转时，叶轮把能量传给它周围的液体，使这些液体以很高的速度运动起来，产生强烈的剪切作用。在这种剪应力的作用下，静止或低速运动的液体也跟着以很高的速度运动起来，从而带动所有液体在设备范围内流动。这种设备范围内的循环流动称为**宏观流动**，由此造成的设备范围内的扩散混合作用称为**主体对流扩散**。

高速旋转的漩涡又对它周围的液体造成强烈的剪切作用，从而产生更多的漩涡。众多的漩涡一方面把更多的液体挟带到做宏观流动的主体液流中去，同时形成局部范围内液体快速而紊乱的对流运动，即局部的湍流流动。这种局部范围内的漩涡运动称为**微观流动**，由此造成的局部范围内的扩散混合作用称为**涡流对流扩散**。

搅拌设备里不仅存在涡流对流扩散和主体对流扩散，还存在分子扩散，其强弱程度依次减小。

实际的混合作用是上述三种扩散作用的综合。但从混合的范围和混合的均匀程度来看，三种扩散作用对实际混合过程的贡献是不同的。主体对流扩散只能把物料破碎分裂成微团，并把这些微团在设备范围内分布均匀。而通过微团之间的涡流对流扩散，可以把微团的尺寸降低到漩涡本身的大小。搅拌越剧烈，涡流运动就越强烈，湍流程度就越大，分散程度就越高，即漩涡的尺寸就越小。在通常的搅拌条件下，漩涡的最小尺寸为几十微米。然而，这种最小的漩涡也比分子大得多。因此，主体对流扩散和涡流对流扩散都不能达到分子水平上的完全均匀混合。分子水平上的完全均匀混合程度只有通过分子扩散才能达到。在设备范围内呈微团均匀分布的混合过程称为**宏观混合**，达到分子规模分布均匀的混合称为**微观混合**。可见，主体对流扩散和涡流对流扩散只能进行宏观混合，只有分子扩散才能进行微观混合。但是，漩涡运动不断更新微团的表面，大大增加分子扩散的表面积，减小了分子扩散的距离，因此提高了微观混合速率。

不同的搅拌过程对宏观混合和微观混合的要求是不同的。对于某些化学反应过程要求达到微观混合，否则就不可避免地发生反应物的局部浓集，其后果是对主反应不利，选择性降低，收率下降。对于液液分散或固液分散，不存在相间的分子扩散，只能达到宏观混合，并依靠漩涡的湍流运动减小微团的尺寸。而对于均相液体的混合，由于分子扩散速率很快，混合速率受宏观混合控制，应设法提高宏观混合速率。

液体在设备范围内作循环流动的途径称作液体的流动模型，简称流型。在搅拌设备中起主要作用的是循环流和涡流，不同的搅拌器所产生的循环流的方向和涡流的程度不同，因此搅拌设备内流体的流型可以归纳成三种。

（1）轴向流

物料沿搅拌轴的方向循环流动，如图 4-1(a) 所示。凡是叶轮与旋转平面的夹角小于 90°的搅拌器转速较快时所产生的流型主要是轴向流。轴向流的循环速度大，有利于宏观混合，适合于均相液体的混合、沉降速度低的固体悬浮。

（2）径向流

物料沿着反应釜的半径方向在搅拌器和釜内壁之间的流动，如图 4-1(b) 所示。径向流的液体剪切作用大，造成的局部涡流运动剧烈，因此它特别适合需要高剪切作用的搅拌过程，如气液分散、液液分散和固体溶解。

（3）切线流

物料围绕搅拌轴做圆周运动，如图 4-1(c) 所示。平桨式搅拌器在转速不大且没有挡板时所产生的主要是切线流。切线流的存在除了可以提高反应釜内

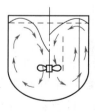
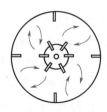
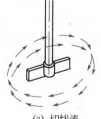

(a) 轴向流   (b) 径向流   (c) 切线流

图 4-1　搅拌液体的流型

壁的对流传热系数外，对其他的搅拌过程是不利的。切线流严重时，液体在离心力的作用下涌向器壁，使器壁周围的液面上升，而中心部分液面下降，形成一个大漩涡，这种现象称为"打漩"，如图4-2所示。液体打漩时几乎不产生轴向混合作用，所以一般情况下应防止打漩。

这三种流型不是孤立的，常常同时存在两种或三种流型。

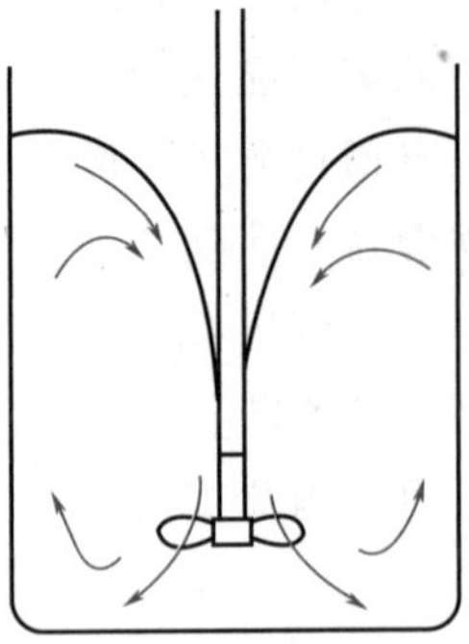

搅拌器应具有两方面的性能：①产生强大的液体循环流量；②产生强烈的剪切作用。

基本原则：在消耗同等功率的条件下，如果采用低转速、大直径的叶轮，可以增大液体循环流量，同时减少液体受到的剪切作用，有利于宏观混合；反之，如采用高转速、小直径的叶轮，结果与此恰恰相反。

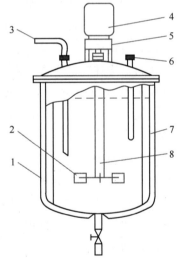

图 4-2　打漩现象

4.1.3　常用搅拌器的类型、结构和特点

在化学工业中常用的搅拌装置是机械搅拌装置，典型的机械搅拌装置如图4-3所示。它包括下列主要部分：

① 搅拌器，包括旋转的轴和装在轴上的叶轮；

② 辅助部件和附件，包括密封装置、减速箱、搅拌电机、支架、挡板和导流筒等。

搅拌器是实现搅拌操作的主要部件，其主要的组成部分是叶轮，它随旋转轴运动将机械能施加给液体，并促使液体运动。针对不同的物料系统和不同的搅拌目的出现了许多类型的搅拌器。

工业上较为常用的搅拌器类型如图4-4所示。

（1）桨式搅拌器

桨式搅拌器由桨叶、键、轴环、竖轴组成。桨叶一般用扁钢或角钢制造，当被搅拌物料对钢材腐蚀严重时可用不锈钢或有色金属制造，也可采用钢制桨叶的外面包覆橡胶、环氧

图 4-3　典型的机械搅拌装置
1—釜体；2—搅拌器；3—加料管；
4—电机；5—减速箱；6—温度计套；
7—挡板；8—搅拌轴

或酚醛树脂、玻璃钢等材质。桨式搅拌器的转速较低，一般为 $20\sim80r/min$，圆周速度在 $1.5\sim3m/s$ 范围内比较合适。桨式搅拌器直径取反应釜内径的 $1/3\sim2/3$，桨叶不宜过长，因为搅拌器消耗的功率与桨叶直径的五次方成正比。桨式搅拌器已有标准系列 HG/T 3796.3—2005。当反应釜直径很大时采用两个或多个桨叶。

动画
打漩现象

微课
常用搅拌器
的介绍

动画
典型的机械
搅拌装置

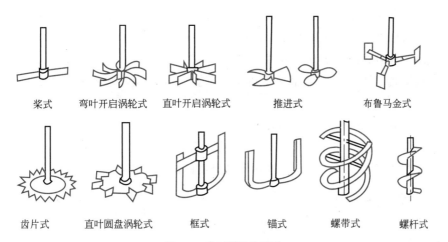

▶ 动画
典型搅拌器
类型

| 桨式 | 弯叶开启涡轮式 | 直叶开启涡轮式 | 推进式 | 布鲁马金式 |

| 齿片式 | 直叶圆盘涡轮式 | 框式 | 锚式 | 螺带式 | 螺杆式 |

图 4-4 典型搅拌器类型

桨式搅拌器适用于流动性大、黏度小的液体物料，也适用于纤维状和结晶状的溶解液，如果液体物料层很深时可在轴上装置数排桨叶。

（2）涡轮式搅拌器

涡轮式搅拌器按照有无圆盘可分为圆盘涡轮搅拌器和开启涡轮搅拌器；按照叶轮又可分为平直叶和弯曲叶两种。涡轮搅拌器速度较大，线速度约为 3～8m/s，转速范围为 300～600r/min。开启式平直叶涡轮搅拌器的标准系列见 HG/T 3796.4—2005。

涡轮搅拌器的主要优点是当能量消耗不大时搅拌效率较高，搅拌产生很强的径向流。因此它适用于乳浊液、悬浮液等。

（3）推进式搅拌器

推进式搅拌器常用整体铸造，加工方便，搅拌器可用轴套以平键（或紧固螺钉）与轴固定。通常为两个搅拌叶，第一个桨叶安装在反应釜的上部，把液体或气体往下压，第二个桨叶安装在下部，把液体往上推。搅拌时能使物料在反应釜内循环流动，所起作用以容积循环为主，剪切作用较小，上下翻腾效果良好。当需要有更大的流速时，反应釜内设有导流筒。

推进式搅拌器直径约取反应釜内径的 1/4～1/3，线速度可达 5～15m/s，转速范围为 300～600r/min，搅拌器的材料常用铸铁和铸钢。推进式搅拌器的标准系列见 HG/T 3796.8—2005。

（4）框式和锚式搅拌器

框式搅拌器可视为桨式搅拌器的变形，即将水平的桨叶与垂直的桨叶连成一体成为刚性的框子，其结构比较坚固，搅动物料量大。如果这类搅拌器底部形状和反应釜下封头形状相似时，通常称为锚式搅拌器。

框式搅拌器直径较大，一般取反应器内径的 2/3～9/10，线速度约 0.5～1.5m/s，转速范围约 50～70r/min。钢制框式搅拌器标准系列见 HG/T 2051.2—2007。框式搅拌器与釜壁间隙较小，有利于传热过程的进行，快速旋转时搅拌器叶片所带动的液体把静止层从反应釜壁上带下来，慢速旋转时有刮板的搅拌器能产生良好的热传导。这类搅拌器常用于传热、晶析操作和高黏度液体、高浓度淤浆和沉降性淤浆的搅拌。

(5) 螺带式搅拌器和螺杆式搅拌器

螺带式搅拌器常用扁钢按螺旋形绕成，直径较大，常做成几条紧贴釜内壁，与釜壁的间隙很小，所以搅拌时能不断地将粘于釜壁的沉积物刮下来。螺带的高度通常取罐底至液面的高度。

螺带式搅拌器和螺杆式搅拌器的转速都较低，通常不超过 50r/min，产生以上下循环流为主的流动，主要用于高黏度液体的搅拌。

4.1.4 搅拌器选型

搅拌器的选型主要根据物料黏度、搅拌目的及各种搅拌器的性能特征来进行。

4.1.4.1 **按物料黏度选型**

在影响搅拌状态的诸物理性质中，液体黏度的影响最大，所以可根据液体黏度来选型。对于低黏度液体，应选用小直径、高转速搅拌器，如推进式、涡轮式；对于高黏度液体，应选用大直径、低转速搅拌器，

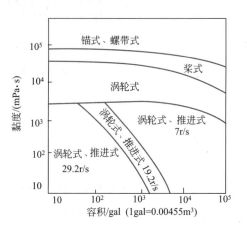

图 4-5　根据黏度选型

如锚式、框式和桨式。图 4-5 表明了几种典型的搅拌器随黏度的高低而有不同的使用范围。

4.1.4.2 **按搅拌目的选型**

搅拌目的、工艺过程对搅拌的要求是选型的关键。

对于低黏度均相液体混合，要求达到微观混合程度，已知均相液体的分子扩散速率很快，控制因素是宏观混合速率，亦即循环流量。各种搅拌器的循环流量从大到小顺序排列：推进式、涡轮式、桨式。因此，应优先选择推进式搅拌器。

对于非均相液液分散过程，要求被分散的"微团"越小越好，以增大两相接触面积；还要求液体涡流湍动剧烈，以降低两相传质阻力。因此，该类过程的控制因素为剪切作用，同时也要求有较大的循环流量。各种搅拌器的剪切作用从大到小的顺序排列：涡轮式、推进式、桨式。所以，应优先选择涡轮式搅拌器。特别是平直叶涡轮搅拌器，其剪切作用比折叶和弯叶涡轮搅拌器都大，且循环流量也较大，更适合于液液分散过程。

对于气液分散过程，要求得到高分散度的"气泡"。从这一点来说，与液液分散相似，控制因素为剪切作用，其次是循环流量。所以，可优先选择涡轮式搅拌器。但气体的密度远远小于液体，一般情况下气体由液相的底部导入，

如何使导入的气体均匀分散，不出现短路跑空现象，就显得非常重要。开启式涡轮搅拌器由于无中间圆盘，极易使气体分散不均，导入的气体容易从涡轮中心沿轴向跑空。而圆盘式涡轮搅拌器由于圆盘的阻碍作用，圆盘下面可以积存一些气体，使气体分散很均匀，也不会出现气体跑空现象。因此，平直叶圆盘涡轮搅拌器最适合气液分散过程。

对于固体悬浮操作，必须让固体颗粒均匀悬浮于液体之中，主要控制因素是总体循环流量。但固体悬浮操作情况复杂，要具体分析。如固液密度差小、固体颗粒不易沉降的固体悬浮，应优先选择推进式搅拌器。当固液密度差大、固体颗粒沉降速度大时，应选用开启式涡轮搅拌器。因为推进式搅拌器会把固体颗粒推向釜底，不易浮起来，而开启式涡轮搅拌器可以把固体颗粒抬举起来。在釜底呈锥形或半圆形时更应注意选用开启式涡轮搅拌器。当固体颗粒对叶轮的磨蚀性较大时，应选用开启弯叶涡轮搅拌器。因弯叶可减小叶轮的磨损，还可降低功率消耗。

对于固体溶解，除了要有较大的循环流量外，还要有较强的剪切作用，以促使固体溶解。因此，开启式涡轮搅拌最适合。在实际生产中，对一些易溶的块状固体则常用桨式或框式等搅拌器。

对于结晶过程，往往需要控制晶体的形状和大小。对于微粒结晶，要求有较强的剪切作用和较大的循环流量，所以应选择涡轮式搅拌器。对于粒度较大的结晶，只要求有一定的循环流量和较低的剪切作用，因此可选桨式搅拌器。

对于以传热为主的搅拌操作，控制因素为总体循环流量和换热面上的高速流动。因此，可选用涡轮式搅拌器。

4.1.5 搅拌附件

搅拌附件通常指在搅拌罐内为了改善流动状态而增设的零件，如挡板、导流筒等。有时，搅拌罐内的某些零件不是专为改变流动状态而设的，但因为它对液流也有一定阻力，也会起到这方面的部分作用，如传热蛇管、温度计套管等。

4.1.5.1 挡板

挡板一般是指长条形的竖向固定在罐壁上的板，主要是在湍流状态时为了消除切线流和"打漩"现象而增设的。做圆周运动的液体碰到挡板后改变 90°方向，或顺着挡板作轴向运动，或垂直于挡板作径向运动。因此，挡板可把切线流转变为轴向流和径向流，提高了宏观混合速率和剪切性能，从而改善了搅拌效果。

而在层流状态下，挡板并不影响流体的流动，所以对于低速搅拌高黏度液体的锚式和框式搅拌器来说，安装挡板是毫无意义的。

挡板的数量及其大小以及安装方式都不是随意的，它们都会影响流型和动力消耗。挡板宽度 W 为 $(1/10 \sim 1/12)d_t$（d_t 为反应釜内径），挡板的数量在小直径罐时用 2～4 个，在大直径罐时用 4～8 个，以 4 个或 6 个居多。挡板沿罐壁周向均匀分布地直立安装。挡板的安装方式如图 4-6 所示。

　　液体为低黏度时挡板可紧贴近罐壁上，且与液体环向流成直角，如图 4-6 (a) 所示。当黏度较高，如 7～10Pa·s 时，或固-液相操作时，挡板要离壁安装，如图 4-6(b) 所示。当黏度更高时，还可将挡板倾斜一个角度，如图 4-6 (c) 所示，以有效防止黏滞液体在挡板处形成死角及防止固体颗粒的堆积。当罐内有传热蛇管时，挡板一般安装在蛇管内侧，如图 4-6(d) 所示。

▷ 动画
· 挡板的安装方式
· 导流筒的安装方式

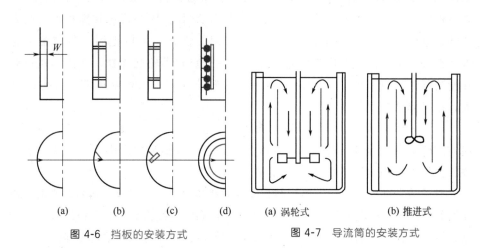

(a)　　(b)　　(c)　　(d)

图 4-6　挡板的安装方式

(a) 涡轮式　　(b) 推进式

图 4-7　导流筒的安装方式

4.1.5.2　导流筒

　　导流筒主要用于推进式、螺杆式搅拌器的导流，涡轮式搅拌器有时也用导流筒。导流筒是一个圆筒形，紧包围着叶轮。应用导流筒可使流型得以严格控制，还可得到高速涡流和高倍循环。导流筒可以为液体限定一个流动路线以防止短路；也可迫使流体高速流过加热面以利于传热。对于混合和分散过程，导流筒也能起到强化作用。

　　对于涡轮式搅拌器，导流筒安置在叶轮的上方，使叶轮上方的轴向流得到加强，如图4-7(a) 所示。对于推进式搅拌器，导流筒安置在叶轮的外面，使推进式搅拌器所产生的轴向流得到进一步加强，如图 4-7(b) 所示。

4.2　釜式反应器换热装置的设计与选择

4.2.1　换热装置及特点

微课
换热装置的类型

（1）夹套

　　传热夹套一般由钢板焊接而成，它是套在反应器筒体外面能形成密封空间的容器，既简单又方便。夹套内通蒸汽时，其蒸汽压力一般不超过 0.6MPa。

当反应器的直径大或者加热蒸汽压力较高时，夹套必须采取加强措施。图 4-8 所示为几种加强的夹套传热结构。

图 4-8 中（a）为一种支撑短管加强的"蜂窝夹套"，可用 1MPa 的饱和水蒸气加热至 180℃；（b）为冲压式蜂窝夹套，可耐更高的压力；（c）和（d）为角钢焊在釜的外壁上的结构，耐压可达到 5～6MPa。

夹套与反应釜内壁的间距视反应釜直径的大小采用不同的数值，一般取 25～100mm。夹套的高度取决于传热面积，而传热面积由工艺要求确定。但须注意夹套高度一般应高于料液的高度，应比釜内液面高出 50～100mm，以保证充分传热。

有时，对于较大型的搅拌釜，为了提高传热效果，在夹套空间装设螺旋导流板，如图 4-9 所示，以缩小夹套中流体的流通面积，提高流速并避免短路。螺旋导流板一般焊在釜壁上，与夹套壁有小于 3mm 的间隙。加设螺旋导流板后，夹套侧的传热膜系数一般可由 500W/(m^2·K) 增大到 1500～2000W/(m^2·K)。

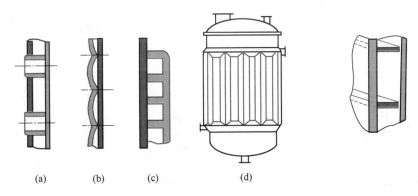

（a）　　（b）　　（c）　　　　（d）

图 4-8　几种加强的夹套传热结构　　　　图 4-9　螺旋导流板

（2）蛇管

当工艺需要的传热面积大，单靠夹套传热不能满足要求时，或者反应器内壁衬有橡胶、瓷砖等非金属材料时，可采用蛇管、插入套管、插入 D 形管等传热。

工业上常用的蛇管有两种：水平式蛇管，如图 4-10 所示；直立式蛇管，如图 4-11 所示。排列紧密的水平式蛇管能同时起到导流筒的作用，排列紧密的直立式蛇管同时可以起到挡板的作用，它们对于改善流体的流动状况和搅拌的效果起积极的作用。

蛇管浸没在物料中，热量损失少，且由于蛇管内传热介质流速高，它的传热系数比夹套大得多。但对于含有固体颗粒的物料及黏稠的物料，容易引起物料堆积和挂料，影响传热效果。

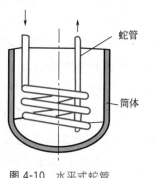

图 4-10　水平式蛇管

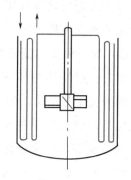

图 4-11　直立式蛇管

工业上常用的几种插入式传热构件如图 4-12 所示，图中（a）为垂直管，（b）为指型管，（c）为 D 型管。这些插入式结构适用于反应物料容易在传热壁上结垢的场合，检修、除垢都比较方便。

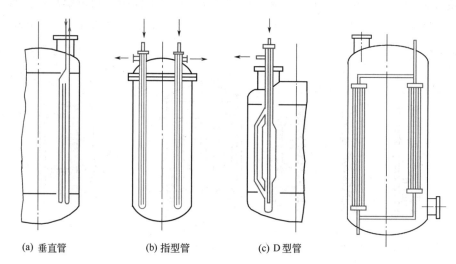

(a) 垂直管　　　　(b) 指型管　　　　(c) D 型管

图 4-12　几种插入式传热构件　　　　　图 4-13　内装列管的反应釜

（3）列管

对于大型反应釜，需高速传热时，可在釜内安装列管式换热器，如图 4-13 所示。它的主要优点是单位体积所具有的传热面积大，传热效果好，此外结构简单，操作弹性较大。

（4）外部循环式

当反应器的夹套和蛇管传热面积仍不能满足工艺要求，或由于工艺的特殊要求无法在反应器内安装蛇管而夹套的传热面积又不能满足工艺要求时，可以通过泵将反应器内的料液抽出，经过外部换热器换热后再循环回反应器中。

（5）回流冷凝式

当反应在沸腾温度下进行且反应热效应很大时，可以采用回流冷凝法进行换热，即使反应器内产生的蒸汽通过外部的冷凝器加以冷凝，冷凝液返回反应器中。采用这种方法进行传热，由于蒸汽在冷凝器中以冷凝的方式散热，可以得到很高的传热系数。

4.2.2 换热介质的选择

4.2.2.1 高温热源的选择

用一般的低压饱和水蒸气加热时温度最高只能达 150～160℃，需要更高加热温度时则应考虑加热剂的选择问题。在化工厂常用的加热剂如下。

（1）高压饱和水蒸气

高压饱和水蒸气来源于高压蒸汽锅炉、利用反应热的废热锅炉或热电站的蒸汽透平。蒸汽压力可达数兆帕。用高压蒸汽作为热源的缺点是需高压管道输送蒸汽，其建设投资费用大，尤其需远距离输送时热损失也大，很不经济。

（2）高压汽水混合物

当车间内有个别设备需高温加热时，设置一套专用的高压汽水混合物作为高温热源，可能是比较经济可行的。这种加热装置的原理如图 4-14 所示，由焊在设备外壁上的高压蛇管（或内部蛇管）、空气冷却器、高温加热炉和安全阀等部分构成一个封闭的循环系统。管内充满70%的水和30%的蒸汽，形成汽水混合物。从加热炉到加热设备这一段管道内蒸汽比例高、水的比例低，而从冷却器返回加热炉这一段管道内蒸汽比例低、水的比例高，于是形成一个自然循环系统。循环速度的大小决定于加热的设备与加热炉之间的高位差及汽水比例。

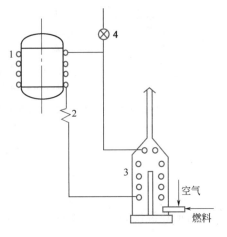

图 4-14　高压汽水混合物的加热装置
1—高压蛇管；2—空气冷却器；
3—高温加热炉；4—安全阀

这种高温加热装置适用于 200～250℃ 的加热要求。加热炉的燃料可用气体燃料或液体燃料，炉温达 800～900℃，炉内加热蛇管用耐温耐压合金钢管。

（3）有机载热体

利用某些有机物常压沸点高、熔点低、热稳定性好等特点可提供高温的热源。如联苯导生油，YD、SD 导热油等都是良好的高温载热体。联苯导生油是含联苯 26.5%、二苯醚 73.5% 的低共沸点混合物，熔点 12.3℃，沸点 258℃。它的突出优点是能在较低的压力下得到较高的加热温度。在同样的温度下，其饱和蒸气压力只有水蒸气压力的几十分之一。

当加热温度在 250℃ 以下时，可采用液体联苯混合物加热，可有三种加热方案。

① 液体联苯混合物自然循环加热法，如图 4-15 所示。加热设备与加热炉之间保持一定的高位差才能使液体有良好的自然循环。

② 液体联苯混合物强制循环加热法。采用屏蔽泵或者用液下泵使液体强制循环。

③ 夹套内盛联苯混合物，将管状电热器插入液体内的加热法。应用于传热速率要求不太高的场合，如图 4-16 所示。

▶ 动画
液体联苯混合物加热装置

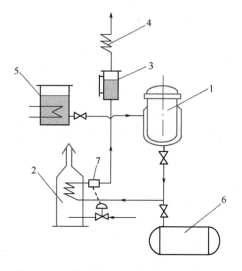

图 4-15　液体联苯混合物自然循环加热装置

1—被加热设备；2—加热炉；3—膨胀器；

4—回流冷凝器；5—熔化炉；6—事故槽；

7—温度自控装置

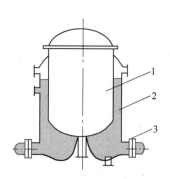

图 4-16　液体联苯混合物夹套浴电加热装置

1—被加热设备；2—加热夹套；

3—管式电热器

当加热温度超过 250℃时，可采用联苯混合物的蒸气加热。根据其冷凝液回流方法的不同，也可分为自然循环与强制循环两种方案。自然循环法设备较简单，不需使用循环泵，但要求加热器与加热炉之间有一定的位差，以保证冷凝液的自然循环。位差的高低决定于循环系统阻力的大小，一般可取 3～5m。如厂房高度不够，可以适当放大循环液管径以减少阻力。

当受条件限制不能达到自然循环要求时，或者加热设备较多，操作中容易产生互相干扰等情况下，可用强制循环流程。

另一种较为简易的联苯混合物蒸气加热装置，是将蒸气发生器直接附设在加热设备上面。用电热棒加热液体联苯混合物，使它沸腾，产生蒸气，如图 4-17 所示。当加热温度小于 280℃、蒸气压力低于 0.07MPa 时，采用这种方法较为方便。

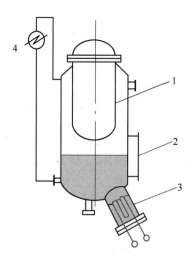

图 4-17　联苯混合物蒸气夹套浴加热装置

1—被加热设备；2—液面计；

3—电加热棒；4—回流冷凝器

（4）熔盐

反应温度在 300℃ 以上可用熔盐作载热体。熔盐的组成为 KNO_3 53%，$NaNO_3$ 7%，$NaNO_2$ 40%（质量分数，熔点 142℃）。

（5）电加热法

电加热法是一种操作方便、热效率高、便于实现自控和遥控的一种高温加热方法。常用的电加热方法可以分为以下三种类型。

1）电阻加热法

电流透过电阻产生热量实现加热。可采用以下几种结构型式。

① 辐射加热。即把电阻丝暴露在空气中，借辐射和对流传热直接加热反应釜。此种型式只能适用于不易燃易爆的操作过程。

② 电阻夹布加热。将电阻丝夹在用玻璃纤维织成的布中，包扎在被加热设备的外壁。这样可以避免电阻丝暴露在大气中，从而减少引起火灾的危险性。但必须注意的是电阻夹布不允许被水浸湿，否则将引起漏电和短路的危险事故。

③ 插入式加热法。将管式或棒状电热器插入被加热的介质中或夹套浴中实现加热（如图 4-16 和图 4-17 所示）。这种方法仅适用于小型设备的加热。

电阻加热可采用可控硅电压调节器自动调节加热温度，实现较为平稳的温度控制。

2）感应电流加热

感应电流加热是利用交流电路所引起的磁通量变化在被加热体中感应产生的涡流损耗变为热能。感应电流在加热体中透入的深度与设备的形状以及电流的频率有关。在化工生产中应用较方便的是普通的工业交流电产生感应电流加热，称为工频感应电流加热法，它适用壁厚在 5~8mm 以上，圆筒形设备加热（高径比最好在 2~4 以上），加热温度在 500℃ 以下。其优点是施工简便，无明火，在易燃易爆环境中使用比其他加热方式安全，升温快，温度分布均匀。

3）短路电流加热

将低电压如 36V 的交流电直接通到被加热的设备上，利用短路电流产生的热量进行高温加热。这种电加热法适用于加热细长的反应器。

（6）烟道气加热法

用煤气、天然气、石油加工废气或燃料油等燃烧时产生的高温烟道气作热源加热设备，可用于 300℃ 以上的高温加热。缺点是热效率低，传热系数小，温度不易控制。

4.2.2.2 低温冷源的选择

（1）冷却用水

如河水、井水、城市水厂给水等，水温随地区和季节而变。深井水的水温较低而稳定，一般在 15~20℃。水的冷却效果好，也最为常用。随水的硬度不同，对换热后的水出口温度有一定限制，一般不宜超过 60℃，在不宜清洗的场合不宜超过 50℃，以免水垢的迅速生成。

（2）空气

在缺乏水资源的地方可采用空气冷却。其主要缺点是传热系数低，需要的传热面积大。

(3) 低温冷却剂

有些化工生产过程需要在较低的温度下进行，这种低温采用一般冷却方法难以达到，必须采用特殊的制冷装置进行人工制冷。

在制冷装置中一般多采用直接冷却方式，即利用制冷剂的蒸发直接冷却冷间内的空气，或直接冷却被冷却物体。制冷剂一般有液氨、液氮等。由于需要额外的机械能量，故成本较高。

在有些情况下则采用间接冷却方式，即被冷却对象的热量是通过中间介质传送给在蒸发器中蒸发的制冷剂。这种中间介质起着传送和分配冷量的媒介作用，称为载冷剂。常用的载冷剂有三类，即水、盐水及有机物载冷剂。

① 水　比热大，传热性能良好，价廉易得，但冰点高，仅能用作制取 0℃以上冷量的载冷剂。

② 盐水　氯化钠及氯化钙等盐的水溶液，通常称为冷冻盐水。盐水的起始凝固温度随浓度而变，如表 4-1 所示。氯化钙盐水的共晶温度（−55℃）比氯化钠盐水低，可用于较低温度，故应用较广。氯化钠盐水无毒，传热性能较氯化钙盐水好。

表 4-1　冷冻盐水起始凝固温度与浓度的关系

相对密度 （15℃）	氯化钠盐水			氯化钙盐水		
	质量分数 /%	100kg 水 加盐量/kg	起始凝固 温度/℃	质量分数 /%	100kg 水 加盐量/kg	起始凝固 温度/℃
1.05	7.0	7.5	−4.4	5.9	6.3	−3.0
1.10	13.6	15.7	−9.8	11.5	13.0	−7.1
1.15	20.0	25.0	−16.6	16.8	20.2	−12.7
1.175	23.1	30.1	−21.2	—	—	—
1.20	—	—	—	21.9	28.0	−21.2
1.25	—	—	—	26.6	36.2	−34.4
1.286	—	—	—	29.9	42.7	−55.0

氯化钠盐水及氯化钙盐水均对金属材料有腐蚀性，使用时需加缓蚀剂重铬酸钠及氢氧化钠，以使盐水的 pH 值达7.0～8.5，呈弱碱性。

③ 有机物载冷剂　有机物载冷剂适用于比较低的温度，常用的有如下几种。

· 乙二醇、丙二醇的水溶液。乙二醇无色无味，可全溶于水，对金属材料无腐蚀性。乙二醇水溶液使用温度可达−35℃（质量分数为 45%），但用于−10℃（35%）时效果最好。乙二醇黏度大，故传热性能较差，稍具毒性，不宜用于开式系统。

丙二醇是极稳定的化合物，全溶于水，对金属材料无腐蚀性。丙二醇的水溶液无毒；黏度较大，传热性能较差。丙二醇的使用温度通常为−10℃或−10℃以上。

乙二醇和丙二醇溶液的凝固温度随其浓度而变，如表 4-2 所示。

表 4-2　乙二醇和丙二醇溶液的凝固温度与浓度关系

体积分数/%		20	25	30	35	40	45	50
凝固温 度/℃	乙二醇	−8.7	−12.0	−15.9	−20.0	−24.7	−30.0	−35.9
	丙二醇	−7.2	−9.7	−12.8	−16.4	−20.9	−26.1	−32.0

● 甲醇、乙醇的水溶液。在有机物载冷剂中甲醇是最便宜的，而且对金属材料不腐蚀。甲醇水溶液的使用温度范围是 $0 \sim -35℃$，相应的体积分数是 $15\% \sim 40\%$，在 $-35 \sim -20℃$ 范围内具有较好的传热性能。甲醇用作载冷剂的缺点是有毒和可以燃烧，在运送、贮存和使用中应注意安全问题。

乙醇无毒，对金属不腐蚀，其水溶液常用于啤酒厂、化工厂及食品化工厂。乙醇也可燃，比甲醇贵，传热性能比甲醇差。

知识拓展

微课
间歇操作反应釜
的放热规律

恒温间歇操作釜式反应器的放热规律

为了保持在恒温下进行操作，化学反应过程所产生的热效应必须与外界进行热交换，而且反应系统与外界交换的热量应该等于反应放出的热量（放热反应）或吸收的热量（吸热反应）。因系统恒温，其关系式可由式（2-52）得到

$$KA(T-T_s) = (-\Delta H_A)(-r_A)V_R \tag{4-1}$$

令 $q = KA(T-T_s)$，则由式（4-1）得

$$q = (-r_A)(-\Delta H_A)V_R \tag{4-2}$$

式中，$-\Delta H_A$ 为以反应组分 A 为基准的反应热，kJ/kmol；q 为反应系统与外界传热速率，kJ/s。

由上式可以看到，因为反应物料体积即反应器有效体积 V_R 和恒温下进行的热效应均为定值，所以传热量变化规律可以根据化学反应速率来确定。对于不同反应，则可按照其化学反应动力学方程式进行具体计算。

【例】邻甲氧基苯酚在工业上用途广泛，常用于生产各种香料，如丁香酚、香兰素和人造麝香。邻甲氧基苯酚在医药上也有大量应用，可被用于合成苯磺酸邻甲氧基苯酚、用作局部麻醉剂或防腐剂，还可以祛痰和治疗消化不良。邻甲氧基苯酚的制备可由邻氨基苯甲醚经重氮化和水解反应而得。其中水解反应方程式如下

反应动力学方程为 $(-r_A) = kc_A c_B$，以硫酸铜为催化剂，反应温度 96℃ 时 $k = 2.2 \times 10^{-3}\,m^3/(kmol \cdot min)$，重氮盐的初始浓度 $c_{A0} = 0.25kmol/m^3$，水初始浓度 $c_{B0} = 5kmol/m^3$，化学反应热效应 $-\Delta H_A = 502kJ/mol$。在间歇操作搅拌釜式反应器中进行，重氮盐的终点转化率为 0.8，夹套冷却水进出口温度分别为 22℃ 和 30℃。求生成 100kg 甲氧基苯酚过程中放热量、冷却水用量随时间变化的关系。

解 因为液相体积视为不变，可作为恒温恒容过程计算。

已知 $c_{A0} = 0.25kmol/m^3$，$c_{B0} = 5kmol/m^3$，$c_A = c_{A0}(1-x_A)$，$c_B = c_{B0} - c_{A0}x_A$，$(-r_A) = kc_{A0}(1-x_A)(c_{B0} - c_{A0}x_A)$

则
$$\tau = c_{A0} \int_0^{x_A} \frac{dx_A}{(-r_A)} = c_{A0} \int_0^{x_A} \frac{dx_A}{kc_{A0}(1-x_A)(c_{B0}-c_{A0}x_A)}$$

$$= \frac{1}{kc_{B0}\left(1-\frac{c_{A0}}{c_{B0}}\right)} \ln \frac{1-\frac{c_{A0}}{c_{B0}}x_A}{1-x_A} = \frac{1}{2.2 \times 10^{-3} \times 5 \times \left(1-\frac{0.25}{5}\right)} \ln \frac{1-\frac{0.25}{5}x_A}{1-x_A}$$

化简得
$$x_A = \frac{1-\exp\frac{\tau}{95.694}}{0.05-\exp\frac{\tau}{95.694}} \qquad [A]$$

式(4-2) $q = (-r_A)(-\Delta H_A)V_R$，其中

$$(-r_A) = -\frac{dc_A}{d\tau} = \frac{c_{A0}\,dx_A}{d\tau}$$

则
$$q = \frac{c_{A0}\,dx_A}{d\tau}\ (-\Delta H_A)V_R$$

$$q \int_0^\tau d\tau = (c_{A0}V_R)(-\Delta H_A) \int_0^{x_{Af}} dx_A$$

积分得
$$q\tau = (c_{A0}V_R)(-\Delta H_A)x_A \qquad [B]$$

式[B]中的 $q\tau$ 即为反应进行至 τ 时需传出总热量，即反应放出总热量，以 Q_τ 表示：

$$Q_\tau = n_{A0}(-\Delta H_A)x_A$$

代入相关数据得
$$Q_\tau = \frac{100 \times 10^3}{124 \times 0.8} \times 502 x_A = 5.06 \times 10^5 x_A\,(kJ) \qquad [C]$$

所需冷却水量为

$$G_\tau = \frac{Q_\tau}{c_{p水}\Delta T} = \frac{5.06 \times 10^5 x_A}{4.18 \times (30-22)} = 1.51 \times 10^4 x_A\,(kg) \qquad [D]$$

取一定时间间隔，如 $\Delta\tau = 30\,min$，分别用式[A]、式[C]和式[D]计算不同反应时间 τ 时的 x_A、Q_τ、G_τ 及 ΔQ、ΔG 之值，如下表所示。

τ/min	x_A	Q_τ/kJ	G_τ/kg	$\Delta\tau$/min	ΔQ/kJ	ΔG/kg
0	0	0	0	0	0	0
30	0.2793	141160	4220	30	141160	4220
60	0.4786	241900	7240	30	100740	3020
90	0.6217	314250	9400	30	72350	2160
120	0.7250	366460	10960	30	52210	1560
150	0.800	404290	12090	30	37830	1130

从上表的计算结果可以看出，开始反应快，单位时间内放热量及用冷却水量也大。随着反应时间增长，单位时间内放出的热量逐渐降低，冷却水的消耗量也相应减少。因此，釜式反应器的温度操作需根据反应的特性和放热规律进行不断调整与控制，才能确保系统的温度符合工艺要求。计算反应釜传热面积时应以开始阶段的放热速率为依据的理由也就在于此。

任务 ❺ 连续操作管式反应器设计

工作任务

根据化工产品的生产条件和工艺要求进行连续操作管式反应器的设计与计算。

在线资源扫码使用

技术理论

化工生产中，连续操作的长径比较大的管式反应器可以近似看成是理想置换流动反应器。它既适用于液相反应，又适用于气相反应。当用于液相反应和反应前后无摩尔数变化的气相反应时，可视为恒容过程；当用于反应前后有物质的量变化的气相反应时，为变容过程。如果在反应过程中利用适当的调节手段使温度基本维持不变，则为恒温过程，否则即为非恒温过程。管式反应器内的非恒温操作可分为绝热式和换热式两种。当反应的热效应不大，反应的选择性受温度的影响较小时，可采用没有换热措施的绝热操作。这样可使设备结构大为简化，此时只要将反应物加热到要求的温度送入反应器即可。如果反应过程放热，则放出的热量将使反应后物料的温度升高。如反应吸热，则随反应的进行，物料的温度逐渐降低。当反应热效应较大时，则必须采用换热式，以便通过载热体及时供给或移出反应热。管式反应器多数采用连续操作，少数采用半连续操作，使用间歇操作的则极为罕见。本项目只讨论第一种情况，目的在于提供此类反应器计算、分析和操作的基本方法。

5.1 基础设计方程

连续操作管式反应器具有以下特点。

① 在正常情况下，它是连续定态操作，故在反应器的各处截面上过程参数不随时间而变化。

② 反应器内浓度、温度等参数随轴向位置变化，故反应速率随轴向位置变化。

③ 由于径向具有严格均匀的速度分布，也就是在径向不存在浓度分布。

连续操作管式反应器的基础计算方程式可由物料衡算式导出。由于连续操作，反应器内流体的流动处于稳定状态，如图 5-1 所示，没有反应物积累。由于沿流体流动方向物料的浓度、温度和反应速率不断地变化，而反应器内各点的浓度、反应速率都不随时间变化，因此，以反应物 A 作物料衡算

微课
连续操作管式
反应器的计算

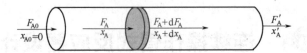

图 5-1　连续操作管式反应器物料衡算示意

$$
\begin{bmatrix} 微元时间内 \\ 进入微元体 \\ 积的反应物量 \end{bmatrix} = \begin{bmatrix} 微元时间内 \\ 离开微元体 \\ 积的反应物量 \end{bmatrix} + \begin{bmatrix} 微元时间微元 \\ 体积内转化掉 \\ 的反应物量 \end{bmatrix} + \begin{bmatrix} 微元时间微 \\ 元体积内反 \\ 应物的累积量 \end{bmatrix}
$$

$$
\qquad F_A \Delta \tau \qquad\qquad (F_A + dF_A)\Delta \tau \qquad (-r_A)\Delta \tau dV_R \qquad\qquad 0
$$

即
$$dF_A + (-r_A)dV_R = 0 \tag{5-1}$$

因为 $F_A = F_{A0}(1 - x_A)$，则 $dF_A = -F_{A0}dx_A$，将上式代入物料衡算式 (5-1)，得

$$(-r_A)\, dV_R = F_{A0}\, dx_A \tag{5-2}$$

式中，F_{A0} 为反应组分 A 进入反应器的流量，kmol/h；F_A 为反应组分 A 进入微元体积的流量，kmol/h。

式(5-2) 即为连续操作管式反应器的基础计算方程式。将其积分，可用来求取反应器的有效体积和物料在反应器中的停留时间

$$V_R = F_{A0} \int_{x_{A0}}^{x_{Af}} \frac{dx_A}{(-r_A)} \tag{5-3}$$

因为 $F_{A0} = c_{A0}V_0$，则式(5-3) 又可写成

$$V_R = c_{A0}V_0 \int_{x_{A0}}^{x_{Af}} \frac{dx_A}{(-r_A)}$$

得
$$\tau = \frac{V_R}{V_0} = c_{A0}\int_{x_{A0}}^{x_{Af}} \frac{dx_A}{(-r_A)} \tag{5-4}$$

式中，τ 为物料在连续操作管式反应器中的停留时间，h；V_0 为物料进口处体积流量，m^3/h。

应当注意，由于反应过程物料的密度可能发生变化，体积流量也将随之变化，则只有在恒容过程，称 τ 为物料在反应器中的停留时间才是准确的。

任务实施

5.2　恒温恒容管式反应器设计

连续操作管式反应器在恒温恒容过程操作时，可结合恒温恒容条件，计算出达到一定转化率所需要的反应体积或物料在反应器中的停留时间。

如一级不可逆反应，其动力学方程为 $(-r_A) = kc_A$，在恒温条件下 k 为常数，而恒容条件下有 $c_A = c_{A0}(1 - x_A)$，并将其代入式(5-4)，得

$$V_R = V_0 \tau = c_{A0} V_0 \int_{x_{A0}}^{x_{Af}} \frac{\mathrm{d}x_A}{kc_{A0}(1-x_A)} = \frac{V_0}{k} \ln \frac{1-x_{A0}}{1-x_{Af}} \tag{5-5}$$

对于二级不可逆反应，其动力学方程式为 $(-r_A)=kc_A^2$，若 $x_{A0}=0$，同理可得

$$V_R = V_0 \tau = c_{A0} V_0 \int_0^{x_{Af}} \frac{\mathrm{d}x_A}{kc_{A0}^2(1-x_A)^2} = V_0 \frac{x_{Af}}{kc_{A0}(1-x_{Af})} \tag{5-6}$$

将物料在间歇操作釜式反应器的反应时间与在连续操作管式反应器的停留时间的计算式相比，可以看出在恒温恒容过程时是完全相同的，即在相同的条件下，同一反应达到相同的转化率时，在两种反应器中的时间值相等。这是因为在这两种反应器内反应物浓度经历了相同的变化过程，只是在间歇操作釜式反应器内浓度随时间变化，在连续操作管式反应器内浓度随位置变化而已。也可以说，仅就反应过程而言，两种反应器具有相同的效率，只因间歇操作釜式反应器存在非生产时间，即辅助时间，故生产能力低于连续操作管式反应器。

【例 5-1】 例 2-5 中乙酸丁酯生产企业为了提升反应效率，计划引进一套连续操作管式反应器，要求其操作条件和产量同例 2-5。试计算所引进管式反应器的有效体积。

解 由例 2-5 已知：$c_{A0}=1.8\mathrm{kmol/m^3}$，$V_0=0.979\mathrm{m^3/h}$，$k=0.0174\mathrm{m^3/}$(kmol·min)，$x_{Af}=0.5$。代入式(5-6)，得

$$V_R = V_0 \frac{x_{Af}}{kc_{A0}(1-x_{Af})} = 0.979 \times \frac{0.5}{0.0174 \times 60 \times 1.8 \times (1-0.5)} = 0.521\mathrm{m^3}$$

5.3 恒温变容管式反应器设计

在反应过程中，因反应温度变化，会发生物料密度的改变，或物料的分子总数改变，导致物料的体积发生变化。通常情况下，液相反应可近似作恒容过程处理，但当反应过程密度变化较大而又要求准确计算时，就要把容积变化考虑进去。对于气相总分子数变化的反应，容积的变化更应考虑。由它引起的容积、浓度等的变化，可用下述诸式表示

$$V_t = V_0(1+y_{A0}\varepsilon_A x_A), \quad F_t = F_0(1+y_{A0}\varepsilon_A x_A)$$

$$c_A = c_{A0} \frac{1-x_A}{1+y_{A0}\varepsilon_A x_A}, \quad (-r_A) = -\frac{1}{V}\frac{\mathrm{d}n_A}{\mathrm{d}\tau} = \frac{c_{A0}}{1+y_{A0}\varepsilon_A x_A}\frac{\mathrm{d}x_A}{\mathrm{d}\tau}$$

式中，F_t 为反应系统在操作压力为 p、温度为 T、反应物的转化率为 x_A 时物料的总体积流量，$\mathrm{m^3/s}$；ε_A 为膨胀因子。

将以上关系代入反应器基础设计式中，可以求得变容过程反应器有效体积。表 5-1 给出了恒温变容下、$x_{A0}=0$ 时管式反应器的设计计算式。

表 5-1 恒温变容管式反应器的设计计算式

化学反应	速率方程	计算式
A→P(零级)	$(-r_A)=k$	$\dfrac{V_R}{F_{A0}} = \dfrac{x_A}{k_A}$

化学反应	速率方程	计算式
A→P(一级)	$(-r_A)$ $=kc_A$	$\dfrac{V_R}{F_{A0}}=\dfrac{-(1+\varepsilon_A y_{A0})\ln(1-x_A)-\varepsilon_A y_{A0}x_A}{kc_{A0}}$
$2A\rightarrow P$ $A+B\rightarrow P$ $(c_{A0}=c_{B0})$ (二级)	$(-r_A)=$ kc_A^2	$\dfrac{V_R}{F_{A0}}=\dfrac{1}{kc_{A0}^2}\Big[2\varepsilon_A y_{A0}(1+\varepsilon_A y_{A0})\ln(1-x_A)+$ $\varepsilon_A^2 y_{A0}^2 x_A+(1+\varepsilon_A y_{A0})^2\dfrac{x_A}{1-x_A}\Big]$

【例 5-2】 氢气（A）和碘蒸气（B）反应可以生成碘化氢（P），反应为二级反应。

$$A+B\longrightarrow P$$

物料在连续操作管式反应器中的初始流量为 360m³/h，氢气与碘蒸气的初始浓度均为 0.8kmol/m³，其余惰性物料浓度为 2.4kmol/m³，反应速率常数 k 为 8m³/(kmol·min)，要求氢气的出口转化率为 90%，求反应器的有效体积。

解 从反应速率常数的量纲知道，反应为二级反应。因初始浓度 $c_{A0}=c_{B0}$，且反应计量系数对组分 A、组分 B 相同，因此动力学方程可表示为

$$(-r_A)=kc_A^2$$

将其代入连续操作管式反应器计算式，有

$$V_R=c_{A0}V_0\int_0^{x_A}\frac{\mathrm{d}x_A}{kc_A^2} \tag{A}$$

式 [A] 中

$$c_A=c_{A0}\frac{1-x_A}{1+y_{A0}\varepsilon_A x_A} \tag{B}$$

将式[B]代入式[A]，积分得

$$\frac{V_R}{F_{A0}}=\frac{1}{kc_{A0}^2}\Big[2\varepsilon_A y_{A0}(1+\varepsilon_A y_{A0})\ln(1-x_{Af})+\varepsilon_A^2 y_{A0}^2 x_{Af}+(1+\varepsilon_A y_{A0})^2\frac{x_{Af}}{1-x_{Af}}\Big]$$

上式中 $\varepsilon_A=\dfrac{1-2}{1}=-1$，$y_{A0}=\dfrac{0.8}{0.8\times2+2.4}=0.2$，则有

$$V_R=\frac{360}{8\times0.8\times60}\Big[2\times(-1)\times0.2\times(1-1\times0.2)\ln(1-0.9)$$

$$+(-1)^2\times0.2^2\times0.9+(1-1\times0.2)^2\frac{0.9}{1-0.9}\Big]=6.14\mathrm{m}^3$$

5.4 绝热连续操作管式反应器设计

在反应进行过程中系统与外界不发生热量交换的反应器称为绝热式反应器。这类反应器的设计计算与前面讨论过的恒温反应器的设计计算方法不同。恒温反应器中反应速率只是转化率的函数，而绝热反应器的管截面上各点的温度不同，则反应速率不仅是转化率的函数，而且也是温度的函数。所以，须对反应系统列出热量衡算式，然后与物料衡算式、反应动力学方程式联立求解，才能求得为达到一定转化率所需的反应器有效体积。

由于过程是在绝热条件下进行，所以由系统传递给环境或载热体的热量项

为零，又由于是连续操作，系统中热量的积累项也为零，则其热量衡算式为

$$\begin{bmatrix} 微元时间内进入微元体 \\ 积的物料所带进的热量 \end{bmatrix} = \begin{bmatrix} 微元时间内离开微元体 \\ 积的物料带走的热量 \end{bmatrix} - \begin{bmatrix} 微元时间微元体积 \\ 内由于反应产生的热量 \end{bmatrix}$$

$$F'_t \overline{M}' \overline{c}'_p (T' - T_b) \Delta\tau \qquad F_t \overline{M} \overline{c}''_p (T'' - T_b) \Delta\tau \qquad (-r_A)(-\Delta H_A)_{T_b} \Delta\tau \mathrm{d}V_R$$

即
$$F'_t \overline{M}' \overline{c}'_p (T' - T_b) \Delta\tau - F_t \overline{M} \overline{c}''_p (T'' - T_b) \Delta\tau +$$
$$(-r_A)(-\Delta H_A)_{T_b} \Delta\tau \mathrm{d}V_R = 0 \tag{5-7}$$

式中，F'_t 为进入微元体积 $\mathrm{d}V_R$ 的物料总摩尔流量，kmol/h；F_t 为离开微元体积 $\mathrm{d}V_R$ 的物料总摩尔流量，kmol/h；$\overline{M}'$ 为进入微元体积 $\mathrm{d}V_R$ 的物料平均摩尔质量，kg/kmol；$\overline{M}$ 为离开微元体积 $\mathrm{d}V_R$ 的物料平均摩尔质量，kg/kmol；T' 为进入微元体积 $\mathrm{d}V_R$ 的物料温度，K；T'' 为离开微元体积 $\mathrm{d}V_R$ 的物料温度，K；T_b 为选定的基准温度，K；$\overline{c}'_p$ 为进入微元体积 $\mathrm{d}V_R$ 的物料在 $T_b \sim T'$ 温度范围内的平均定压比热容，kJ/(kg·K)；$\overline{c}''_p$ 为离开微元体积 $\mathrm{d}V_R$ 的物料在 $T_b \sim T''$ 温度范围内的平均定压比热容，kJ/(kg·K)；$(-\Delta H_A)_{T_b}$ 为在基准温度下以反应物 A 计算的化学反应热，kJ/kmol。

由于 $F'_t \overline{M}' \overline{c}'_p$ 与 $F_t \overline{M} \overline{c}_p$ 在一般情况下差值较小，可以认为它们相等；$(-r_A)\mathrm{d}V_R = F_{A0}\mathrm{d}x_A$；微元体积 $\mathrm{d}V_R$ 内 $T'' - T' = \mathrm{d}T$。则式(5-7)可简化为

$$F_t \overline{M} \overline{c}_p \mathrm{d}T = F_{A0}\mathrm{d}x_A (-\Delta H_A)_{T_b} \tag{5-8}$$

式中，$\overline{M} \overline{c}_p$ 是反应混合物组成和温度的函数；$-\Delta H_A$ 是温度的函数，变容过程 F_t 又是转化率的函数。故各参数间的函数关系十分复杂，其积分计算也是很麻烦。为了便于计算，可将绝热过程简化为：反应在进口温度 T_0 下恒温进行，使转化率从 x_{A0} 变为 x_{Af}。则化学反应热应取温度在 T_0 时的数值 ΔH_T

$$\Delta H_T = F_{A0}(x_{Af} - x_{A0})(-\Delta H_A)_{T_0}$$

反应后的混合物由 T_0 恒压升温到温度 T，其升温过程的热量为 ΔH_p，若取 $\overline{c}_p$ 为 $T_0 \sim T$ 范围内的平均值，则

$$\Delta H_p = F_t \overline{M} \overline{c}_p (T_0 - T)$$

对于绝热过程
$$\Delta H = \Delta H_p + \Delta H_T = 0$$

即
$$F_t \overline{M} \overline{c}_p (T - T_0) = F_{A0}(x_{Af} - x_{A0})(-\Delta H_A)_{T_0}$$

故式(5-8)的积分式可写成

$$T - T_0 = \frac{F_{A0}(-\Delta H_A)_{T_0}}{F_t \overline{M} \overline{c}_p}(x_{Af} - x_{A0}) \tag{5-9}$$

式(5-9)为绝热过程连续操作管式反应器内温度与转化率之间的函数关系式，$T - T_0$ 为达到出口转化率 x_{Af} 时反应器的最大温差。将式(5-9)代入式(5-3)，可用以计算绝热式连续操作管式反应器为达到一定转化率所需要的有效体积或物料在反应器中的停留时间。

如果反应过程无物质的量变化，即 $F_t = F_0$，又 $x_{A0} = 0$，其他各参数取值基准仍与以上简化方案相同，则式(5-9)可写为

$$T - T_0 = \frac{F_{A0}(-\Delta H_A)_{T_0}}{F_0 \overline{M} \overline{c}_p} x_{Af}$$

或
$$x_{Af} = \frac{F_0}{F_{A0}} \times \frac{\overline{M} \overline{c}_p (T - T_0)}{(-\Delta H_A)_{T_0}} = \frac{\overline{M} \overline{c}_p (T - T_0)}{y_{A0}(-\Delta H_A)_{T_0}} \tag{5-10}$$

任务 ⑥ 均相反应器设计与操作优化

在线资源扫码使用

微课
理解优化

工作任务

根据化工产品的生产条件和工艺要求进行间歇操作釜式反应器、连续操作釜式反应器和连续操作管式反应器设计与操作的优化。

任务实施

本课程研究的目的是实现化学反应过程的优化。化学反应过程的优化包括设计计算优化和操作优化两种类型。设计计算优化是根据给定的生产能力确定反应器类型、结构和适宜的尺寸及操作条件。操作优化是指反应器的操作必须根据各种因素的变化对操作条件作出相应的调整，使反应器处于最优条件下运转，以达到优化的目标。

化学反应过程的技术目标有：

反应速率——涉及设备尺寸，亦即设备投资费用；

选择性——涉及生产过程的原料消耗费用；

能量消耗——生产过程操作费用的重要组成部分。

由于能量消耗是从整个车间甚至整个工厂作为一个系统而加以考虑的，所以下面以反应速率（即反应器生产能力）和选择性两个目标加以讨论。对于简单反应过程，不存在选择性问题，唯一的目标是反应速率。对于复杂反应过程，则选择性是优化的主要目标。选择性决定了产品中原料的消耗程度。根据现代工业发展统计表明，原料费用在产品成本中占极大比重，可达70%以上。而反应器设备和催化剂一般在产品成本中仅占很少份额，约2%～5%。因此对复杂反应过程选择性将比反应速率重要得多，选择性是主要技术目标。选择性的本质是反应生成目的产物的主反应速率与生成副产物的副反应速率的相对比值，所以影响主副反应速率的因素也是影响选择性的主要因素，即也取决于反应物浓度和反应温度。对于复杂反应，应根据选择性要求确定优化的温度和浓度条件。

从工程角度看，优化就是如何进行反应器类型、操作方式和操作条件的选择并从工程上予以实施，以实现温度和浓度的优化条件，提高反应过程的速率和选择性。反应器的型式包括管式和釜式反应器及返混特性；操作条件包括物料的初始浓度、转化率（即最终浓度）、反应温度或温度分布；操作方式则包括间歇操作、连续操作、半连续操作以及加料方式的分批或分段加料等。

本课程的核心是化学因素和工程因素的最优结合。化学因素包括反应类型及动力学特性。工程因素包括反应器类型、操作方式和操作条件。只有列出反应器内传递过程影响化学反应的各种因素，才能有效、正确地使用反应器特征，并和传递过程规律相结合，以解决反应过程的优化问题。

微课
简单反应的
优化方案

6.1 简单反应的反应器生产能力比较

简单反应是指只有一个方向的反应过程，其优化目标只需考虑反应速率。而反应速率直接影响反应器的生产能力，即单位时间、单位体积反应器所能得到的产物量，以达到给定生产任务所需反应器体积最小为好。前面已讨论了三种基本反应器类型：间歇操作釜式反应器、连续操作釜式反应器和连续操作管式反应器。在三种不同类型反应器中进行简单反应时表现出不同的结果。尽管工业反应器结构千差万别，然而可以根据这三种基本反应器的返混特征进行分析。不同返混程度的反应器，在工程上总设法使其返混状态接近于返混极大或返混极小两种极端状态。间歇操作釜式反应器和连续操作管式反应器，在操作方式上虽然一个是间歇操作，另一个是连续操作，但它们具有相同的返混特征——不存在返混。对于确定的反应过程，在这类反应器中的反应结果唯一地由反应动力学确定。连续操作管式反应器和连续操作釜式反应器，虽然在操作方式上都是连续操作，但具有完全不同的返混特征。连续操作釜式反应器返混为最大，反应器中的物料浓度与反应器出口相同，即整个反应过程始终处于出口状态的浓度（或转化率）条件下操作。所以，对同一简单反应，在相同操作条件下，为达到相同转化率，连续操作管式反应器所需有效体积为最小，而连续操作釜式反应器所需有效体积为最大，例 2-5、例 3-3 和例 5-1 的计算结果说明了这一点。换句话说，若反应器体积相同，则连续操作管式反应器所达到的转化率比连续操作釜式反应器要高。

6.1.1 单个反应器

对于同一恒容反应，若初始浓度和反应温度都相同，$x_{A0}=0$，则达到相同的反应转化率 x_{Af} 时反应时间或反应体积的比较如下。

6.1.1.1 间歇操作釜式反应器和连续操作管式反应器比较

对间歇操作釜式反应器，其反应时间为

$$\tau_m = c_{A0} \int_0^{x_{Af}} \frac{dx_A}{(-r_A)} \tag{6-1}$$

式中，τ_m 为间歇操作釜式反应器的反应时间，h。

对连续操作管式反应器

$$\tau_p = \frac{V_{Rp}}{V_0} = c_{A0} \int_0^{x_{Af}} \frac{dx_A}{(-r_A)} \tag{6-2}$$

式中，τ_p 为连续操作管式反应器的反应时间，h；V_{Rp} 为连续操作管式反应器有效体积，m³。

由式（6-1）和式（6-2）可知，$\tau_m = \tau_p$。仅从反应时间而言，在间歇操作釜式反应器和连续操作管式反应器中进行时，所需反应时间是相同的。但由于间歇操作需要辅助时间，所以实际计算时不能以反应时间为准，而以操作周期 $\tau_m + \tau_辅$ 为准，需要的反应器体积比连续操作管式反应器的体积要大。连续操作管式反应器不存在辅助时间，也没有装料系数问题。

6.1.1.2 连续操作釜式反应器和连续操作管式反应器比较

对连续操作釜式反应器

$$V_{Rc} = \frac{V_0 c_{A0} x_{Af}}{(-r_A)} = \frac{F_{A0} x_{Af}}{(-r_A)}$$

或

$$\tau_c = \frac{V_{Rc}}{V_0} = \frac{V_{Rc} c_{A0}}{F_{A0}} = \frac{c_{A0} x_{Af}}{(-r_A)} \tag{6-3}$$

则

$$\frac{\tau_c}{\tau_p} = \frac{V_{Rc}}{V_{Rp}} = \frac{\dfrac{x_{Af}}{(-r_A)}}{\displaystyle\int_0^{x_{Af}} \frac{dx_A}{(-r_A)}} \tag{6-4}$$

式中，V_{Rc} 为连续操作釜式反应器的有效体积，m^3；τ_c 为连续操作釜式反应器的反应时间，h。

将反应速率和具体操作条件代入式（6-4）便可计算使用两种类型反应器有效体积大小比较关系。如恒容恒温过程的幂指数型动力学方程为 $(-r_A) = k c_A^n$，有

$$\frac{\tau_c}{\tau_p} = \frac{V_{Rc}}{V_{Rp}} = \frac{(n-1) x_{Af}}{(1-x_{Af}) - (1-x_{Af})^n} \quad (n \neq 1) \tag{6-5}$$

或

$$\frac{\tau_c}{\tau_p} = \frac{V_{Rc}}{V_{Rp}} = \frac{\dfrac{x_{Af}}{1-x_{Af}}}{-\ln(1-x_{Af})} = \frac{x_{Af}}{(x_{Af}-1)\ln(1-x_{Af})} \quad (n=1) \tag{6-6}$$

以式（6-5）和式（6-6）用对比时间和对比体积对 n、x_{Af} 作图，即可看到有效体积比随着不同反应达到不同转化率时的变化关系，如图 6-1 所示。

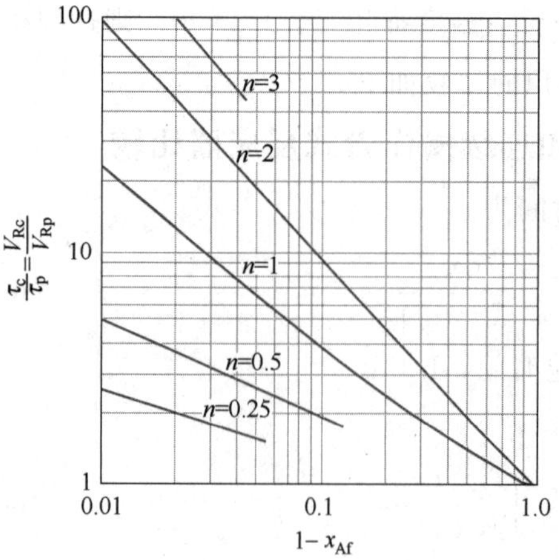

由图 6-1 可以看出，当转化率很小时，反应器的性能受流动状态的影响较小。当转化率趋于 0 时，连续操作釜式反应器与连续操作管式反应器体积比等于 1，即 $V_{Rc} = V_{Rp}$，$\tau_c = \tau_p$。而随着转化率的增加，两者体积比相差愈来愈显著。由此得出这样的结论：过程要求进行的程度（转化率）越高，返混影响就越大。因此，对高转化率的反应，宜采用连续操作管式反应器。

图 6-1　n 级反应在恒温恒容单个
反应器中的性能比较

6.1.2 多釜串联连续操作釜式反应器

从连续操作釜式反应器和连续操作管式反应器的计算公式

$$\tau_p = \frac{V_{Rp}}{V_0} = c_{A0}\int_0^{x_{Af}}\frac{dx_A}{(-r_A)}, \quad \tau_{ci} = \frac{V_{Rci}}{V_0} = \frac{c_{A0}(x_{Ai} - x_{Ai-1})}{(-r_A)_i}$$

出发，对同一反应达到同样的转化率，可以图 6-2 的形式表明两种反应器的体积比。

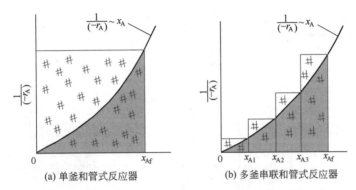

图 6-2　理想混合反应器和理想排挤反应器体积比较

图 6-2 中(a) 为单台连续操作釜式反应器和连续操作管式反应器体积之比的关系。图中矩形面积为 τ_c/c_{A0}，曲线下面的积分面积为 τ_p/c_{A0}。很显然，$\tau_c > \tau_p$，即 $V_{Rc} > V_{Rp}$，即单台连续操作釜式反应器的体积大于连续操作管式反应器的有效体积。

图 6-2 中(b) 为同一反应达到同样的转化率使用多台串联连续操作釜式反应器和连续操作管式反应器的比较。按下式

$$\tau_{ci} = \frac{V_{ci}}{V_0} = \frac{c_{A0}(x_{Ai} - x_{Ai-1})}{(-r_A)_i}$$

可得各个小矩形面积为 $\tau_{ci}/c_{A0} = \Delta x_{Ai}/(-r_A)_i$，其总面积之和要比单釜时的大矩形面积小得多，且串联釜数越多，需总反应器的体积越小。当串联釜数无限多时，则和连续操作管式反应器体积相同。因为每釜之间没有返混，从最前面第一釜开始，各釜中的反应物浓度和反应速率由高到低，最后达到要求的转化率，这就是生产中为何采用多釜串联反应器的主要原因之一。

6.1.3 组合反应器的优化

前面介绍了在多台体积相同的连续操作釜式反应器串联时，完成同一个反应 τ_c/τ_p 值随着釜数的增加而减少，即总有效体积 V_{Rc} 变小。如果使用同样的釜数串联，达到相同的最终转化率，在各釜大小不同时，则其总需有效体积是不同的，因此有必要讨论有关多釜串联连续操作釜式反应器组合的优化问题。

6.1.3.1 多釜串联连续操作釜式反应器的优化

不同大小的多只连续操作釜式反应器串联操作时，若最终转化率已经给

定，如何确定其最优组合？先介绍只有两只反应釜串联的情况。

图 6-3 表示的关系是两个反应器的交替排列，两者都达到相同的最终转化率，设法使体积最小，应选最优的 x_{A1}，也就是确定图上 B 点的位置，使矩形 $ABCD$ 的面积最大。只有当 B 点正好处于曲线上斜率等于矩形对角线 AC 的斜率时矩形面积为最大。一般来说，对于 $n>0$ 的幂指数函数的动力学，总是正好有一个"最优点"，如图 6-4 所示。

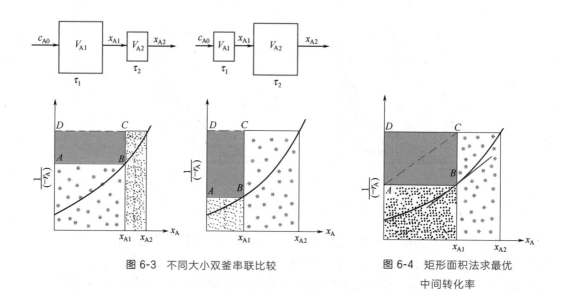

图 6-3 不同大小双釜串联比较　　　图 6-4 矩形面积法求最优
中间转化率

对于"最优点"x_{A1}，也可用计算法直接求取。按多只串联连续操作釜式反应器计算公式得

$$\tau_1 = \frac{c_{A0} x_{A1}}{(-r_A)_1}$$

$$\tau_2 = \frac{c_{A0}(x_{A2} - x_{A1})}{(-r_A)_2}$$

当两釜串联时，两釜中的总停留时间等于两釜各自停留时间之和，即

$$\tau = \tau_1 + \tau_2 = \frac{c_{A0} x_{A1}}{(-r_A)_1} + \frac{c_{A0}(x_{A2} - x_{A1})}{(-r_A)_2}$$

$$= \frac{c_{A0} x_{A1}}{k_1 f(x_{A1})} + \frac{c_{A0}(x_{A2} - x_{A1})}{k_2 f(x_{A2})}$$

对于两釜串联中进行一级不可逆反应，且两釜反应温度相同时，令 $\dfrac{d\tau}{dx_{A1}} = 0$，得

$$x_{A1} = 1 - (1 - x_{A2})^{1/2}$$

可见，对于一级反应，各釜大小相同时是最优的。对于反应级数 $n \neq 1$，$n>0$ 时较小的反应器在前面，而对于 $n<0$ 应先用较大的反应器。不同的情况应具体分析计算。

【例 6-1】 在两台串联的连续操作釜式反应器中进行二级不可逆恒温液相反应：$A \longrightarrow P$，反应速率方程为 $(-r_A) = kc_A^2$，$k = 9.92\text{m}^3/(\text{kmol} \cdot \text{s})$，$V_0 = 0.287\text{m}^3/\text{s}$，$c_{A0} = 0.08\text{kmol/m}^3$，$x_{A2} = 0.875$。求：（1）反应器最小总有效体积；（2）两釜体积大小相等时总有效体积。

解 （1）反应器最小总有效体积

由
$$\tau = \tau_1 + \tau_2 = \frac{c_{A0} x_{A1}}{kc_{A0}^2 (1 - x_{A1})^2} + \frac{c_{A0}(x_{A2} - x_{A1})}{kc_{A0}^2 (1 - x_{A2})^2}$$

取 $d\tau/dx_{A1} = 0$，得
$$\frac{1 + x_{A1}}{(1 - x_{A1})^3} = \frac{1}{(1 - x_{A2})^2}$$

以 $x_{A2} = 0.875$ 代入上式，化简得
$$x_{A1} = 1 - \left(\frac{1 + x_{A1}}{64}\right)^{1/3}$$

用迭代法求得
$$x_{A1} = 0.7015$$

则
$$V_{R1} = \frac{V_0 x_{A1}}{kc_{A0}(1 - x_{A1})^2} = \frac{0.278 \times 0.7015}{9.92 \times 0.08 \times (1 - 0.7015)^2} = 2.76\text{m}^3$$

$$V_{R2} = \frac{V_0 (x_{A2} - x_{A1})}{kc_{A0}(1 - x_{A2})^2} = \frac{0.278 \times (0.875 - 0.7015)}{9.92 \times 0.08 \times (1 - 0.875)^2} = 3.89\text{m}^3$$

$$V_{Rc} = V_{R1} + V_{R2} = 6.65\text{m}^3$$

（2）两釜体积大小相等时 $V_{R1} = V_{R2}$，则

$$\frac{V_0 x_{A1}}{kc_{A0}(1 - x_{A1})^2} = \frac{V_0 (x_{A2} - x_{A1})}{kc_{A0}(1 - x_{A2})^2}$$

用试差法解得
$$x_{A1} = 0.725, \quad V_{R1} = V_{R2} = 3.36\text{m}^3, \quad V_{Rc} = V_{R1} + V_{R2} = 6.72\text{m}^3$$

上面两种情况计算结果比较，总需体积相差很小，取两釜体积相等为宜，即每釜都为 3.36m^3。

6.1.3.2 自催化反应过程的优化

自催化反应是指反应产物本身具有催化作用，能加速反应速率的反应过程。如生化反应的发酵、废水生化处理都具有自催化反应特征。自催化反应表示为 $A + P \longrightarrow P + P$，其反应速率方程表示为

$$(-r_A) = kc_A c_P \tag{6-7}$$

微课
自催化反应的
优化

严格地讲，对于自催化反应，如果原料中一点也不存在产物时，反应速率应为零，反应不能进行，通常情况下则将少量反应产物加入原料中。

在反应初期，虽然反应物 A 的浓度高，但此时作为催化剂的反应产物 P 的浓度很低，所以反应速率较低。随着反应的进行，反应产物 P 的浓度逐渐增加，反应速率加快。在反应后期，虽然产物 P 的浓度很高，但因反应物 A 的消耗，其浓度大大降低，此时反应速率又下降。由此可见，自催化反应过

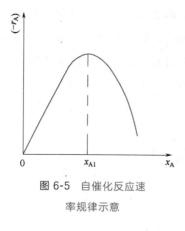

图 6-5　自催化反应速
率规律示意

程的基本特征是存在一个最大反应速率点，如图 6-5 所示。自催化反应虽然有其独特的反应速率特征，但它在反应器中反应结果仍然可以用简单反应的处理方法进行计算。

根据自催化反应存在最大反应速率点的特征，在反应器选型时，根据不同转化率的要求选用不同的反应器及其组合类型，以减小反应器体积。下面以图解法进行讨论。如图 6-6 所示，以 x_A 对 $1/(-r_A)$ 作图。如果自催化反应所要求转化率小于或等于 x_{A1}，如图 6-6(a)所示，为达到相同转化率，连续操作釜式反应器显然比连续操作管式反应器体积要小，表明返混是有利因素，因为返混导致反应器内产物和原料相混合，使低转化率时反应器内也有较高的产物浓度，得到较高的反应速率。相反，当要求最终转化率较高时，如图 6-6(b)所示，返混则导致整个反应器处于低的原料浓度，反应速率很低，所以，为达到相同转化率，连续操作釜式反应器所需体积将大于连续操作管式反应器。当反应处于中等转化率时。如图 6-6(c)所示，则两类反应器无多大差别。

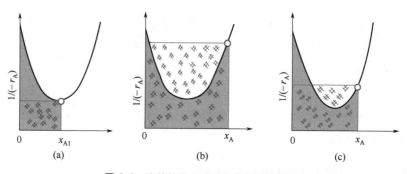

图 6-6　连续操作釜式反应器和连续操作
管式反应器用于自催化反应性能比较

为了使反应器总体积最小，可选用一个连续操作釜式反应器，使反应器保持在最高速率点处进行反应是有利的。为了使反应原料得到充分利用，达到较高的转化率，可以在连续操作釜式反应器后串联一个连续操作管式反应器来达到高转化率要求。这里的最优反应器组合是先用一个连续操作釜式反应器，控制在最大速率点处操作，然后接一个连续操作管式反应器，达到高转化率，以充分利用原料，其组合如图 6-7(a)所示。也可以在连续操作釜式反应器出口接一个分离装置，将反应出口物料分离产物后原料返回反应器。其最优组合为一个连续操作釜式反应器后接一个分离装置，连续操作釜式反应器控制在最大速率点处操作，如图 6-7(b)所示。

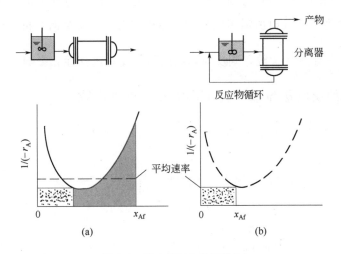

图 6-7　反应器组合的最优化

6.2　复杂反应选择性比较

复杂反应的种类很多，其基本反应是平行反应和连串反应，由平行反应和连串反应形成更复杂的反应。在选择反应器类型和操作方法时，对复杂反应过程必须考虑反应的选择性问题。

6.2.1　平行反应

6.2.1.1　反应为一种反应物生成一种主产物和一种副产物

$$A \diagdown \begin{matrix} \xrightarrow{k_1} R \text{ 主产物} \\ \xrightarrow{k_2} S \text{ 副产物} \end{matrix}$$

此类平行反应得到较多目的产物 R 所应采用的反应器类型和操作方式，可通过动力学分析。它们的反应动力学方程为

$$r_R = \frac{dc_R}{d\tau} = k_1 c_A^{\alpha_1}, \quad r_S = \frac{dc_S}{d\tau} = k_2 c_A^{\alpha_2}$$

定义选择性
$$S_P = \frac{r_R}{r_S} = \frac{k_1}{k_2} c_A^{\alpha_1 - \alpha_2} \tag{6-8}$$

可见，增大 r_R / r_S 可以增大反应的选择性，亦即得到较多的 R。因为在一定反应系统和温度时 k_1、k_2、α_1、α_2 均为常数，故只要调节反应物浓度 c_A，就可得到较大的 r_R / r_S 值。由式(6-8) 可得以下结论。

① 当 $\alpha_1 > \alpha_2$ 时，提高反应物浓度 c_A 则可使 r_R / r_S 增大。因为连续操作管式反应器内反应物的浓度较连续操作釜式反应器为高，故适宜于采用连续操作管式反应器，次则采用间歇釜式反应器或连续操作多釜串联反应器。

② 当 $\alpha_1 < \alpha_2$ 时，降低反应物浓度 c_A 则可使 r_R/r_S 增大。为此，适宜于采用连续操作釜式反应器。但在完成相同生产任务时所需釜式反应器体积较大。故需全面分析，再作选择。

③ $\alpha_1 = \alpha_2$ 时，$S_P = \dfrac{r_R}{r_S} = \dfrac{k_1}{k_2} = $ 常数，则反应物浓度的改变对选择性无影响。

6.2.1.2 反应为两种反应物生成一种主产物和一种副产物

$$A + B \xrightarrow{k_1} R \text{ 主产物}, \quad A + B \xrightarrow{k_2} S \text{ 副产物}$$

它们的动力学方程分别为

$$r_R = k_1 c_A^{\alpha_1} c_B^{\beta_1}, \quad r_S = k_2 c_A^{\alpha_2} c_B^{\beta_2}$$

则反应的选择性 S_P 为

$$S_P = \frac{r_R}{r_S} = \frac{k_1}{k_2} c_A^{\alpha_1 - \alpha_2} c_B^{\beta_1 - \beta_2} \tag{6-9}$$

为了使选择性亦即 r_R/r_S 比值为最大，对各种所希望的反应物浓度的高、低或高-低结合完全取决于竞争反应的动力学。这些浓度的控制可以按进料方式和反应器类型调整。表 6-1 和表 6-2 表示了存在两个反应物的平行反应在间歇和连续操作时保持竞争浓度使之适应竞争反应动力学要求的情况。

表 6-1 间歇操作时不同竞争反应动力学下的操作方式

动力学特点	$\alpha_1 > \alpha_2, \beta_1 > \beta_2$	$\alpha_1 < \alpha_2, \beta_1 < \beta_2$	$\alpha_1 > \alpha_2, \beta_1 < \beta_2$
控制浓度要求	应使 c_A、c_B 都高	应使 c_A、c_B 都低	应使 c_A 高、c_B 低
操作示意图			
加料方法	瞬间加入所有的 A 和 B	缓缓加入 A 和 B	先把全部 A 加入，然后缓缓加 B

表 6-2 连续操作时不同竞争反应动力学下的操作方式其浓度分布

动力学特点	$\alpha_1 > \alpha_2, \beta_1 > \beta_2$	$\alpha_1 < \alpha_2, \beta_1 < \beta_2$	$\alpha_1 > \alpha_2, \beta_1 < \beta_2$
控制浓度要求	应使 c_A、c_B 都高	应使 c_A、c_B 都低	应使 c_A 高、c_B 低
操作示意图			
浓度分布图			

6.2.2　连串反应

连串反应情况更为复杂，在此只讨论一级连串反应。对于连串反应

$$A \xrightarrow{k_1} R \xrightarrow{k_2} S$$

它们的动力学方程为

$$r_R = \frac{dc_R}{d\tau} = k_1 c_A - k_2 c_R, \qquad r_S = \frac{dc_S}{d\tau} = k_2 c_R$$

则反应的选择性 S_P 为

$$S_P = \frac{r_R}{r_S} = \frac{k_1 c_A - k_2 c_R}{k_2 c_R} \tag{6-10}$$

由式(6-10)可知：如 R 为目的产物，当 k_1、k_2 一定时，为使选择性 S_P 提高，即为使 r_R/r_S 比值增大，应使 c_A 高 c_R 低，适宜于采用连续操作管式反应器、间歇操作釜式反应器和连续多釜串联反应器；反之，若 S 为目的产物，则应 c_A 低 c_R 高，适宜于采用连续操作釜式反应器。但应注意：连串反应 R 生成的增加有利于 S 的生成(特别是 $k_1 \ll k_2$ 时)的特点，故以 R 为目的产物时，应保持较低的单程转化率。当 $k_1 \gg k_2$ 时，可保持较高的反应转化率，这样可使选择性降低较少，但反应后的分离负荷却可以大为减轻，如图 6-8 所示。由图可以看到：

① 连续操作管式反应的选择性高于连续操作釜式反应器；

② 连串反应的选择性随反应转化率的增大而下降；

③ 选择性与速率常数比值 k_2/k_1 密切相关，比值 k_2/k_1 越大，其选择性随转化率的增加而下降的趋势越严重。

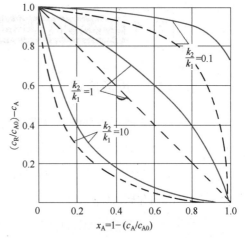

图 6-8　连续操作管式和釜式反应器选择性比较
—— 连续操作管式反应器；—— 连续操作釜式反应器

根据以上分析可以知道，连串反应转化率的控制十分重要，不能盲目追求反应的高转化率。在工业生产上经常使反应在低转化率下操作，以获得较高的选择性。而把未反应的原料经分离后返回反应器循环使用，此时应以反应-分离系统的优化经济目标来确定最适宜的反应转化率。

6.2.3　复合复杂反应

复合复杂反应如下所示

$$A + B \xrightarrow{k_1} R$$

$$R + B \xrightarrow{k_2} S$$

$$A \xrightarrow{k_3} R \xrightarrow{k_4} S$$

上式即为典型的复合复杂反应。此反应中，对 B 而言是平行反应，对 A、R、S 而言则为连串反应。在处理复合复杂反应时，应根据具体情况分别处理。如果以解决 B 的转化率为主时，把复合复杂反应以平行反应处理；如果以解决 A 的转化率为主时，以连串反应处理。

工作任务

对 2-巯基苯并噻唑生产用间歇操作釜式反应器进行操作与控制。

技术理论

以 2-巯基苯并噻唑的生产为例进行常压间歇釜式反应器的操作与控制。

7.1 工艺流程简述

7.1.1 反应原理

2-巯基苯并噻唑是橡胶制品硫化促进剂 DM（2,2'-二硫代二苯并噻唑）的中间产物，它本身也是硫化促进剂，但活性不如 DM。

反应工序共有三种原料：多硫化钠（Na_2S_n）、邻硝基氯苯（$C_6H_4ClNO_2$）及二硫化碳（CS_2）。

主反应：$2C_6H_4CNO_2 + Na_2S_n \longrightarrow C_{12}H_8N_2S_2O_4 + 2NaCl + (n-2)S \downarrow$

$$C_{12}H_8N_2S_2O_4 + 2CS_2 + 2H_2O + 3Na_2S_n \longrightarrow$$

$$2C_7H_4NS_2Na + 2H_2S \uparrow + 3Na_2S_2O_3 + (3n+4)S \downarrow$$

副反应：$C_6H_4CNO_2 + Na_2S_n + H_2O \longrightarrow C_6H_6NCl + Na_2S_2O_3 + S \downarrow$

主反应的活化能比副反应的活化能高，升温更利于反应收率。在 90℃时，主反应和副反应的反应速率比较接近，因此，要尽量延长反应温度在 90℃以上时的时间，以获得更多的主反应产物。

7.1.2 工艺流程

生产工艺流程如图 7-1 所示，来自备料工序的 CS_2、$C_6H_4ClNO_2$、Na_2S_n 分别注入计量罐及沉淀罐中，经计量沉淀后利用位差及离心泵压入反应釜中，釜温由夹套中的蒸汽、冷却水及蛇管中的冷却水控制，通过控制反应釜温度来控制反应速率及副反应速率，以获得较高的收率及确保反应过程安全。

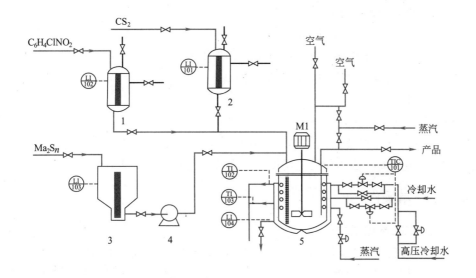

图 7-1　2-巯基苯并噻唑生产工艺流程图

1—邻硝基氯苯计量罐；2—二硫化碳计量罐；3—多硫化钠沉淀罐；4—离心泵；5—间歇反应釜

任务实施

7.2 常压间歇釜式反应器的操作与控制

7.2.1 开车

(1) 备料

① 向 Na_2S_n 沉淀罐进料：打开 Na_2S_n 沉淀罐进料阀，向 Na_2S_n 沉淀罐充液；当 Na_2S_n 沉淀罐液位至规定液位后关闭进料阀；静置数小时备用。

② 向 CS_2 计量罐进料：打开 CS_2 计量罐放空阀和 CS_2 计量罐溢流阀；打开 CS_2 计量罐进料阀，向 CS_2 计量罐充液，出现溢流后关闭进料阀和溢流阀。

③ 向邻硝基氯苯计量罐进料：打开邻硝基氯苯计量罐放空阀；打开邻硝基氯苯计量罐溢流阀；打开邻硝基氯苯计量罐进料阀，向邻硝基氯苯计量罐充液，出现溢流后关闭进料阀和溢流阀。

(2) 进料

① 微开反应釜放空阀。

② 从 Na_2S_n 沉淀罐向反应釜进料：打开泵前阀，向进料泵充液；打开进料泵，打开泵后阀，向反应釜进料；当 Na_2S_n 沉淀罐的液位小于规定值后停止进料；关泵后阀，关泵，关泵前阀。

③ 从 CS_2 计量罐向反应釜进料：打开 CS_2 计量罐进反应釜的进料阀，向

反应釜进料,进料完毕后关闭进料阀。

④ 从邻硝基氯苯计量罐向反应釜中进料:打开邻硝基氯苯计量罐进反应釜的进料阀,向反应釜进料,进料完毕后关闭进料阀。

⑤ 关闭反应釜放空阀,打开联锁控制。

(3)开车

① 开启反应釜搅拌电机。

② 适当打开夹套蒸汽加热阀,观察反应釜内温度和压力上升情况,控制适当的升温速度,逐渐使反应温度、压力等工艺指标达到正常值。

7.2.2 正常操作

(1)工艺参数要求

① 反应釜中压力不大于 8atm(注:1atm=101325Pa,下同)。

② 冷却水出口温度不小于 60℃,如小于 60℃易使硫在反应釜壁和蛇管表面结晶,使传热不畅。

(2)主要工艺生产指标的调整方法

① 温度调节　操作过程中以温度为主要调节对象,以压力为辅助调节对象。升温慢会引起副反应速率大于主反应速率的时间段过长,因而引起反应的产率低;升温快则容易反应失控。

② 压力调节　压力调节主要是通过调节温度实现的,但在超温时可以微开放空阀,使压力降低,以达到安全生产的目的。

③ 收率　由于在 90℃以下时副反应速率大于正反应速率,因此在安全的前提下快速升温是高收率的保证。

(3)反应过程控制

① 当温度升至 55~65℃时关闭夹套蒸汽加热阀,停止通蒸汽加热。

② 当温度升至 70~80℃时微开冷却水阀,控制升温速度。

③ 当温度升至 110℃以上时,是反应剧烈的阶段,应小心加以控制,防止超温。当温度难以控制时,打开高压冷却水阀并可关闭搅拌器以使反应降速。当压力过高时,可微开反应釜放空阀以降低气压,但放空会使 CS_2 损失,污染大气。

④ 反应温度大于 128℃时,相当于压力超过 8atm,已处于事故状态,联锁启动(开高压冷却水阀,关搅拌器,关加热蒸汽阀)。

⑤ 压力超过 15atm(相当于温度大于 160℃),反应釜安全阀作用。

7.2.3 停车

在冷却水量很小的情况下,反应釜的温度下降仍较快,则说明反应接近尾声,可以进行停车出料操作。

① 打开反应釜放空阀,放掉釜内残存的可燃气体,然后关闭放空阀。

② 打开蒸汽总阀,打开蒸汽加压阀给釜内升压,使釜内气压高于 4atm。

③ 打开蒸汽预热阀片刻。

④ 打开反应釜出料阀门出料，出料完毕后进行吹扫，然后关闭出料阀，关闭蒸汽阀。

7.3 2-巯基苯并噻唑用反应釜常见异常现象及处理

2-巯基苯并噻唑的生产中常见异常现象及处理方法见表7-1。

▷ 动画

间歇釜常见异常
现象及处理方法

表 7-1　2-巯基苯并噻唑的生产中常见异常现象及处理方法

序号	异常现象	产生原因	处理方法
1	温度大于 128℃（气压大于 8atm）	反应釜超温（超压）	①开大冷却水，打开高压冷却水阀；②关闭搅拌器，使反应速率下降；③如果气压超过 12atm，打开反应釜放空阀
2	反应速率逐渐下降为低值，产物浓度变化缓慢	搅拌器坏	停止操作，出料维修
3	开大冷却水阀对控制反应釜温度无作用，且出口温度稳步上升	蛇管冷却水阀卡	开冷却水旁路阀调节
4	出料时，内气压较高，但釜内液位下降很慢	出料管硫黄结晶，堵住出料管	开出料预热蒸汽阀吹扫，拆下出料管用火烧化硫黄，或更换管段及阀门
5	温度显示置零	测温电阻连线断	改用压力显示对反应进行调节（调节冷却水用量）：①升温至压力为 0.3～0.75atm 停止加热②压力为 1.0～1.6atm 开始通冷却水③压力 3.5～4atm 以上为反应剧烈阶段④压力大于 7atm，相当于温度大于 128℃处于故障状态⑤压力大于 10atm，反应器联锁起动⑥压力大于 15atm，反应器安全阀起动（以上压力均为表压）

工作任务

对高压加氢间歇操作釜式反应器进行操作与控制。

实践操作

以治疗血吸虫病的药物中间体的生产为例进行高压间歇釜式反应器的操作与控制。

8.1 原理及流程简述

8.1.1 反应原理

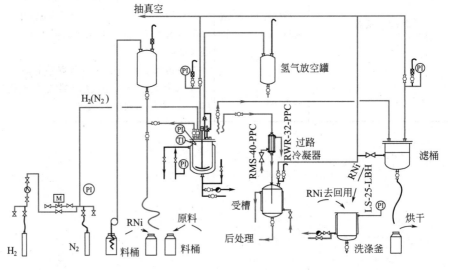

8.1.2 流程简述

生产工艺流程如图 8-1 所示，将原料环化物、溶剂醋酸乙酯、催化剂雷尼

图 8-1 高压加氢反应工艺流程图

镍（RNi）加入高压釜中，用氮气置换，然后通入 4～5MPa 的氢气，水浴加热，反应 8～9h 后降温、卸压，含氢化物的上层清液去后处理工序，真空抽滤下层雷尼镍，滤液与上层清液合并，雷尼镍洗涤后回用。

任务实施

8.2 高压间歇釜式反应器操作与控制

8.2.1 开车前的准备

(1) 雷尼镍的制备

① 在搪瓷桶内投入称量好的片碱及称量好的蒸馏水，沉淀 30min。

② 往反应釜中小心地抽入配好的碱液，同时夹套开水冷却，搅拌 15min 左右。

③ 夹套水浴加热，当温度升至 45℃时，缓慢均匀地加 60～80 目铝镍合金，加料温度维持 48～54℃之间，5h 左右加完铝镍合金。

④ 加料毕，水浴升温至 75～80℃，保温 4h。

⑤ 保温毕，水冷却至 65～70℃放料。

⑥ 将反应好的料放入搪瓷桶内，用倾泻法分出上层废液，再用温水递降洗涤，直至 pH 值中性为止。

⑦ 用冷水洗涤计量装入塑料桶盖紧，水封。

雷尼镍的制备操作要点如下。

① 碱度、温度及铝镍合金目数与雷尼镍的活性与安全密切有关，故对配料量、操作温度等均应严格按规定控制。

② 铝镍合金与碱的反应是剧烈的放热反应，加料时应严格遵守缓慢、均匀、逐渐，不可一下子加入过多，以防冲料。

③ 加铝镍合金的后阶段放热量会随之减少，应适应关小冷却水，以防反应温度过低。

④ 热水洗的水温不能低于规定温度，否则将会使铝酸钠盐析出，造成洗涤困难。

⑤ 干燥的雷尼镍遇空气会立即自燃，故在放料水时要注意将釜壁上及桶壁上沾有的雷尼镍冲洗干净，以防雷尼镍干燥后自燃产生明火。

⑥ 雷尼镍存放时间不能过长（在<20℃下，可储存 1 周），否则将影响雷尼镍的活性。

(2) 雷尼镍的活化操作

① 将配好的 2% NaOH 溶液盛于搪瓷桶内，再将配好的纯化水放入含有雷尼镍的桶内（先倒出料桶中上层浸泡水），一起真空抽入搪玻璃反应釜。

② 搅拌下夹套蒸汽缓慢加热，待内温升至 75～80℃左右，停止升温，搅拌下保温 2h。

③ 保温毕，搅拌下趁热将雷尼镍和碱溶液放入搪瓷桶内，待分层沉淀后（约 10min）上层溶液倾斜倒出。

④ 把预先在釜中已加热到 65～70℃的蒸馏水，以 1：3 配比放入盛雷尼镍搪瓷桶内进行梯降洗涤数次，洗涤时必须充分搅拌。

⑤ 经数次温洗后，再以蒸馏水洗涤，重复上述操作多次至 pH 呈中性。每次洗涤沉淀时间约 10min，必须洗涤至蒸馏水澄清，切勿把雷尼镍带出。

⑥ 工业乙醇处理　纯化洗涤后的雷尼镍倒出水分，用工业乙醇以 1：2 配比洗涤交换出水分。应充分搅和，不使雷尼镍沉于底部。搅和后进行沉淀，再倾斜倒出含水乙醇。按此法用工业乙醇洗涤三次。

⑦ 无水乙醇洗涤　按工业乙醇处理方法进行，分三次以上洗涤，经洗涤后乙醇含量要达 96％以上，以确保雷尼镍中含水量达到最低限度。

⑧ 处理完毕的雷尼镍，按配比投料量配好盛于搪瓷桶内。投料前必须转移到醋酸乙酯溶剂中，待投料之用。

8.2.2　开车

(1) 投料

① 将称量好的加成物倒入一定量的醋酸乙烯酯中搅和后，真空抽入高压釜中。

② 以真空吸入法将浸泡在醋酸乙烯酯中雷尼镍抽进釜中，边抽边以少量醋酸乙酯浇洗粘在搪瓷桶壁上的雷尼镍，直至抽尽，再以醋酸乙酯抽洗投料管道，防止雷尼镍残留而燃烧。

③ 封进料口，用精白纱溅上醋酸乙酯仔细抹净球面的杂质，再拧紧封口。

(2) 排除空气

① 先开 N_2 进气阀，然后开釜盖上排气阀，充 N_2 1MPa 连续两次洗涤空气。

② N_2 洗涤空气两次后，关闭控制室 N_2 进气阀，打开 H_2 进气阀，用 H_2 洗涤空气四次，每次 1MPa。

(3) 复查检漏与启动搅拌

① H_2 洗涤空气四次后，充入 4～5MPa H_2 压力于釜中，关闭排气阀，用肥皂水进行查漏，检查釜盖上各部接触点是否漏气，包括轴封、排气口等接触部分。

② 检查完毕，开启搅拌轴封冷却水，开启搅拌。

8.2.3　正常操作

(1) 升温

① 搅拌下，夹套水浴加热（应先放掉存水），水浴加热时应做到缓慢加热逐渐上升。

② 当外温升到 100℃左右，内温升到 70℃左右，开始吸 H_2 反应。

③ 在吸 H_2 反应过程中，有放热现象，温度上升较快，注意调小或关闭蒸汽加热。

（2）保温

① 当内温升到 90℃ 时，开始保温反应。

② H_2 压力自保温始应保持 4～5MPa，温度严格控制在 96℃±2℃，严禁超过 100℃。

③ 自保温始每批反应时间控制在 8～9h，注意观察吸 H_2 情况，特殊情况及时采取措施。

8.2.4 正常停车

（1）降温

① 保温反应结束后，关闭蒸汽阀与釜底出气阀。

② 夹套改用自来水冷却，外温在 60～65℃ 之间，关自来水，待内温和外温冷热交换均匀后，内温在 60～65℃ 之间，停止搅拌，静置 30min 分层。

③ 若外温过低，内温未达到出料温度，外温应稍加热，使外温回升，保持在 60～65℃ 之间，防止过冷析出结晶体。

（2）放气出料

① 内温保持在 60～65℃ 之间，小心打开釜盖上放气阀，关 H_2 进气阀，排除釜内余氢压力，放光为止。

② 再充入 1MPa N_2 洗涤二次。注意放气时切勿过快，以防压力过高，冲出加成物和液体，其中还残留有雷尼镍粉，会堵塞针型阀与通气管道。

（3）松盖排气

① 小心稍开釜上出料口，让釜内少量余压跑尽，切勿过快。

② 压力跑尽后，打开料口。

（4）通 N_2 吸料

① 料口打开后，立即通入小流量 N_2，防止空气进入而燃烧。

② 打开过路冷凝器中的冷冻盐水，以防吸料时醋酸乙酯被抽入缓冲罐中。

③ 滤缸用蒸汽预热，防止过滤时结出固体，同时在滤缸内铺好滤袋。

④ 插入塑料管，真空吸出釜内经沉淀后的上层氢化液入滤桶内过滤。

（5）过滤防燃

① 过滤时密切注意切不可抽干，让溶剂保持湿润状态，滤袋壁上的雷尼镍粉末用料液冲洗下去，防止雷尼镍自燃而引起溶剂燃烧。

② 料液出尽后，关 N_2。真空吸入法抽进下批反应物料时滤缸内可充入小流量的 N_2 以防燃烧。

（6）出活性镍操作

待一轮雷尼镍反应完毕（即氢化 20 批），需将雷尼镍全部出清，其操作过程可用两种方法。

方法一

① 抽料加热　第 20 批反应氢化液抽出过滤后，关 N_2；真空下将醋酸乙酯抽入釜内，盖料口，开搅拌（此时釜内开进少量 N_2）；夹套水浴加热，内温达60℃ 左右，搅拌数分钟。

② 通 N_2 出料　放去 N_2，打开料口，再充入微量 N_2 保护下，真空下将液体与镍粉一并抽出，倾泻于搪瓷桶内；沉淀后上层液再抽入釜内，洗涤尚未全部抽出的镍粉末（在出洗涤液时也必须开小流量 N_2），防止空气进入而燃烧，尽量将釜内镍出尽。

③ 过滤防燃　在出镍过滤时切勿滤干，保持湿润状态，滤袋壁用料液冲洗至液体中，滤饼将近干时，以少量醋酸乙酯洗一次。镍经过滤或沉淀后置于搪瓷桶内，放入水中。

方法二

① 在出第 20 批料液时，继续搅拌。

② 做好一切抽料准备后，开启釜盖盖头，再停搅拌。

③ 通小流量 N_2，立即伸入抽料管到底部同时进行出料液及出镍粉的操作，将镍一并抽入滤缸内。

④ 待氢化液滤干后，及时将滤袋放入预先准备好的搪瓷桶内，覆上盖子，随即将其倒入水缸之中，过滤防燃措施同前。

 知识拓展

釜式反应器调试与验收

一、试车前准备

① 设备检修记录齐全，新装设备及更换的零部件均应有质量合格证。

② 按检修计划任务书检查计划完成情况，并详细复查检修质量，做到工完料净场地清、零部件完整无缺、螺栓牢固。

③ 检查润滑系统、水冷却系统畅通无阻。

④ 检查电动机，主轴转向应符合设计规定。

二、试车

① 转动轻快自如，各部位润滑良好。

② 机械传动部分应无异常杂音。

③ 搅拌器与设备内加热蛇管、压料管、温度计套管与部件应无碰撞。

④ 釜内的衬里不渗漏、不鼓包；内蛇管、压料管、温度计套管牢固可靠。

⑤ 电动机、减速机温度正常，滚动轴承温度应不超过 70℃，滑动轴承温度应不超过 65℃。

⑥ 密封可靠，泄漏符合要求；密封处的摆动量不应超过规定值。

⑦ 电流稳定，不超过额定值，各种仪表灵敏好用。

⑧ 空载试车后，应进行外加水试车 4～8h，加料试车应不少于一个反应周期。

三、验收

试车合格后按规定办理验收手续，移交生产。验收技术资料应包括：①检修质量及缺陷记录；②水压、气密性试验及液压试验记录；③主要零部件的无损检验报告；④更换零部件的清单；⑤结构、尺寸、材质变更的审批文件。

任务 ⑨　连续操作釜式反应器操作与控制

在线资源扫码使用

工作任务

对高密度低压聚乙烯生产用连续操作釜式反应器进行操作与控制。

技术理论

连续操作釜式反应器的操作与控制存在一个热稳定性的问题，在实际操作训练前，必须首先理解连续操作釜式反应器稳定操作的基本原理。

9.1 连续操作釜式反应器稳定操作

反应器的设计，不仅要确定反应器尺寸的大小，而且要考虑反应器的可操作性，尤其是对反应速率快、反应热效应大、温度敏感性强的化学反应过程，必须认真考虑。否则，反应器不仅不能正常运转，而且会导致反应温度剧烈波动，甚至失去控制，烧坏催化剂或发生冲料、爆炸等危险，给生产造成严重后果。因此，反应器可操作性是一个重要问题。影响反应器可操作性的首先是热稳定性。反应器的类型不同，热稳定性的特点也不同。

所谓热稳定性是指反应器本身对热的扰动有无自行恢复平衡的能力。当反应过程的放热或移热因素发生某些变化时，过程的温度等因素将产生一系列的波动，在干扰因素消除后，如果反应过程能恢复到原来的平衡状态，称为是热稳定性的，否则称为热不稳定性的。

9.1.1 连续操作釜式反应器的热量衡算式

为讨论热稳定性问题，首先对连续操作釜式反应器进行热量衡算，如图 9-1 所示。连续操作釜式反应器为一敞开物系，根据热力学第一定律，对于定态操作，其热量衡算式为

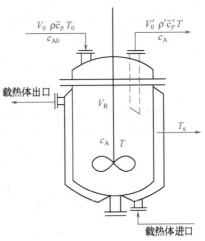

图 9-1 连续操作釜式反应器
热量衡算示意

$$\begin{bmatrix} \text{微元时间内进入} \\ \text{微元体积的物料} \\ \text{所带进的热量} \end{bmatrix} = \begin{bmatrix} \text{微元时间内离开} \\ \text{微元体积的物料} \\ \text{带走的热量} \end{bmatrix} - \begin{bmatrix} \text{微元时间微元} \\ \text{体积内由于反} \\ \text{应产生的热量} \end{bmatrix} + \begin{bmatrix} \text{微元时间微元} \\ \text{体积内传递全环境} \\ \text{或载热体的热量} \end{bmatrix} + \begin{bmatrix} \text{微元时间} \\ \text{微元体积} \\ \text{内热量的积累} \end{bmatrix}$$

$$V_0\rho\bar{c}_p(T_0-T_b)\Delta\tau \qquad V_0'\rho'\bar{c}_p'(T-T_b)\Delta\tau \qquad (-\Delta H_A)(-r_A)V_R\Delta\tau \qquad KA(T-T_s)\Delta\tau \qquad 0$$

即

$$V_0\rho\bar{c}_p(T_0-T_b)\Delta\tau - V_0'\rho'\bar{c}_p'(T-T_b)\Delta\tau +$$
$$(-r_A)V_R(-\Delta H_A)\Delta\tau - KA(T-T_s)\Delta\tau = 0$$

因为 $\qquad\qquad\qquad V_0\rho\bar{c}_p \approx V_0'\rho'\bar{c}_p'$

故 $\qquad -V_0\rho\bar{c}_p(T-T_0)+(-r_A)V_R(-\Delta H_A)-KA(T-T_s)=0$

上式整理得 $(-r_A)V_R(-\Delta H_A)=V_0\rho\bar{c}_p(T-T_0)+KA(T-T_s)$ （9-1）

式中，ρ 为反应釜进口物料密度，kg/m^3；ρ' 为反应釜出口物料密度，kg/m^3；$\bar{c}_p$ 为 $T_0\sim T_b$ 温度范围内物料的平均定压比热容，$kJ/(kg\cdot K)$；$\bar{c}_p'$ 为 $T\sim T_b$ 温度范围内物料的平均定压比热容，$kJ/(kg\cdot K)$；V_0' 为反应釜出口物料体积流量，m^3/h；T_b 为基准温度，K。

式(9-1) 左端为放热速率 $Q_\tau(kJ/h)$

$$Q_\tau=(-r_A)V_R(-\Delta H_A) \tag{9-2}$$

式(9-1) 右端为移热速率 $Q_c(kJ/h)$

$$Q_c=V_0\rho\bar{c}_p(T-T_0)+KA(T-T_s) \tag{9-3}$$

9.1.2 连续操作釜式反应器的热稳定性

以连续操作釜式反应器内进行的恒容一级不可逆放热反应为例，其反应速率为 $(-r_A)=kc_A$，则对反应物 A 的物料衡算式(2-22) 可改写为

$$c_A=\frac{c_{A0}}{1+k\bar{\tau}} \tag{9-4}$$

联立放热速率式、反应速率式和物料衡算式，可得

$$Q_\tau=(-\Delta H_A)V_R\frac{kc_{A0}}{1+k\bar{\tau}}=(-\Delta H_A)V_R\frac{F_{A0}k}{V_0(1+k\bar{\tau})}=\frac{k\bar{\tau}F_{A0}(-\Delta H_A)}{1+k\bar{\tau}}$$

$$\tag{9-5}$$

当反应系统及釜内物料转化率确定后，Q_τ 主要取决于反应速率常数 k，即取决于釜内反应物料的温度 T，由阿伦尼乌斯公式可知

$$k=A_0\exp\left(\frac{-E}{RT}\right)$$

则 $\qquad\qquad\qquad Q_\tau=\dfrac{F_{A0}\bar{\tau}\,(-\Delta H_A)A_0}{\exp\left(\dfrac{E}{RT}\right)+A_0\bar{\tau}}$ （9-6）

式(9-6) 为放热速率 Q_τ 与温度 T 的函数关系式。在 $Q\sim T$ 坐标图上为一条 S 形曲线，如图 9-2 所示，称为反应放热曲线。

在定常态下，单位时间反应放出热量应等于单位时间离开反应釜的物料带

出热量与夹套内载热体移出的热量之和，即式（9-3）的移热热速率 Q_c。将式（9-3）在 $Q \sim T$ 坐标图上可绘制一直线，但因参数值不同，直线有不同的斜率和截距，如图 9-2 中所示的 Q_{c1}、Q_{c2}、Q_{c3} 移热直线。若为绝热过程，式（9-3）右端第二项为零，即

$$Q_c = V_0 \rho \bar{c}_p (T - T_0) \qquad (9\text{-}7)$$

由图 9-2 可以看出，放热曲线与移热直线 Q_{c2} 的交点有 b、c、d，这三个交点均满足 $Q_\tau = Q_c$，即放热速率与移热速率相等，称为定常状态点。当反应过程中某些因素发生变化或受到干扰，釜温将升高或降低，操

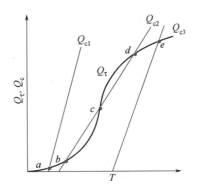

▷ 动画
连续操作釜式反应器的热稳定态示意图

图 9-2　连续操作釜式反应器的热稳定态示意图

作点则偏离定常状态点。对于 b 点（或 d 点），如果温度升高，则 $\dfrac{\mathrm{d}Q_c}{\mathrm{d}T} > \dfrac{\mathrm{d}Q_\tau}{\mathrm{d}T}$，可使釜温下降，恢复到 b 点（或 d 点），反之釜温下降，则 $\dfrac{\mathrm{d}Q_c}{\mathrm{d}T} < \dfrac{\mathrm{d}Q_\tau}{\mathrm{d}T}$，而使釜温上升恢复到 b 点（或 d 点），故此 b 点和 d 点为热稳定点。而在 c 点操作，外界稍有波动，如釜温升高，$\dfrac{\mathrm{d}Q_c}{\mathrm{d}T} < \dfrac{\mathrm{d}Q_\tau}{\mathrm{d}T}$，将使釜温继续升高至 d 点为止，反之则由于 $\dfrac{\mathrm{d}Q_c}{\mathrm{d}T} > \dfrac{\mathrm{d}Q_\tau}{\mathrm{d}T}$ 使釜温下降到 b 点为止，即在 c 点温度略有升降，系统均不能恢复到原来的热平衡状态，故此 c 点为热不稳定点。综上所述，定常状态稳定操作点必须具备两个条件，即定常状态 $Q_\tau = Q_c$，稳定条件为 $\dfrac{\mathrm{d}Q_c}{\mathrm{d}T} > \dfrac{\mathrm{d}Q_\tau}{\mathrm{d}T}$。

通常，反应釜操作既要维持其操作的稳定性，又希望在适宜的温度下加快反应速率、提高设备生产能力，因此将操作点控制在 d 点为宜。如在 a 点、b 点操作，虽满足热稳定条件，但反应温度偏低，反应速率慢，这是工业上不希望的；而在 e 点操作，反应速率虽然较高，物料的转化率也可提高，但是因为温度较高，副反应增多，收率下降，对热敏性物料也不利。

对于串联反应 $A \xrightarrow{\Delta H_1} R \xrightarrow{\Delta H_2} S$，当 R 为目的产物时，根据串联反应两步的热效应不同，可以有下述几种情况，如图 9-3 所示。其中（a）表示第一个反应为放热，第二个反应为吸热；（b）与（a）相反；（c）表示两个反应均为放热反应。对于（a）和（b），最好在低于 T_b 温度的稳定操作区间操作。对于（c），有五个定常态操作点。这种情况在乙烯聚合、烃类氧化反应中都能遇到。此时，操作点应选在 c 点。因为 a 点反应速率低，e 点操作得到的几乎全部是副产物。

吸热反应的 $Q_\tau (Q_c) \sim T$ 关系如图 9-4 所示。由于载热体温度高于反应系统温度，两条曲线只有一个交点，没有热稳定性问题。

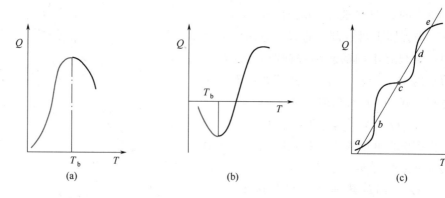

图 9-3 串联反应的 $Q_\tau(Q_c) \sim T$ 关系图

【**例 9-1**】 一级反应 A $\longrightarrow$ B 在一个容积为 $10 m^3$ 的连续操作釜式反应器中进行。进料中不含 B，反应物 A 的初始浓度 $c_{A0} = 5 kmol/m^3$，进料流量 $V_0 = 0.01 m^3/s$，反应热 $-\Delta H_A = 2 \times 10^4 kJ/kmol$，反应速率常数 $k = 10^3 \exp(-12000/T)$，溶液的密度 $\rho = 850 kg/m^3$，溶液的平均定压比热容 $\bar{c}_p = 2.2 kJ/(kg \cdot K)$（假定溶液的密度和比热容在整个反应过程中可视为恒定不变）。试计算在绝热稳态操作下进料温度为 300K 时的反应温度和转化率，并讨论是否存在不稳定的操作点。

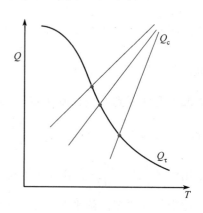

图 9-4 吸热反应的
$Q_\tau(Q_c) \sim T$ 关系图

解 首先在 $Q \sim T$ 坐标图上绘出放热速率曲线和移热速率曲线，因

$$F_{A0} = V_0 c_{A0} = 0.01 \times 5 = 5 \times 10^{-2} kmol/s$$

$$\bar{\tau} = \frac{V_R}{V_0} = \frac{10}{0.01} = 10^3 s$$

则

$$Q_\tau = \frac{F_{A0} \bar{\tau} (-\Delta H_A) A_0}{\exp\left(\frac{E}{RT}\right) + A_0 \bar{\tau}} = \frac{5 \times 10^{-2} \times 10^3 \times 2 \times 10^4 \times 10^{13}}{\exp\left(\frac{1200}{T}\right) + 10^{13} \times 10^3}$$

$$= \frac{10^3}{10^{-16} \exp\left(\frac{1200}{T}\right) + 1}$$

当进料温度为 300K 时，绝热操作下的移热速率式为

$$Q_c = V_0 \rho \bar{c}_p (T - T_0) = 0.01 \times 850 \times 2.2 \times (T - 300) = 18.7T - 5610 kJ/s$$

根据以上两式作 $Q_\tau(Q_c) \sim T$ 图，如图 9-5 所示。图中放热速率与移热速率曲线相交，有三个交点。其中交点 a、c 满足定常状态条件 $Q_\tau = Q_c$ 和稳定条件 $\frac{dQ_c}{dT} > \frac{dQ_\tau}{dT}$，是热稳定点，相应的反应温度为 304K 和 350K；b 点是热不稳定点。

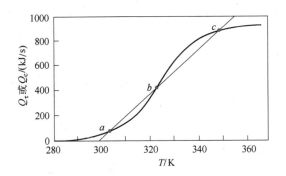

图 9-5 例 9-1 附图

计算反应温度下的转化率：

对于一级不可逆反应，由式（3-2）可得 $x_A = \dfrac{k\bar{\tau}}{1+k\bar{\tau}}$

当 $T=304K$ 时，$x_A = \dfrac{10^{13}\exp\left(\dfrac{-12000}{304}\right)\times 10^3}{1+10^{13}\exp\left(\dfrac{-12000}{304}\right)\times 10^3} = 0.067$

当 $T=350K$ 时，$x_A = \dfrac{10^{13}\exp\left(\dfrac{-12000}{350}\right)\times 10^3}{1+10^{13}\exp\left(\dfrac{-12000}{350}\right)\times 10^3} = 0.928$

所以，当进料温度为 300K 时，定常状态的热稳定操作点为 c 点，相应的反应温度为 350K，转化率为 92.8%。

9.1.3　操作参数对热稳定性的影响

改变反应器某些操作参数，会对热稳定性产生不同的影响。

9.1.3.1　进料温度的影响

改变连续操作釜式反应器的操作参数，如进料流量 V_0、进料温度 T_0、冷却介质温度 T_s、间壁冷却器冷却面积 A 与传热系数 K 等，都会对热稳定性产生影响。

其他参数不变，而逐渐改变进料温度 T_0（或冷却介质温度 T_s），则 Q_b 不变，Q_c 平行移动，如图 9-6 所示。图中相互平行的五条 Q_c 线，表示 5 个不同的进料温度（或冷却介质温度）的移热操作线。当进料温度逐渐提高而使 Q_c 线移至 D 时，它与 Q_b 线相交于点 4 和点 8，此时只要再略超过 D 线一点，反应器内温度就将骤增至点 8，这时只有一个定常态。根据这一特点，若反应所要

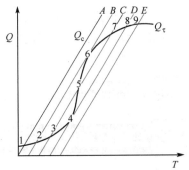

图 9-6　改变进口温度得到不同的操作状态

动画
改变进口温度得到
不同的操作状态

求的温度是点 8 处的温度，可以使反应器的开车操作沿 D 线迅速达到反应所要求的温度。故在 D 线时的进料温度一般称为着火温度或起燃温度，相应地称点 4 为着火点或起燃点。

相反，在反应器停车操作时，可逐渐降低 T_0，Q_c 线将沿 D、C、B、A 平行位移，如果没有较大的温度扰动，反应器内的定态操作温度沿点 9、点 8、点 7、点 6 变化。与上述的 D 线情况相似，在降温过程的 B 线也存在着从点 6 骤降至点 2 的现象。一般称 B 线的温度为熄火温度，点 6 称熄火点。在点 4 和点 6，反应器内出现一种非连续性的温度突变，故在点 4 和点 6 之间不可能获得稳定操作点。点 4 和点 6 分别是低温操作和高温操作的两个界限。

9.1.3.2　进料流量的影响

其他参数不变，仅改变进料流量 V_0，也即改变 F_{A0}。由放热速率计算式可得到不同的 S 型 Q_r 曲线，以及从移热速率计算式得到相应的不同斜率的移热直线 Q_c，如图 9-7 所示。当流量从小到大变化时，它们的位置依次为 A、B、C、D、E 等，其操作状态依次变为点 9、点 8、点 7、点 6。当流量稍微超过 D 线所示的量时，定态点立即下跌到点 2，反应被吹"熄"。同样，当流量由高到低变化时，依次得到点 1、点 2、点 3、…各定态点，而在点 4 出现着火现象。操作中，如果由于物料流量过大而发生熄火现象，可以一面提高进料的温度，同时减小流量，使系统重新点燃。

▶ 动画
改变进料流量对
反应器操作状态的
影响

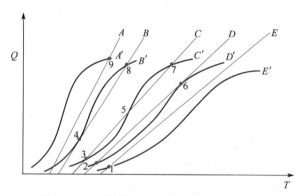

图 9-7　改变进料流量对反应器操作状态的影响

以上分析的进料温度和进料流量对反应器操作状态的影响，都是在有关反应器计算和操作时应该注意的问题。

🔍 **任务实施**

9.2　聚乙烯搅拌釜操作与控制

以下以图 9-8 所示的生产高密度低压聚乙烯的搅拌釜聚合系统为例进行连续操作釜式反应器的操作与控制。

9.2.1　工艺流程简述

如图 9-8 所示，乙烯、溶剂己烷以及催化剂、分子量调节剂等连续不断地加入反应器中，在一定的温度、压力条件下进行聚合，聚合热采用夹套及气体外循环、浆液外循环等方式除去，通过调节聚合条件精确控制聚合物的分子量及其分布，反应完成后聚合物浆液靠本身压力出料。

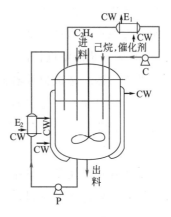

☆图 9-8　搅拌釜聚合系统示意图
C—循环风机；E—换热器；
P—循环泵；CW—冷却水

9.2.2　聚乙烯搅拌反应釜的操作与控制

（1）开车

首先，通入氮气对聚合系统进行试漏，氮气置换。检查转动设备的润滑情况。投运冷却水、蒸汽、热水、氮气、工厂风、仪表风、润滑油、密封油等系统。投运仪表、电气、安全联锁系统。往聚合釜中加入溶剂或液态聚合单体。当釜内液体淹没最低一层搅拌叶后，启动聚合釜搅拌器。继续往釜内加入溶剂或单体，至到达正常料位止。升温使釜温达到正常值。在升温的过程中，当温度达到某一规定值时，向釜内加入催化剂、单体、溶剂、分子量调节剂等，并同时控制聚合温度、压力、聚合釜料位等工艺指示，使之达正常值。

（2）聚合系统的操作

1）温度控制

聚合温度的控制对于聚合系统操作是最关键的。聚合温度的控制一般有如下三种方法。

① 通过夹套冷却水换热。

② 如图 9-8 所示，循环风机 C、气相换热器 E_1、聚合釜组成气相外循环系统。通过气相换热器 E_1 能够调节循环气体的温度，并使其中的易冷凝气相冷凝，冷凝液流回聚合釜，从而达到控制聚合温度的目的。

③ 浆液循环泵 P、浆液换热器 E_2 和聚合釜组成浆液外循环系统。通过浆液换热器 E_2 能够调节循环浆液的温度，从而达到控制聚合温度的目的。

2）压力控制

聚合温度恒定时，在聚合单体为气相时主要通过催化剂的加料量和聚合单体的加料量来控制聚合压力。如聚合单体为液相时，聚合釜压力主要决定单体的蒸气分压，也就是聚合温度。聚合釜气相中，不凝性惰性气体的含量过高是造成聚合釜压力超高的原因之一。此时需放火炬，以降低聚合釜的压力。

3）液位控制

聚合釜液位应该严格控制。一般聚合釜液位控制在 70％左右，通过聚合浆液的出料速率来控制。连续聚合时聚合釜必须有自动料位控制系统，以确保液位准确控制。液位控制过低，聚合产率低；液位控制过高，甚至满釜，就会造成聚合浆液进入换热器、风机等设备中，造成事故。

4）聚合浆液浓度控制

浆液过浓，造成搅拌器电机电流过高，引起超负载跳闸，停转，就会造成釜内聚合物结块，甚至引发飞温，爆聚事故。停搅拌是造成爆聚事故的主要原因之一。控制浆液浓度主要通过控制溶剂的加入量和聚合产率来实现。

(3) 停车

首先停进催化剂、单体，溶剂继续加入，维持聚合系统继续运行，在聚合反应停止后停进所有物料，卸料，停搅拌器和其他动设备，用氮气置换，置换合格后交检修。

(4) 高密度低压聚乙烯生产异常现象及处理方法

① 聚合温度失控　应立即停进催化剂、聚合单体，增加溶剂进料量，加大循环冷却水量，紧急放火炬泄压，向后系统排聚合浆液，并适时加入阻聚剂。

② 停搅拌事故　应立即加入阻聚剂，并采取其他相应的措施。

9.3　釜式反应器故障处理及维护要点

9.3.1　釜式反应器常见故障与处理方法

化工生产中搅拌釜式反应器最为常见的故障与处理方法见表 9-1。

▶ 动画

釜式反应器常见
故障与处理方法

表 9-1　釜式反应器常见故障与处理方法

序号	故障现象	故障原因	处理方法
1	壳体损坏（腐蚀、裂纹、透孔）	①受介质腐蚀(点蚀、晶间腐蚀) ②热应力影响产生裂纹或碱脆 ③受损变薄或均匀腐蚀	①用耐蚀材料衬里的壳体需重新修衬或局部补焊 ②焊接后要消除应力,产生裂纹要进行修补 ③超过设计最低的允许厚度需更换本体
2	超温超压	①仪表失灵,控制不严格 ②误操作;原料配比不当;产生剧热反应 ③因传热或搅拌性能不佳,发生副反应 ④进气阀失灵,进气压力过大、压力高	①检查、修复自控系统,严格执行操作规程 ②根据操作法紧急放压,按规定定量、定时投料,严防误操作 ③增加传热面积或清除结垢,改善传热效果;修复搅拌器,提高搅拌效率 ④关总气阀,切断气源,修理阀门

序号	故障现象	故障原因	处理方法
3	密封泄漏	填料密封 ①搅拌轴在填料处磨损或腐蚀,造成间隙过大 ②油环位置不当或油路堵塞,不能形成油封 ③压盖没压紧,填料质量差或使用过久 ④填料箱腐蚀(机械密封) ⑤动静环端面变形、碰伤 ⑥端面比压过大,摩擦产生热导致变形 ⑦密封圈选材不对,压紧力不够,或V形密封圈装反,失去密封性 ⑧轴线与静环端面垂直度误差过大 ⑨操作压力、温度不稳,硬颗粒进入摩擦副 ⑩轴窜量超过指标 ⑪镶装或粘接动、静环的镶缝泄漏	①更换或修补搅拌轴,并在机床上加工,保证表面粗糙度 ②调整油环位置,清洗油路 ③压紧填料或更换填料 ④修补或更换 ⑤更换摩擦副或重新研磨 ⑥调整比压要合适,加强冷却系统,及时带走热量 ⑦密封圈选材、安装要合理,要有足够的压紧力 ⑧停车,重新找正,保证垂直度误差小于0.5mm ⑨严格控制工艺指标,颗粒及结晶物不能进入摩擦副 ⑩调整、检修,使轴的窜量达到标准 ⑪改进安装工艺,或过盈量要适当,或粘接剂要好用,粘接牢固
4	釜内有异常杂声	①搅拌器摩擦釜内附件(蛇管、温度计管等)或刮壁 ②搅拌器松脱 ③衬里鼓包,与搅拌器撞击 ④搅拌器轴弯曲或轴承损坏	①停车检修找正,使搅拌器与附件有一定间距 ②停车检查,紧固螺栓 ③修鼓包或更换衬里 ④检修或更换轴及轴承
5	搪瓷搅拌器脱落	①被介质腐蚀断裂 ②电动机旋转方向相反	①更换搪瓷轴或用玻璃修补 ②停车改变转向
6	搪瓷釜法兰漏气	①法兰瓷面损坏 ②选择垫圈材质不合理,安装接头不正确,空位,错移 ③卡子松动或数量不足	①修补、涂防腐漆或树脂 ②根据工艺要求选择垫圈材料,垫圈接口要搭拢,位置要均匀 ③按设计要求有足够数量的卡子,并要紧固
7	瓷面产生鳞爆及微孔	①夹套或搅拌轴管内进入酸性杂质,产生氢脆现象 ②瓷层不致密,有微孔隐患	①用碳酸钠中和后,用水冲净或修补,腐蚀严重的需更换 ②微孔数量少的可修补,严重的更换
8	电动机电流超过额定值	①轴承损坏 ②釜内温度低,物料黏稠 ③主轴转数较快 ④搅拌器直径过大	①更换轴承 ②按操作规程调整温度,物料黏度不能过大 ③控制主轴转数在一定的范围内 ④适当调整检修

9.3.2 釜式反应器维护要点

① 反应釜在运行中，严格执行操作规程，禁止超温、超压。

② 按工艺指标控制夹套（或蛇管）及反应器的温度。

③ 避免温差应力与内压应力叠加，使设备产生应变。

④ 要严格控制配料比，防止剧烈反应。

⑤ 要注意反应釜有无异常振动和声响，如发现故障，应检查修理并及时消除。

9.3.3 搪玻璃反应釜正常操作要点

① 加料要严防金属硬物掉入设备内，运转时要防止设备振动，检修时按搪玻璃反应釜维护检修规程（HGJ 1008—79）执行。

② 尽量避免冷罐加热料和热罐加冷料，严防温度骤冷骤热，搪玻璃耐温剧变小于 120℃。

③ 尽量避免酸碱液介质交替使用，否则将会使搪玻璃表面失去光泽而腐蚀。

④ 严防夹套内进入酸液（如果清洗夹套一定要用酸液时，不能用 pH＜2 的酸液），酸液进入夹套会产生氢效应，引起搪玻璃表面像鱼鳞片一样大面积脱落。一般清洗夹套可用 2％次氯酸钠溶液，最后用水清洗夹套。

⑤ 出料釜底堵塞时，可用非金属棒轻轻疏通，禁止用金属工具铲打。对粘在罐内表面上的反应物料要及时清洗，不宜用金属工具，以防损坏搪玻璃衬里。

釜式反应器的温度控制

釜式反应器是化工生产中一类非常重要的反应器，其化学反应机理较为复杂，如外界条件、原料纯度、催化剂的类型、原料添加数量的变化、压力、循环水、热水或加热蒸汽温度、流量的变化等，对系统的影响较大，使系统本身具有较大的时变性、非线性、时滞性。由于化学反应过程中如转化率等过程参数的测量方法非常复杂，所以控制反应温度成为一种较为常用的控制产品质量的方法。

控制反应温度的主要手段是调节反应釜传热结构中的换热介质流量，这就需要控制其阀门的开度来调节反应器内温度，以此来保证控制系统能够安全稳定，按照工艺的要求运行。

在生产过程中，为了保证最终产品的质量和工艺过程的连续运行，必须对各工艺参数进行自动测量和控制。釜式反应器的温度自动控制方案主要有简单控制系统和串级控制、分程控制等复杂控制系统。

所谓简单控制系统，是指由一个测量变送器、一个控制器、一个执行器和一个控制对象构成的闭环控制系统，也称为单回路控制系统。所需仪表数量很少，投资也很小，操作维护也比较方便，而且在一般情况下都能满足生产过程中工艺对控制质量的要求。图9-9为釜式反应器的简单控制系统，该方案为通过控制换热介质的流量来稳定反应温度。

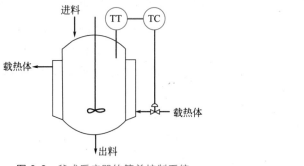

图 9-9　釜式反应器的简单控制系统

在复杂控制系统中，串级控制系统的应用是最广泛的。

例如，以釜温度为被控变量、以对釜温度影响最大的加热蒸汽为操纵变量组成"温度控制系统"，如图9-10所示。

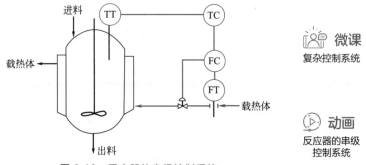

图 9-10　反应器的串级控制系统

如果蒸汽流量频繁波动，将会引起釜温度的变化。尽管温度简单控制系统能克服这种扰动，但这种克服是在扰动对温度已经产生作用、使温度发生变化之后进行的。这势必对产品质量产生很大的影响。所以这种方案并不十分理想。

因此，使蒸汽流量平稳就成了一个非解决不可的问题。希望谁平稳就以谁为被控变量是很常用的方法，另一个简单控制方案就是一个保持蒸汽流量稳定的控制方案。这是一种预防扰动的方案，就克服蒸汽流量影响这一点，应该说是很好的。但是影响釜温度的不只是蒸汽流量，如进料流量、温度、化学反应的干扰也同样会使釜温度发生改变，这是该方案无能为力的。

所以，最好的办法是将二者结合起来。即将最主要、最强的干扰——流量控制的方式预先处理（粗调），而其他干扰的影响用温度控制的方式彻底解决（细调）。但若将两者机械地组合在一起，在一条管线上就会出现两个控制阀，这样就会出现相互影响、顾此失彼（即关联）的现象。所以将二者处理成图 9-10，即将温度控制器的输出串接在流量控制器的外设定上，由于出现了信号相串联的形式，所以就称该系统为"温度串级控制系统"。

　　分程控制主要用于工艺上要求对反应温度采用两种或两种以上的介质或手段来控制。例如，反应器配好物料以后，开始要用蒸汽对反应器加热，启动反应过程。由于合成反应是一个放热反应，待化学反应开始后，需要及时用冷水移走反应热，以保证产品质量。这里就需要用分程控制手段来实现两种不同的控制工程，如图 9-11 所示。

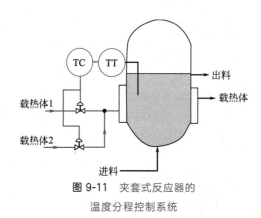

图 9-11　夹套式反应器的
温度分程控制系统

工作任务

对乙二醇生产用连续操作管式反应器进行操作与控制。

技术理论

以环氧乙烷与水反应生成乙二醇为例进行管式反应器的操作与控制训练。

10.1　原理及流程简述

10.1.1　反应原理

在乙二醇反应器中，来自精制塔底的环氧乙烷和来自循环水排放物流的水反应形成乙二醇水溶液。其反应式如下：

主反应

$$CH_2-CH_2 + H_2O \longrightarrow HO-CH_2-CH_2-OH$$
$$\underset{O}{\diagup}\qquad\qquad 乙二醇（MEG）$$

副反应

$$HO-CH_2-CH_2-OH + CH_2-CH_2 \xrightarrow{1.0MPa}$$
$$\qquad\qquad\qquad\qquad \underset{O}{\diagup}$$

$$HO-CH_2-CH_2-O-CH_2-CH_2-OH$$
$$二乙二醇$$

10.1.2　工艺流程简述

环氧乙烷与水反应流程如图 10-1 所示，精制塔塔底物料在流量控制下同

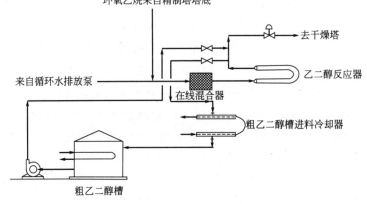

图 10-1　乙二醇生产工艺流程图

循环水排放物流以1:22的摩尔比混合，混合后通过在线混合器进入乙二醇反应器。反应为放热反应，反应温度为200℃时，每生成1mol乙二醇放出热量为 8.315×10^4 J。来自循环水排放浓缩器的水，是在同精制塔塔底物料的流量比控制下进入乙二醇反应器上游的在线混合器的。混合物流通过乙二醇反应器，在此反应，形成乙二醇。反应器的出口压力是通过维持背压来控制的。从乙二醇反应器流出的乙二醇-水物流进入干燥塔。

📇🔍 **任务实施**

10.2 水合反应器操作与控制

10.2.1 开车前的检查和准备

① 把循环水排放流量控制器置于手动，开始由循环水排放浓缩器底部向反应器进水。在乙二醇反应器进口排放这些水，直到清洁为止。

② 关闭进口倒淋阀并开始向反应器充水，打开出口倒淋阀，关闭乙二醇反应器压力控制阀。当反应器出口倒淋阀排水干净时关闭它。

③ 来自精制塔塔底泵的热水用泵通过在线混合器送到乙二醇反应器，各种联锁报警均应校验。

④ 当乙二醇反应器出口倒淋排放清洁时，把水送到干燥塔。

⑤ 运行乙二醇反应器压力控制器，调节乙二醇反应器压力，使之接近设计条件。

⑥ 干燥塔在运行前，干燥塔喷射系统应试验。后面的所有喷射系统都遵循这个一般程序。为了在尽可能短的时间内进行试验，关闭冷凝器和喷射器之间的阀门，因此在试验期间塔不必排泄。

⑦ 检查所有喷射器的倒淋和插入热井底部水封的尾管，用水充满热井所有喷射器冷凝器，并密封管线。

⑧ 打开喷射器系统的冷却水流量。稍开高压蒸汽管线过滤器的倒淋阀，然后稍开到喷射泵的蒸汽阀。关闭倒淋阀，然后慢慢打开蒸汽阀。

⑨ 使喷射器运行，直到压力减少到正常操作压力。在这个试验期间应切断塔的压力控制系统。隔离切断阀下游喷射系统和相关设备，在24h内最大允许压力上升速度为33.3Pa/h。如果压力试验满足要求，则慢慢打开喷射系统进口管线上的切断阀，直到干燥塔冷凝器的冷却水流量稳定。

⑩ 干燥塔压力控制系统和压力调节器设为自动状态（设计设定点）。到热井的冷凝液流量较少，允许在容器这点溢流。

⑪ 喷射系统已满足试验条件后，关闭入口切断阀并停止喷射泵。根据真空泄漏的下降程度确定塔严密性是否完好。如果系统不能达到要求的真空，应

检查系统的泄漏位置并修理。

10.2.2 正常开车

① 启动乙二醇反应器控制器。

② 启动循环水排放泵。

③ 通过乙二醇反应器在线混合器设定到乙二醇反应器的循环水排放量。

④ 精制塔塔底的流体，从精制塔开始，经过乙二醇反应器在线混合器和循环水混合后，输送到乙二醇反应器进行反应。

⑤ 设定并控制精制塔底物流的流量，控制循环水排放物流流量和精制塔底物流的流量，使之在一定的比例之下操作。如果需要，加入汽提塔底液位同循环水排入物流的串级控制。

10.2.3 正常停车

① 确定再吸收塔塔底的环氧乙烷耗尽，其表现为塔底温度将下降，通过再吸收塔的压差也将下降。

② 确定无环氧乙烷进到再吸收塔，再吸收塔和精馏塔继续运行，直到环氧乙烷含量为零。

③ 关闭再吸收塔进水阀，停止塔底泵。

④ 关闭精制塔塔底流体去乙二醇反应器的阀门。

⑤ 当所有通过乙二醇反应器的环氧乙烷都被转化为乙二醇后，停止循环水排放流量。

如果停车持续时间超过 4h，在系统中的所有环氧乙烷必须全部反应成乙二醇，这是很重要的。

10.2.4 正常操作

(1) 乙二醇反应器进料组成

乙二醇反应器进料组成是通过控制循环水排放到混合器的流量和精制塔内环氧乙烷排放到混合器的流量的比例来实现的，通常该反应器进料中水与环氧乙烷摩尔比为 22∶1。乙二醇反应器前的混合器的作用是稀释含有富醛的环氧乙烷排放物。如果不稀释，则乙二醇反应器中较高的环氧乙烷浓度容易形成二乙二醇、三乙二醇等高级醇。

(2) 乙二醇反应器温度

对于每反应 1% 的环氧乙烷，反应温度会升高约 5.5℃，因而乙二醇反应器内的温升（出口-进口）是精制塔塔底环氧乙烷浓度的良好测量方法。

正常乙二醇反应器进口温度应稳定在 110~130℃ 范围内，使出口温度在 165~180℃ 的范围内。如果乙二醇反应器进口混合流体的温度偏低，将会导致环氧乙烷不能完全反应，从而乙二醇反应器的出口温度也会偏低，产品中乙二醇的含量将会减小。

精制塔塔底部不含 CO_2 的环氧乙烷溶液质量分数为 10%，在该溶液被送进乙二醇反应器之前，先在反应器进料预热器中加热到 89℃，再输送到反应器一级进料加热器的管程，在 0.21MPa 的低压蒸汽下加热至 114℃。再到反应器二级进料加热器的管程，由脱醛塔顶部来的脱醛蒸汽加热到 122℃。然后进入三段加热器中，被壳程中的 0.8MPa 的蒸汽加热至 130℃，进入乙二醇反应器。乙二醇反应器是一个绝热式的 U 形管式反应器，反应是非催化的，停留时间约 18min，工作压力 1.2MPa，进口温度 130℃，设计负荷情况下出口温度 175℃，在这样的条件下基本上全部的环氧乙烷都完全转化成乙二醇，质量分数约为 12%。

因此，可以直接通过控制加热蒸汽的量来控制乙二醇反应器的进口温度，当然有时也可以通过控制环氧乙烷的流量来控制乙二醇反应器的出口温度，从而提高产品中乙二醇的含量。

(3) 乙二醇反应器压力

在压力一定的情况下，当温度高到一定程度时，环氧乙烷会气化，未反应的环氧乙烷会增多，反应器出口未转化成乙二醇的环氧乙烷的损失也相应增加。因此，反应器压力必须高到能足以防止这些问题的发生。通常要求维持在反应器的设计压力，以保证在乙二醇反应器的出口设计温度下无气化现象。

通常情况下，乙二醇反应器的压力是通过该反应器上压力记录控制仪表来控制的，并将该仪表设定为自动控制。反应器内设计压力为 1250kPa，压力控制范围为 1100~1400kPa。

10.3 水合反应器常见异常现象的原因及处理方法

乙二醇生产过程中反应器常见异常现象及处理方法见表 10-1。

表 10-1　常见异常现象及处理方法

序号	异常现象	原因分析判断	操作处理方法
1	所有泵停止	电源故障	①立即切断通入乙二醇进料汽提塔、反应器进料加热器以及至所有再沸器的蒸汽 ②重新调整所有其他的流量控制器，使其流量为零 ③电源一恢复，反应系统一般应按"正常开车"中所述进行再启动。在蒸发器完全恢复前，来自再吸收塔的环氧乙烷水的流量应很小 ④乙二醇蒸发系统应按"正常开车"中的方法重新投入使用
2	反应温度达不到要求	蒸汽故障	①精制工段必须立即停车 ②立即关掉干燥塔、一乙二醇塔、一乙二醇分离塔、二乙二醇塔和三乙二醇塔喷射泵系统上游的切断阀或手控阀，以防止蒸汽或空气返回到任何塔中

序号	异常现象	原因分析判断	操作处理方法
3	反应温度过高	冷却水故障	①停止到蒸发器和所有塔的蒸汽 ②停止各塔和各蒸发器的回流 ③将调节器给定点调到零位流量 ④当冷却水流量恢复后,按"正常开车"中所述的启动
4	反应器压力不正常	真空喷射泵故障	①关闭特殊喷射器的工艺蒸汽进口处的切断阀 ②停止到喷射器塔的蒸汽、回流和进料 ③用氮气来消除塔中的真空,然后遵循相应的"正常停车"步骤,停乙二醇装置的其余设备
5	反应流体不能输送	泵卡	①启动备用泵 ②如果备用泵不能投入使用,蒸发系列必须停车 ③乙二醇精制系统可以运行以处理存量,或全回流,或停车

10.4 管式反应器常见故障与维护要点

10.4.1 常见故障及处理方法

连续操作管式反应器的常见故障及处理方法见表 10-2。

10.4.2 管式反应器维护要点

管式反应器与釜式反应器相比较,由于没有搅拌器一类转动部件,故具有密封可靠,振动小,管理、维护、保养简便的特点。但是,经常性的巡回检查仍是不可少的。运行中出现故障时,必须及时处理,决不能马虎了事。管式反应器的维护要点如下。

① 反应器的振动通常有两个来源:一是超高压压缩机的往复运动造成的压力脉动的传递;二是反应器末端压力调节阀频繁动作而引起的压力脉动。振幅较大时要检查反应器入口、出口配管接头箱固定螺栓及本体抱箍是否有松动,若有松动应及时紧固。但接头箱紧固螺栓只能在停车后才能进行调整。同时要注意碟形弹簧垫圈的压缩量,一般允许为压缩量的 50%,以保证管子热膨胀时的伸缩自由。反应器振幅控制在 0.1mm 以下。

② 要经常检查钢结构地脚螺栓是否有松动,焊缝部分是否有裂纹等。

③ 开停车时要检查管子伸缩是否受到约束,位移是否正常。除直管支架处碟形弹簧垫圈不应卡死外,弯管支座的固定螺栓也不应该压紧,以防止反应器伸缩时的正常位移受到阻碍。

表 10-2　管式反应器常见故障及处理方法

序号	故障现象	故障原因	处理方法
1	密封泄漏	①安装密封面受力不均 ②振动引起紧固件松动 ③滑动部件受阻造成热胀冷缩局部不均匀 ④密封环材料处理不符合要求	停车修理： ①按规范要求重新安装 ②拧紧紧固螺栓 ③检查、修正相对活动部位 ④更换密封环
2	放出阀泄漏	①阀杆弯曲度超过规定值 ②阀芯、阀座密封面受伤 ③装配不当，使油缸行程不足；阀杆与油缸锁紧螺母不紧；密封面光洁度差；装配前清洗不够 ④阀体与阀杆相对密封面过大，密封比压减小 ⑤油压系统故障造成油压降低 ⑥填料压盖螺母松动	停车修理： ①更换阀杆 ②阀座密封面研磨 ③解体检查重装，并作动作试验 ④更换阀门 ⑤检查并修理油压系统 ⑥紧螺母或更换
3	爆破片爆破	①膜片存在缺陷 ②爆破片疲劳破坏 ③油压放出阀连续失灵，造成压力过高 ④运行中超温超压，发生分解反应	①注意安装前爆破片的检验 ②按规定定期更换 ③查油压放出阀连锁系统 ④分解反应爆破后，应作下列各项检查：接头箱超声波探伤；相接邻近超高压配管超声波探伤；经检查不合格接头箱及高压配管应更新
4	反应管胀缩卡死	①安装不当使弹簧压缩量大，调整垫板厚度不当 ②机架支托滑动面相对运动受阻 ③支承点固定螺栓与机架上长孔位置不正	①重新安装；控制碟形弹簧压缩量；选用适当厚度的调整垫板 ②检查清理滑动面 ③调整反应管位置或修正机架孔
5	套管泄漏	①套管进出口因管径变化引起气蚀，穿孔套管定心柱处冲刷磨损穿孔 ②套管进出接管结构不合理 ③套管材料较差 ④接口及焊接存在缺陷 ⑤连接管法兰紧固不均匀	①停车局部修理 ②改造套管进出接管结构 ③选用合适的套管材料 ④焊口按规范修补 ⑤重新安装连接管，更换垫片

微反应器在均相液相中的应用

一、微反应器简介

微化工过程是以微结构元件为核心,在微米或亚毫米受限空间内进行的化工过程。它通过减小体系的分散尺度强化混合与传递,提高过程可控性和效率,以"数量放大"为基本准则,进行微设备的放大,将实验室成果直接运用于工业过程,实现大规模生产。化工单元操作所需要的混合器、换热器、吸收器、萃取器、反应器和控制系统等在一起构成了微化工系统。在整个微化工技术中,微反应器占据着核心地位。

微反应器(microreactor)一般是指通过微加工和精密加工技术制造的小型反应系统,微反应器内流体的微通道尺寸在亚微米到亚毫米量级。通道尺寸在这个范围的反应器,称为纳反应器(nanoreactor)和毫反应器或者小型反应器(milli/minireactor)。

微反应器作为重要的化工过程强化设备,可以使化学反应在微米尺度空间进行,充分提高传热和传质效率,进而极大地提高反应转化率和选择性、减小反应器体积、提高反应过程的集成度和安全性,实现化学工业节能降耗的生产目标。单个微反应器的反应通道体积非常小,流体在反应通道内的混合程度是决定反应产物收率的重要指标,很多研究者通过设计各种结构的微反应器来提升混合效果。微反应器的分类如下:

① 按照功能可以分为两大类,一类是在化学和生物中运用的反应器;另一类是在化学工程和化学中运用的反应器。但微反应器也可能同时实现这两类应用。

② 按照操作方式可以分为连续流动式和间歇式。目前大部分微反应器是连续流动式。

二、微反应器的结构

微系统的构建一般采用分层次的方法,如图 10-2 所示,即一个单元往往由其下属单元组合而成。这种方法对以增加单元为构建特征的微反应系统,也就是说对于数目放大的微反应器是十分有效的。

微反应器在结构上常采用一种层次结构方式,先以亚单元形成单元,再以单元来形成更大的单元,以此类推。这种特点与传统化工设备有所不同,它便于微反应器以"数目放大"的方式(而不是传统的尺度放大方式)来对生产规模进行扩大和调节。图 10-2 是微反应系统的层次结构,其中最小的部分常被称作微结构,多为槽形 [图 10-2(a)];当这些微结构以不同的方式(多为交错形式)排列起来,加上周围的进出口,就构成了微部件 [图 10-2(b)];微部件和管线相连,再加上支撑部分,就构成了微单元 [图 10-2(c)],为了增加流

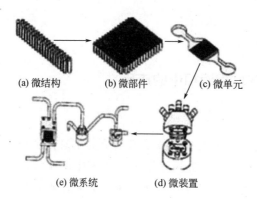

(a) 微结构　　(b) 微部件　　(c) 微单元

(e) 微系统　　(d) 微装置

图 10-2　微反应系统的层次结构

量，微单元经常采用堆叠形式，尤其在气相反应器中；当用器室把微单元封闭起来时，就构成了微装置［图 10-2（d）］，它是微反应系统中可独立操作的最小单元，有时一个密闭器室内会有几种不同的微单元，从而构成一种复合微装置；把微装置串联、并联或混联起来，就构成了微系统［图 10-2（e）］。了解微系统的层次结构后，我们可以知道微反应器的制作就是在工艺计算、结构设计和强度校核以后，选择适宜的材料和加工方法，制备出微结构和微部件，然后再选择合适的连接方式，将其组装成微单元和微装置，最后通过试验验证其效果。如不能满足预期要求，则须重来。

三、大豆油连续制备生物柴油反应的微反应器应用实例

1. 大豆油连续制备生物柴油反应原理

在传统工业生产中，往往采用搅拌反应釜实现间歇生产或连续反应釜实现连续生产，生产过程包括四个步骤：原料和催化剂混合、催化酯交换反应、甲酯相和甘油相分离、产品提纯分析（包括除去催化剂、水和其他杂质）等。为了达到较高的转化率往往需要加入过量的甲醇进行反应，通常使用的醇的量超过其理论量的（50%～300%），导致反应器设计尺寸过大，停留时间过长，需要高能耗来对反应物进行充分搅拌和维持反应过程恒温。如何能够通过化工手段突破这些传统生产中的限制并获得高产率格外重要。

近年来，针对传统搅拌反应釜的一系列问题，研究人员开发出不少新的连续性生产工艺。微通道反应器凭借其优越的传质传热效率，在这些新型反应器中脱颖而出，有不少科研人员已经开始尝试将微通道反应器应用到生物柴油连续生产过程中。

大豆油与甲醇酯交换反应生产生物柴油的过程是液-液反应过程，由于反应前后均为不互溶的两相，使用微通道反应器可以有效增大相界面接触面积，使得油相和水相充分混合，从而增大反应强度，缩短反应时间。

采用微管式反应器进行大豆油酯交换制备生物柴油的研究结果表明，微通道反应器具有优异的传热和传质性能，且在管式反应器中油相和水相能够保持平推流的流动形式，大大减少了反应物与产物的返混，理论上可以提高酯化反应的转化效率。

2. 大豆油连续制备生物柴油反应工艺设计

采用内径为 0.75mm 的聚四氟乙烯材质的微管缠绕成直径为 10cm 的管圈作为微管反应器，并在反应器之前预设微混合器对流体进行有效的破碎，从而增大相间传质界面，实现多相流体的快速混合。

考虑到在微通道反应器中油脂相和甲醇相以层流流动方式进行，为了有效增大液-液接触面积、减少扩散距离，可以采用如下两种进料方式（见图 10-3）。

① 如图 10-3(a) 所示，大豆油和甲醇分别由平流泵输送到各自独立的通道，再进入微通道反应器内形成平行的纵向接触界面，在界面上混合、扩散并发生酯交换反应；

② 如图 10-3(b) 所示，将大豆油注射到甲醇流中，混合扩散及酯交换反应发生在多个横向接触面上。

为了最有效地增大醇油相的相界面积、减小分子扩散距离，使主反应产物能及时被运走，促进反应平衡向有利于生成甲醇的方向进行，可选择最简单的 T 型微混合器（见图 10-4）用于大豆油和甲醇的混合。

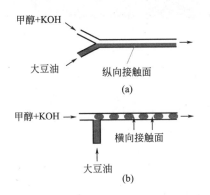

图 10-3 微混合器内液-液两相接触形式

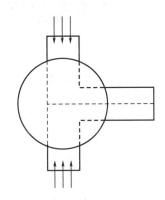

图 10-4 T 型微混合器内部结构示意

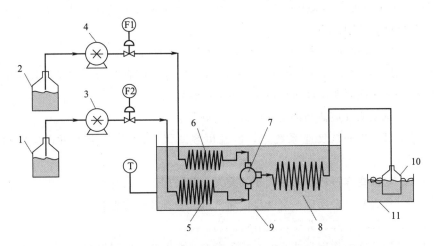

图 10-5 生物柴油制备微管反应器装置示意

1—大豆油储槽；2—溶有催化剂的甲醇储槽；3—大豆油进料泵；4—甲醇溶液进料泵；

5—大豆油预热器；6—甲醇溶液预热器；7—T 型微混合器；8—微管反应器；

9—恒温水浴槽；10—产物收集瓶；11—冰水槽

微管内催化制备生物柴油连续反应流程（见图 10-5）如下：大豆油储罐（1）中的大豆油原料通过大豆油进料泵（3）进行控制，溶有催化剂的甲醇储槽（2）中的甲醇溶液通过甲醇溶液进料泵（4）进行控制。大豆油和甲醇溶液分别在各自位于恒温水浴槽（9）中的预热器（5）、（6）中预热后，按照一定的比例进入 T 型微混合器（7）进行混合。然后混合液进入聚四氟乙烯微管反应器（8）进行反应，反应过程中通过恒温水浴槽（9）保持温度稳定。反应物料的停留时间可以通过进料泵的流量来调节。从微管反应器中流出的产品混合液通过冰水槽（11）中的产物收集瓶（10）进行收集，冰水浴状态下可认为酯交换反应已经停止。

项目一 思考与复习

思考题与复习题

1-1. 釜式反应器的种类有哪些？各有哪些特点和应用？

1-2. 釜式反应器的基本结构及其作用是什么？

1-3. 无泄漏磁力釜的安全与保护装置有哪些？

1-4. 管式反应器的特点是什么？基本结构有哪些？

1-5. 均相反应器有哪些？如何选择均相反应器？

1-6. 理想置换和理想混合流动模型各有什么特征？

1-7. 何谓返混？形成返混的原因有哪些？返混对反应过程有什么影响？工程中如何降低返混的程度？

1-8. 什么是反应速率？写出均相系统反应速率的表示方式。

1-9. 什么是化学动力学方程？怎样理解"反应级数表明浓度对反应速率的敏感程度""活化能表明温度对反应速率的敏感程度"？

1-10. 试说明反应热与活化能的区别与联系。

1-11. 试写出间歇反应系统中，恒温恒容 0 级、1 级、2 级不可逆反应的积分式。

1-12. 何谓变容过程？膨胀因子的定义及其物理意义是什么？

1-13. 什么是复杂反应？复杂反应通常可分为哪几种类型？

1-14. 二级反应和二分子反应有何区别？

1-15. 搅拌器的作用是什么？有哪些类型？根据什么原则选型？

1-16. 搅拌釜式反应器的传热装置有哪些？各有什么特点？

1-17. 如何有效避免反应器搅拌过程中产生的打漩现象？

1-18. 常用的高温热源有哪些？低温热源有哪些？各适用于什么场合？

1-19. 釜式反应器常见故障有哪些？产生的原因是什么？如何排除？

1-20. 釜式反应器在操作时应注意哪些问题？

1-21. 搪玻璃反应釜在操作时应注意哪些问题？

1-22. 管式反应器常见故障有哪些？产生的原因是什么？如何排除？

1-23. 管式反应器在操作时应注意哪些问题？

1-24. 乙酸和丁醇在催化剂作用下制乙酸丁酯，用什么反应器合适？应采用什么生产方式？搅拌器、换热器应如何选择？

计算与设计题

1-1. 有一反应在间歇反应器中进行，经过 8min 后，反应物转化掉 80%，经过 18min 后反应物转化掉 90%，求表达此反应的动力学方程式。 $[n=2]$

1-2. 在间歇反应器中进行等温二级反应 A→B，反应速率方程式为：$(-r_A)=0.01c_A^2$ mol/(L·s)，当 c_{A0} 分别为 1mol/L、5mol/L、10mol/L 时，求反应至 $c_A=0.01$mol/L 所需的反应时间。 $[9900s，9980s，9990s]$

1-3. 等温下在间歇反应器中进行一级不可逆液相分解反应 A→B+C，在 5min 内有 50% 的组分 A 分解，要达到分解率为 75%，问需多少时间？若反应为二级，则需多少时间？ $[n=1$ 时，$\tau=10$min；$n=2$ 时，$\tau=15$min$]$

1-4. 973K 和 $294.3×10^3$Pa 恒压下发生反应 $C_4H_{10} \longrightarrow 2C_2H_4+H_2$。反应开始时，系统中含 C_4H_{10} 为 116kg，当反应完成 50% 时，丁烷分压以 $235.4×10^3$Pa/s 的反应速率发生变化，试求下列项次的变化速率：(1) 乙烯分压；(2) H_2 的物质的量 (mol)；(3) 丁烷的摩尔分数。 $[470.8×10^3$Pa/s；3.2kmol/s；0.81/s$]$

1-5. 试证明对一级反应，在等温条件下转化率达到 99.9% 所需时间为转化率达到 50% 所需时间的 10 倍。又设反应为 0 级或 2 级，两者的时间比为多少？

$[n=0$ 时，时间比为 2 倍；$n=2$ 时，时间比为 1000 倍$]$

1-6. 在一均相恒温聚合反应中，单体的初始浓度为 0.04mol/L 和 0.08mol/L，在 34min 内单体均消失 20%。求单体消失的反应速率。

$[(-r_A)=0.0657c_A$ mol/(L·min)$]$

1-7. 反应物 A，按二级反应动力学方程式恒温分解，在间歇操作釜式反应器中 5min 后转化率为 50%，试问在该反应器中转化 75% 的 A 物质，需要增加多少时间？ $[10$min$]$

1-8. 液相反应 A→P 在间歇操作釜式反应器中进行，反应速率测定结果列于下表：

c_A/kmol·m^{-3}	0.1 0.2 0.3 0.4 0.5 0.6 0.7 0.8 1.0 1.3 2.0
$(-r_A)$ /kmol·m^3·min^{-1}	0.1 0.3 0.5 0.6 0.5 0.25 0.10 0.06 0.05 0.045 0.042

试求：(1) 若 $c_{A0}=1.3$kmol/m^3，$c_{Af}=0.3$kmol/m^3，则反应时间为多少？

$[12.8$min$]$

（2）若反应移至连续操作管式反应器中进行，$c_{A0}=1.5\text{kmol/m}^3$，$F_{A0}=1\text{kmol/h}$，求 $x_A=0.8$ 时所需反应器大小。 [200L]

（3）当 $c_{A0}=1.2\text{kmol/m}^3$，$F_{A0}=1\text{kmol/h}$，$x_A=0.75$，求所需的连续操作釜式反应器大小。 [25L]

1-9. 在实验室内用一个间歇搅拌的烧瓶进行一级不可逆反应，反应 2h 后，转化达到 99.9%。若将反应器放大，选用一个连续操作釜式反应器进行此反应，其他工艺条件不变，平均停留时间为 2h，试计算该反应的最终出口转化率。

[87.35%]

1-10. 在连续操作釜式反应器进行某一级可逆反应 $A \underset{k_2}{\overset{k_1}{\rightleftharpoons}} B$，操作条件下测得化学反应速率常数为 $k_1=10\text{h}^{-1}$，$k_2=2\text{h}^{-1}$，在反应物料 A 中不含有 B，其进料量为 $10\text{m}^3/\text{h}$，当反应的转化率达到 50% 时，平均停留时间和反应器的有效体积各为多少？ [0.125h；1.25m³]

1-11. 四个体积相同的连续釜式反应器串联操作，进行液相反应，其动力学方程式为 $(-r_A)=0.6c_A\text{mol/L·h}$，反应物 A 的初始浓度 $c_{A0}=1\text{mol/L}$，物料在反应系统中平均停留时间为 4h，试用图解法求最终转化率。 [90%]

1-12. 同题 1-11，试用解析法求最终转化率。 [0.85]

1-13. 两个连续釜式反应器串联操作，进行液相反应，其中一釜体积为 1m^3，另一釜体积为 2m^3，动力学方程为 $(-r_A)=0.5C_A^2\text{kmol/(m}^3\cdot\text{h})$。反应物初始浓度为 $C_{A0}=1\text{mol/L}$，反应物的体积流速 $V_0=1\text{m}^3/\text{h}$。求物料先经过大釜再经过小釜，以及先经过小釜再经过大釜，两种不同情况的最终转化率。 [0.505，0.515]

1-14. 有一等温连串反应：$A \overset{k_1}{\longrightarrow} R \overset{k_2}{\longrightarrow} S$ 在两个串联的连续操作釜式反应器中进行。每个釜的有效体积为 2L，加料速度为 1L/min，反应物 A 的初始浓度 $c_{A0}=2\text{mol/L}$，两个釜在同一温度下操作。$k_1=0.5\text{min}^{-1}$，$k_2=0.25\text{min}^{-1}$，试求第一釜和第二釜出口物料浓度。

[第一釜：$c_{A1}=1\text{mol/L}$，$c_{R1}=0.67\text{mol/L}$，$c_{S1}=0.33\text{mol/L}$；
第二釜：$c_{A2}=0.5\text{mol/L}$，$c_{R2}=0.78\text{mol/L}$，$c_{S2}=0.72\text{mol/L}$]

1-15. 在一恒温间歇操作釜式反应器中进行某一级液相不可逆反应，13min 后反应转化掉 70%，今若把此反应移到连续操作管式反应器或连续操作釜式反应器中进行，为了达到相同的转化率，所需的空时、空速各为多少？

[连续操作管式反应器中，$\tau=13\text{min}$，$S_V=0.076\text{min}^{-1}$；
连续操作釜式反应器中，$\overline{\tau}=25.2\text{min}$，$S_V=0.0397\text{min}^{-1}$]

1-16. 555K，0.3MPa 下，在连续操作管式反应器中进行反应 A→P。已知进料中含组分 A 摩尔分数 30%，其余为惰性物料。组分 A 加料流量为 6.3mol/s，动力学方程为 $(-r_A)=0.27c_A\text{mol/(m}^3\cdot\text{s})$，为了达到 95% 的转化率，试求：（1）所需的空速为多少？（2）反应器有效体积。（$S_V=0.0901\text{s}^{-1}$） [$V_R=3.656\text{m}^3$]

1-17. 醋酐按下式水解为醋酸：$(CH_3CO)_2O + H_2O \longrightarrow 2CH_3COOH$，实验测定该反应为一级不可逆反应 $(-r_A) = kc_A$，在 288K 时，反应速率常数 k 为 $0.0806min^{-1}$。现设计一理想反应器，每天处理醋酐水溶液 $14.4m^3$，醋酐的初始浓度 c_{A0} 为 $95mol/m^3$，试问：(1) 当采用连续操作釜式反应器，醋酐转化率为 90% 时，反应器的有效体积是多少？(2) 若用连续操作管式反应器，转化率不变，求反应器有效体积。(3) 若选用两个体积相同的连续操作釜式反应器串联操作，使第一釜醋酐转化率为 68.4%，第二釜醋酐转化率仍为 90%，求反应器总有效体积。

$$[1.12m^3；0.286m^3；0.536m^3]$$

1-18. 在连续操作釜式反应器中进行一均相液相反应 $A \rightarrow P$，$(-r_A) = kc_A^2$，转化率为 50%。试求：(1) 如果反应器体积为原来的 6 倍，其他保持不变，则转化率为多少？(2) 如果是体积相同的管式反应器，其他保持不变，则转化率为多少？

$$[75\%、66.7\%]$$

项目二
气固相反应器选择、设计、操作与控制

专业能力目标

通过本项目的学习和工作任务的训练，能根据反应特点和生产条件，正确选择气固相反应器的类型；能根据生产要求对固定床反应器、流化床反应器进行工艺设计；能对固定床反应器、流化床反应器进行操作与控制，并能判断、分析和处理反应器故障。

知识目标

（1）了解气固相反应器在化学工业中的地位与作用，及其发展趋势；

（2）掌握气固相反应器分类方法，固定床反应器、流化床反应器的基本结构与特点，及类型选择方法；

（3）掌握催化剂、气固相反应动力学和流态化的基本概念；

（4）掌握固定床反应器、流化床反应器工艺设计方法；

（5）理解固定床反应器、流化床反应器操作工艺参数的控制方案；

（6）掌握固定床反应器、流化床反应器操作和控制规律。

工作任务

根据化工产品的反应特点和生产条件选择气固相反应器的类型、工艺设计、固定床反应器和流化床反应器的操作与控制。

任务 ⑪　气固相反应器选择

在线资源扫码使用

微课
● 气固相催化
　反应过程
● 气固相反应器
　种类

工作任务

根据化工产品生产的反应特点和生产条件初步选择气固相反应器的类型。

技术理论

化学工业中最为常用的气固相反应器主要是固定床反应器和流化床反应器，如乙烯氧化制环氧乙烷、乙苯脱氢制苯乙烯等反应就是在固定床反应器中进行，丙烯氨氧化制丙烯腈、催化裂化等反应就是在流化床反应器中进行。其他还有移动床反应器和滴流床反应器等。现介绍固定床反应器和流化床反应器结构与选择。

11.1 固定床反应器特点与结构

11.1.1 固定床反应器特点

流体通过不动的固体物料形成的床层面进行反应的设备都称为固定床反应器，其中尤以利用气态的反应物料，通过由固体催化剂构成的床层进行反应的气固相催化反应器在化工生产中应用最为广泛。气固相固定床催化反应器的优点较多，主要表现在以下几个方面。

① 在生产操作中，除床层极薄和气体流速很低的特殊情况外，床层内气体的流动皆可看成是理想置换流动，因此其化学反应速率较快，完成同样生产能力时所需要的催化剂用量和反应器体积较小。

② 气体停留时间可以严格控制，温度分布可以调节，因而有利于提高化学反应的转化率和选择性。

③ 催化剂不易磨损，可以较长时间连续使用。

④ 适宜于在高温、高压条件下操作。

由于固体催化剂在床层中静止不动，相应地产生一些缺点。

① 催化剂载体往往导热性不良，同时气体流速受压降限制又不能太大，由此造成床层中传热性能较差，给温度控制带来困难。对于放热反应，在换热式反应器的入口处，因为反应物浓度较高，反应速率较快，放出的热量往往来不及移走，而使物料温度升高，这又促使反应以更快的速率进行，放出更多的热量，物料温度继续升高，直到反应物浓度降低，反应速率减慢，传热速率超过反应放热速率时，温度才逐渐下降。所以在放热反应时，通常在换热式反应器的轴向存在一个最高的温度点，称为"热点"。如设计或操作不当，则在强放热反应时，床内热点温度会超过工艺允许的最高温度，甚至失去控制而出现"飞温"。此时，对于反应的选择性、催化剂的活性和寿命、设备的强度等均极不利。

② 须避免使用细粒催化剂，否则流体阻力增大，不能正常操作，而不能使用细粒催化剂使得催化剂的活性内表面得不到充分利用。

③ 催化剂的再生、更换均不方便。

固定床反应器虽有缺点，但可在结构和操作方面做出改进，且其优点是主要的。因此，仍不失为气固相催化反应器中的主要形式，在化学工业中得到广泛的应用。例如石油炼制工业中的裂化、重整、异构化、加氢精制等；无机化学工业中的合成氨、硫酸、天然气转化等；有机化学工业中的乙烯氧化制环氧乙烷、乙烯水合制乙醇、乙苯脱氢制苯乙烯、苯加氢制环己烷等。

11.1.2 固定床反应器的类型与结构

随着化工生产技术的进步，已出现多种固定床反应器的结构类型，以适应不同的传热要求和传热方式。主要分为绝热式和换热式两类。下面对各种固定床反应器的类型做简单的介绍和评述。

11.1.2.1 绝热式固定床反应器

绝热式固定床反应器结构简单，催化剂均匀装填于床层内，一般有以下特点：床层直径远大于催化剂颗粒直径；床层高度与催化剂颗粒直径之比一般超过 100；与外界没有热量交换，床层温度沿物料的流向而改变。

反应器绝热措施良好，无热量损失且与外界无热量交换。绝热式反应器又分为单段绝热式和多段绝热式。

（1）单段绝热式

单段绝热式反应器是在一个中空圆筒的底部放置搁板（支承板），在搁板上堆积固体催化剂。反应气体经预热到适当温度后，从圆筒体上部通入，经过气体预分布装置均匀通过催化剂层进行反应，反应后的气体由下部引出，如图 11-1 所示。这类反应器结构简单，反应器生产能力大。对于反应热效应不大、温度允许有较宽变动范围的反应过程，常采用此类反应器。以天然气为原料的大型氨厂中的一氧化碳中（高）温变换及低温变换甲烷化反应都采用单段绝热式。

对于热效应较大的反应，只要对反应温度不很敏感或是反应速率非常快的过程，有时也使用这种类型的反应器。例如甲醇在银或铜催化剂上用空气氧化制甲醛时，虽然反应热很大，但因反应速率很快，则只需薄薄的催化剂床层即可，如图 11-2 所示。此薄层为绝热床层，下段为一列管式换热器。反应物预热到 383K，反应后升温到 873～923K，立即在很高的混合气体线速度下进入冷却器，防止甲醛进一步氧化或分解。

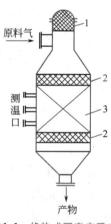

图 11-1　绝热式固定床反应器

1—矿渣棉；2—瓷环；3—催化剂

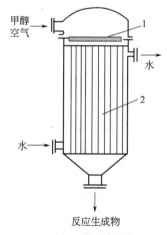

图 11-2　甲醇氧化的薄层反应器

1—催化剂；2—冷却器

单段绝热式反应器的缺点：反应过程中温度变化较大。当反应热效应较大而反应速率较慢时，则绝热升温必将使反应器内温度的变化超出允许范围。

（2）多段绝热式反应器

多段绝热式反应器是为弥补单段绝热式反应器不足而提出的。多段绝热床中，反应气体通过第一段绝热床反应至一定的温度和转化率而离可逆放热单一反应平衡温度曲线不太远时，将反应气体冷却至远离平衡温度曲线的状态，再进行下一段的绝热反应，反应和冷却（或加热）过程间隔进行。根据反应的特征，一般有二段、三段或四段绝热床。根据段间反应气体的冷却或加热方式，多段绝热床又分为中间间接换热式和冷激式。中间间接换热式是在段间装有换热器，其作用是将上一段的反应气冷却，同时利用此热量将未反应的气体预热或通入外来载热体取出多余反应热，如图 11-3(a)、(b)、(c) 所示。二氧化硫氧化、乙苯脱氢过程等常用多段间接换热式。间接换热式是用热交换器使冷、热流体通过管壁进行热交换。而冷激式则是用冷流体直接与上一段出口气体混合，以降低反应温度。冷激用的冷流体如果是非关键组分的反应物，称为非原料气冷激，如图 11-3(d) 所示；冷激用的冷流体如果是尚未反应的原料气，称为原料气冷激式，如图 11-3(e) 所示。冷激式反应器结构简单，便于装卸催化剂，内无冷管，避免由于少数冷管损坏而影响操作，特别适用于大型催化反应器。工业上高压下操作的反应器如大型氨合成塔、一氧化碳和氢合成甲醇常采用冷激式反应器。

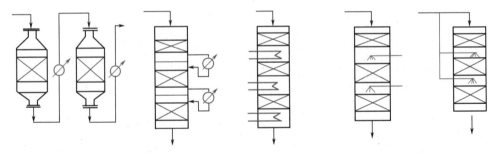

(a) 中间间接换热式Ⅰ　(b) 中间间接换热式Ⅱ　(c) 中间间接换热式Ⅲ　(d) 非原料气冷激式　(e) 原料气冷激式

图 11-3　多段绝热式固定床反应器

总之，绝热式固定床反应器结构简单，同样大小装置所容纳的催化剂较多，且反应效率高，广泛适用于大型、高温高压的反应。

11.1.2.2　换热式固定床反应器

换热式固定床反应器以列管式为多，通常管内装催化剂，管间走载热体，一般有以下特点：催化剂粒径小于管径的 $1/8$；利用载热体来移走或供给热量，床层温度维持稳定。

当反应热效应较大时，为了维持适宜的温度条件，必须利用换热介质来移走或供给热量。按换热介质不同，可分为对外换热式固定床反应器和自热式固定床反应器。

以各种载热体为换热介质的对外换热式反应器多为列管式结构，如图 11-4 所示，类似于列管式换热器。在管内装填催化剂，壳程通入载热体。由于通常采用 $\phi 25 \sim 30mm$ 的小管径，传热面积大，有利于强放热反应。列管式反应器的传热效果好，催化剂床层温度易控制，又因管径较细，流体在催化床内的流动可视为理想置换流动，故反应速率快，选择性高。然而其结构较复杂，设备费用高。

列管式固定床反应器中，合理选择载热体及其温度的控制是保持反应稳定进行的关键。载热体与反应体系的温差宜小，但必须能移走反应过程中释放出的大量热量。这就要求有大的传热面积和传热系数。一般反应温度在 240℃ 以下宜采用加压热水作载热体；反应温度在 250～300℃ 可采用挥发性低的导热油作载热体；反应温度在 300℃ 以上的则需用熔盐作载热体，如 KNO_3 53％、$NaNO_3$ 7％、$NaNO_2$ 40％ 的混合物。

图 11-5 为以加压热水作载热体的反应装置。乙烯氧化制环氧乙烷、乙烯乙酰基氧化制醋酸乙烯都可采用这样的反应装置。以加压热水作载热体，主要借水的汽化移走反应热，传热效率高，有利于催化床层温度控制，提高反应的选择性。加压热水的进出口温差一般只有 2℃，利用反应热直接产生高压（或中压）水蒸气。但反应器的外壳要承受较高的压力，故设备投资费用较高。

动画
• 列管式固定床
反应器
• 以加压热水作
载热体的固定
床反应装置

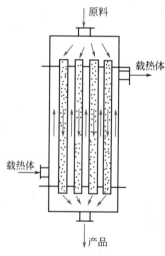

图 11-4 列管式固定床反应器

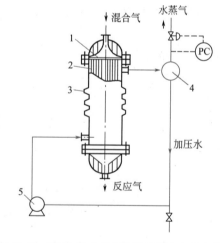

图 11-5 以加压热水作载热体的固定床反应装置
1—列管上花板；2—反应列管；3—膨胀圈；
4—汽水分离器；5—加压热水泵

图 11-6 是用有机载热体导生油带走反应热的反应装置。反应器外设置载热体冷却器，利用载热体移出的反应热副产中压蒸汽。

图 11-7 所示是以熔盐为载热体且冷却装置安装在器内的反应装置，用于丙烯固定床氨氧化制备丙烯腈。在反应器的中心设置载热体冷却器和推进式搅拌器，搅拌器使熔盐在反应区域和冷却区域间不断进行强制循环，减小反应器

上下部熔盐的温差（4℃左右）。熔盐移走反应热后，即在冷却器中冷却并产生高压水蒸气。

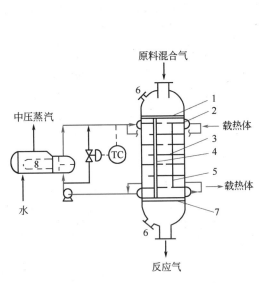

图 11-6　以导生油作载热体的
固定床反应装置

1—列管上花板；2,3—折流板；4—反应列管；

5—折流板固定棒；6—人孔；7—列管下花板；

8—载热体冷却器

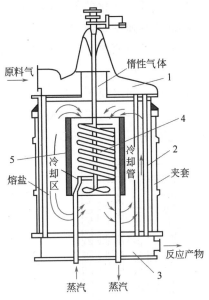

图 11-7　以熔盐为载热体的
反应装置

1—上头盖；2—催化剂列管；3—下头盖；

4—搅拌器；5—笼式冷却器

动画

• 以导生油作载热体的
固定床反应装置

• 以熔盐为载热体的
反应装置

对于强放热的反应如氧化反应，径向和轴向都有温差。如催化剂的导热性能良好，而气体流速又较快，则径向温差可较小。轴向的温度分布主要决定于沿轴向各点的放热速率和管外载热体的移热速率。一般沿轴向温度分布都有一最高温度，称为热点，如图 11-8 所示。在热点以前放热速率大于移热速率，因此出现轴向床层温度升高，热点以后恰恰相反，故沿床层温度逐渐降低。控制热点温度是使反应能顺利进行的关键。热点温度过高，使反应选择性降低，催化剂变劣，甚至使反应失去稳定性而产生飞温。热点出现的位置及高度与反应条件的控制、传热和催化剂的活性有关。随着催化剂的逐渐老化，热点温度逐渐下移，其高度也逐渐降低。

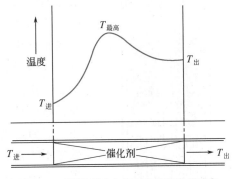

图 11-8　列管式固定床反应器的温度分布

动画

列管式固定床反应器
的温度分布

热点温度的出现，使整个催化剂床层中只有一小部分催化剂是在所要求的温度条件下操作，影响了催化剂效率的充分发挥。为了降低热点温度，减少轴向温差，使沿轴向大部分催化剂床层能在适宜的温度范围内操作，工业生产上所采取的措施有：①在原料气中带入微量抑制剂，使催化剂部分毒化；②在原料气入口处附近的反应管上层放置一定高度为惰性载体稀释的催化剂，或放置一定高度已部分老化的催化剂，这两点措施目的是降低入口处附近的反应速率，以降低放热速率，使与移热速率尽可能平衡；③采用分段冷却法，改变移热速率，使与放热速率尽可能平衡等。

由于有些反应具有爆炸危险性，在设计反应器时必须考虑防爆装置，如设置安全阀、防爆膜等。操作时和流化床反应器不同，原料必须充分混合后再进入反应器，原料组成受爆炸极限的严格限制，有时为了安全须加水蒸气或氮气作为稀释剂。

动画
三套管并流式冷管
催化床温度分布

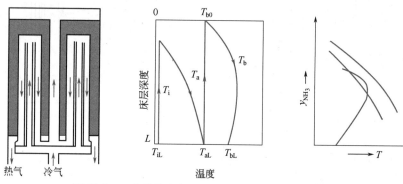

图 11-9　三套管并流式冷管催化床温度分布及操作状况

自热式固定床反应器是采用催化床上部为绝热层，下部为催化剂装在冷管间而连续换热的催化床。绝热层中反应气体迅速升温，冷却层中反应气体被冷却而接近最佳温度曲线，未反应气体经过床外换热器和冷管预热到一定温度而进入催化床。图 11-9 是三套管并流式冷管催化床温度分布及操作状况。冷管是三重套管，外冷管是催化床的换热面，内冷管内衬有内衬管，内冷管与内衬管之间的间距为 1mm，形成隔热的滞气层而使内、外冷管之间的传热可以不计。这类反应器显然只适用于放热反应，较易维持一定温度分布。然而，该反应器结构复杂，造价高，适用于热效应不大的高压反应过程，如中小型合成氨反应器。这些反应要求高压容器的催化剂装载系数较大和反应器的生产能力或空时收率较高。

气固相固定床催化反应器除以上几种主要类型外，近年来又发展了径向反应器。按照反应气体在催化床中的流动方向，固定床反应器可分为轴向流动与径向流动。轴向流动反应器中气体流向与反应器的轴平行；径向流动催化床中气体在垂直于反应

动画
径向固定床催化
反应器

图 11-10　径向固定床催化
反应器

器轴的各个横截面上沿半径方向流动，如图 11-10 所示。径向流动催化床的气体流道短，流速低，可大幅度地降低催化床压降，为使用小颗粒催化剂提供了条件。径向流动反应器的设计关键是合理设计流道以使各个横截面上的气体流量均等，对分布流道的制造要求较高，且要求催化剂有较高的机械强度，以免催化剂破损而堵塞分布小孔，破坏流体的均匀分布。

11.2 流化床反应器特点与结构

流化床反应器是利用流体通过颗粒状固体层而使固体颗粒处于悬浮运动状态的反应器。流化床反应器是工业上较为广泛应用的一类反应器，适用于催化或非催化的气固、液固和气液固反应器。

微课
流化床反应器
的发展

11.2.1 流化床反应器的特点

流化床内的固体粒子像流体一样运动，由于流态化的特殊运动形式，使这种反应器具有如下特点。

（1）优点

① 由于可采用细粉颗粒，并在悬浮状态下与流体接触，流固相界面积大（可高达 $3280 \sim 16400 m^2/m^3$），有利于非均相反应的进行，提高了催化剂的利用率。

② 由于颗粒在床内混合激烈，使颗粒在全床内的温度和浓度均匀一致，床层与内浸换热表面间的传热系数很高 $[200 \sim 400 W/(m^2 \cdot K)]$，全床热容量大，热稳定性高，这些都有利于强放热反应的等温操作，这是许多工艺过程的反应装置选择流化床的重要原因之一。

③ 流化床内的颗粒群有类似流体的性质，可以大量地从装置中移出、引入，并可以在两个流化床之间大量循环。这使得一些反应-再生、吸热-放热、正反应-逆反应等反应耦合过程和反应-分离耦合过程得以实现，使得易失活催化剂能在工程中使用。

④ 流体与颗粒之间传热、传质速率也较其他接触方式高。

⑤ 由于流-固体系中孔隙率的变化可以引起颗粒曳力系数的大幅度变化，以致在很宽的范围内均能形成较浓密的床层。所以流态化技术的操作弹性范围宽，单位设备生产能力大，设备结构简单、造价低，符合现代化大生产的需要。

（2）缺点

① 气体流动状态与理想置换流偏离较大，气流与床层颗粒发生返混，以致在床层轴向没有温度差及浓度差。加之气体可能以大气泡状态通过床层，使气固接触不良，使反应的转化率降低。因此流化床一般达不到固定床的转化率。

② 催化剂颗粒间相互剧烈碰撞，容易造成催化剂的破碎和损失，增加除尘的困难。

③ 由于固体颗粒的磨蚀作用，管道和容器的磨损严重。

虽然流化床反应器存在着上述缺点，但优点是主要的。流态化操作总的经济效果是不错的，特别是传热和传质速率快、床层温度均匀、操作稳定的突出优点，对于热效应很大的大规模生产过程特别有利。

综上所述，流化床反应器比较适用于下述过程：热效应很大的放热或吸热过程；要求有均一的催化剂温度和需要精确控制温度的反应；催化剂寿命比较短，操作较短时间就需要更换（或活化）的反应；有爆炸危险的反应，某些能够比较安全地在高浓度下操作的氧化反应，可以提高生产能力，减少分离和精制的负担。

流化床反应器一般不适用要求高转化率的反应和要求催化剂层有温度分布的反应。例如，硫铁矿沸腾焙烧、石油催化裂化、丙烯腈苯胺、醋酸乙烯的生产就可以采用流化床反应器。

11.2.2 流化床反应器的结构

微课
流化床反应器
的结构和组成

流化床的结构型式较多，但无论什么型式，一般都由流化床反应器主体、气体分布装置、内部构件、换热装置、气固分离装置等组成。图 11-11 是有代表性的带挡板的单器流化床反应器，这里结合该设备介绍流化床反应器的结构。

（1）流化床反应器主体

按床层中的介质密度分布分为浓相段（有效体积）和稀相段，底部设有锥底，有些流化床的上部还设有扩大段，用以增强固体颗粒的沉降。

（2）气体分布装置

气体分布装置包括设置在锥底的气体预分布器和气体分布板两部分。其作用是使气体均匀分布，以形成良好的初始流化条件，同时支承固体催化剂颗粒。

动画
流化床反应器

（3）内部构件

内部构件一般设置在浓相段，主要用来破碎气体在床层中产生的大气泡，增大气固相间的接触机会；减少返混，从而提高反应速率和提高转化率。内部构件包括挡网、挡板和填充物等。在气流速率较低、催化反应对于产品要求不高时，可以不设置内部构件。

（4）换热装置

换热装置的作用是用来取出或供给反应所需要的热量。由于流化床反应器的传热速率远远高于固定床，因此同样反应所需的换热装置要比固定床中的换热装置小得多。根据需要分为外夹套换热器和内管换热器，也可采用电感加热。

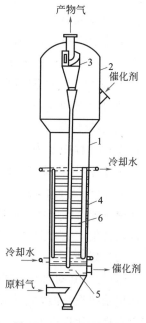

图 11-11 流化床反应器
1—壳体；2—扩大段；3—旋风分离器；4—换热管；5—气体分布器；6—内部构件

常见的流化床内部换热器如图 11-12 所示。列管式换热器是将换热管垂直放置在床层内浓相或床面上稀相的区域中。常用的有单管式和套管式两种，根据传热面积的大小排成一圈或几圈。鼠笼式换热器由多根直立支管与汇集横管焊接而成，这种换热器可以安排较大的传热面积，但焊缝较多。管束式换热器分直列和横列两种，但横列的管束式换热器常用于流态化质量要求不高而换热量很大的场合，如沸腾燃烧锅炉等。U 形管式换热器是经常采用的种类，具有结构简单、不易变形和损坏、催化剂寿命长、温度控制十分平稳的优点。蛇管式换热器也具有结构简单、不存在热补偿问题的优点，但也存在同水平管束式换热器相类似的问题，即换热效果差，对床层流态化质量有一定的影响。

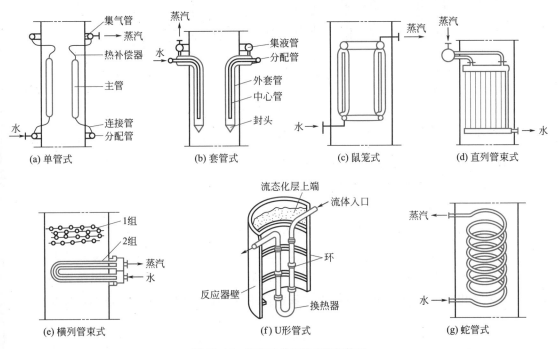

图 11-12　流化床常用的内部换热器

(5) 气固分离装置

由于流化床内的固体颗粒不断地运动，引起粒子间及粒子与器壁间的碰撞而磨损，使上升气流中带有细粒和粉尘。气固分离装置用来回收这部分细粒，使其返回床层，并避免带出粉尘影响产品纯度。常用的气固分离装置有旋风分离器和过滤管。

旋风分离器是一种靠离心作用把固体颗粒和气体分开的装置，结构如图 11-13 所示。含有催化剂颗粒的气体由进气管沿切线方向进入旋风分离器内，在旋风分离器内作回旋运动而产生离心力，催化剂颗粒在离心力的作用下被抛向器壁，与器壁相撞后，借重力沉降到锥

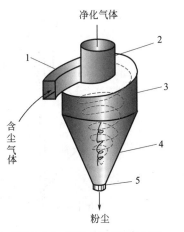

图 11-13　旋风分离器结构示意
1—矩形进口管；2—螺旋状进口管；
3—筒体；4—锥体；5—灰斗

底，而气体则由上部排气管排出。为了加强分离效果，有些流化床反应器在设备中把三个旋风分离器串联使用，催化剂按大小不同的颗粒先后沉降至各级分离器锥底。

旋风分离器分离出来的催化剂靠自身重力通过料腿或下降管回到床层，此时料腿出料口有时因进气造成短路，使旋风分离器失去作用。因此，在料腿中加密封装置，可防止气体进入。密封装置种类很多，如图11-14所示。

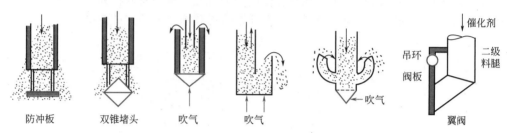

图 11-14　各种密封料腿示意

双锥堵头是靠催化剂本身的堆积防止气体窜入，当堆积到一定高度时，催化剂就能沿堵头斜面流出。第一级料腿用双锥堵头密封。第二级和第三级料腿出口常用翼阀密封。翼阀内装有活动挡板，当料腿中积存的催化剂的重量超过翼阀对出料口的压力时，此活动板便打开，催化剂自动下落。料腿中催化剂下落后，活动挡板又恢复原样，密封料腿的出口。翼阀的动作在正常情况下是周期性的，时断时续，故又称断续阀。也有采用在密封头部送入外加的气流，有时甚至在料腿上、中、下处都装有吹气管和测压口，以掌握料面位置和保证细粒畅通。料腿密封装置是生产中的关键，要经常检修，保持灵活好使。

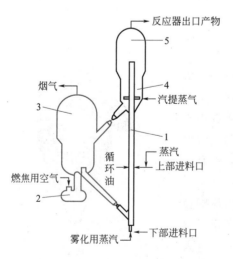

▶ 动画
石油催化裂化
装置

图 11-15　石油催化裂化装置图
1—提升管反应器；2—空气预热器；3—再生器；
4—汽提段；5—旋风分离器

流化床反应器的结构型式很多，除单器外，还有双器流化床反应器。双器由流化床反应器和流化床再生器组成，多用于催化剂使用寿命较短容易再生的气固相催化反应过程。如石油加工中的催化裂化装置，其结构型式参见图 11-15。重质油在流化床中的硅铝催化剂上进行吸热的裂化反应，同时发生积炭反应，失活后的积炭催化剂在流化床再生器中用空气与炭进行放热的烧炭反应，再生后的催化剂将烧炭反应热带入反应器，提供裂化所需的热量。

11.3 气固相催化反应器选择

气固相催化反应器的选择一般可从反应特点、反应热、工艺要求、反应器特点、催化剂性能等方面综合考量。表 11-1 所示为气固相催化反应器选择举例。

表 11-1　气固相催化反应器选择举例

类型	适用的反应	应用特点	应用举例
固定床	气固相	返混小，高转化率时催化剂用量少，催化剂不易磨损，但传热控温不易，催化剂装卸麻烦	乙苯脱氢制苯乙烯，乙炔法制氯乙烯，合成氨，乙烯法制醋酸乙烯等
流化床	气固相	传热好，温度均匀，易控制，催化剂有效系数大，粒子输送容易，但磨耗大，床内返混大，对高转化率不利，操作条件限制较大	萘氧化制苯酐，石油催化裂化，乙烯氧氯化制二氯乙烷等
移动床	气固相	固体返混小，固气比可变性大，但粒子传送较易，床内温差大，调节困难	石油催化裂化，矿物的焙烧或冶炼

知识拓展

一、固定床反应器安装要点

① 催化剂可以由反应器的顶部加入或用真空抽入，装料口离操作台 800mm 左右，超过 800mm 时要设置工作平台。

② 反应器上部要留出足够净空，供检修或吊装催化剂篮筐用；在反应器顶部可设单轨吊车或吊柱。

③ 催化剂如从反应器底部（或侧面出料口）卸料时，应根据催化剂接收设备的高度，留有足够的净空，如图 11-16 所示。当底部离地面大于 1.5m 时，应设置操作平台，底部离地面最小距离不得小于 500mm。

④ 多台反应器应布置在一条中心线上，周围留有放置催化剂盛器与必要的检修场地。

⑤ 操作阀门与取样口应尽量集中在一侧，并与加料口不在同一侧，以免相互干扰。

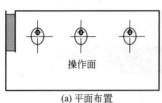

(a) 平面布置

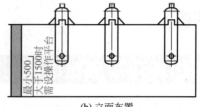

(b) 立面布置

动画
固定床反应器
安装

图 11-16 固定床反应器安装示意

二、流化床反应器安装要点

① 要求基本与固定床反应器相同，此外，应同时考虑与其相配的流体输送设备、附属设备的布置位置。 设备间的距离在满足管线连接安装要求下，应尽可能缩短。

② 催化剂进出反应器的角度，应能使得固体物料流动通畅，有时还应保持足够的料封。

③ 对于体积大、反应压力较高的流化床反应器，应该采用坚固的结构支承。

④ 反应器支座（或裙座）应有足够的散热长度，使支座与建筑物或地面的接触面上的温度不致过高。 反应器支座或支耳与钢筋混凝土构件和基础接触的温度不得超过 100℃，钢结构上不宜超过 150℃，否则应作隔热处理。

工作任务

根据化工产品的生产条件和工艺要求进行固定床反应器的工艺设计。

技术理论

实际上，工业使用的气固相反应绝大部分都是在固体催化剂作用下的催化反应，所以在介绍气固相反应器的工艺设计方法前，必须先了解固体催化剂的基础知识。

12.1 固体催化剂基础知识

化学工业之所以发展到今天这样庞大的规模，生产出不同种类的化工产品，在国民经济中占有如此重要的地位，是与催化剂的发明和发展分不开的。从合成氨等无机产品到三大合成材料，大量的化工产品是从煤、石油和天然气这些天然原料出发，中间经过各种各样的化学催化加工而制得。化学催化可分为均相催化和非均相催化两大类。当催化剂与反应物处于同一相，没有相界面存在时，其催化系统称为均相催化；当催化剂与反应物处于不同相中，催化反应在界面上进行的催化系统称为非均相催化（或称多相催化）。在非均相催化中最重要也是工业上应用最广泛的是使用固体催化剂的系统。

微课
固体催化剂
基础知识

12.1.1 催化作用与催化剂

一个化学反应要在工业中实现，基本要求是该反应要以一定的反应速率进行。欲提高反应速率，可以有多种手段，如用加热、光化学、电化学和辐射化学等方法。加热的方法往往缺乏足够的化学选择性，其他的光、电、辐射等方法作为工业装置使用往往需要消耗额外的能量。而用催化的方法，既能提高反应速率，又能对反应方向进行控制，且原则上催化剂是不消耗的。因此，应用催化剂是提高反应速率和控制反应方向较为有效的方法。对催化作用和催化剂的研究应用，已成为现代化学工业的重要课题之一。

12.1.1.1 催化作用的定义与基本特征

（1）催化作用定义

根据 IUPAC（国际纯粹与应用化学联合会）于 1981 年提出的定义，催化剂是一种物质，它能够加速化学反应的速率而不改变该反应的标准自由焓的变

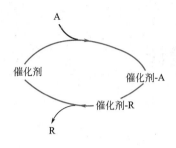

图 12-1 催化反应的假设循环

化，这种作用称为催化作用。催化作用可用最简单的"假设循环"表示出来，如图 12-1 所示。

图 12-1 中 A、R 分别代表反应物、产物，而催化剂-A、催化剂-R 则代表由反应物、产物和催化剂反应形成的中间物种。在暂存的中间物种解体后，又重新得到催化剂以及产物。这个简单的示意图可以帮助人们理解即使是最复杂的催化反应过程的本质。

（2）催化剂基本特征

① 催化剂能够加快化学反应速率，但它本身并不进入化学反应的计量。由于催化剂在参与化学反应的中间过程后又恢复到原来的化学状态而循环起作用，所以一定量的催化剂可以促进大量反应物起作用，生成大量的产物。例如氨合成采用熔铁催化剂，1 吨催化剂能生产出约 2 万吨氨。应该注意，在实际反应过程中，催化剂并不能无限期使用。因为催化作用不仅与催化剂的化学组成有关，亦与催化剂的物理状态有关。例如，在使用过程中，由于高温受热而导致反应物的结焦，使得催化剂的活性表面被覆盖，致使催化剂的活性下降。

② 催化剂对反应具有选择性，即催化剂对反应类型、反应方向和产物的结构具有选择性。例如，以合成气为原料，可用四种不同催化剂完成四种不同的反应：

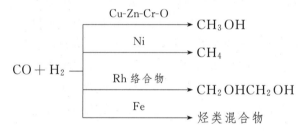

$$CO + H_2 \longrightarrow \begin{cases} \xrightarrow{\text{Cu-Zn-Cr-O}} CH_3OH \\ \xrightarrow{\text{Ni}} CH_4 \\ \xrightarrow{\text{Rh 络合物}} CH_2OHCH_2OH \\ \xrightarrow{\text{Fe}} \text{烃类混合物} \end{cases}$$

这种选择关系的研究是催化研究中的主要课题，常常要付出巨大的劳动才能创立高效率的工业催化过程。亦正是由于这种选择关系，使人们有可能对复杂的反应系统从动力学上加以控制，使之向特定反应方向进行，生产特定的产物。

③ 催化剂只能加速热力学上可能进行的化学反应，而不能加速热力学上无法进行的反应。如果某种化学反应在给定的条件下属于热力学上不可行的，这就告诉人们不要为它白白浪费人力和物力去寻找高效催化剂。因此，在开发一种新的化学反应催化剂时，首先要对该反应系统进行热力学分析，看它在该条件下是否属于热力学上可行的反应。

④ 催化剂只能改变化学反应的速率，而不能改变化学平衡的位置（平衡常数）。即在一定外界条件下某化学反应产物的最高平衡浓度受热力学变量的限制。换言之，催化剂只能改变达到（或接近）这一极限值所需要的时间，而不能改变这一极限值的大小。

⑤ 催化剂不改变化学平衡，意味着既能加速正反应，也能同样程度地加速逆反应，这样才能使其化学平衡常数保持不变。因此，某催化剂如果是某可逆反应正反应的催化剂，必然也是其逆反应的催化剂。例如合成甲醇反应：

$$CO+2H_2 \rightleftharpoons CH_3OH$$

该反应需在高压下进行。在早期研究中，利用常压下甲醇的分解反应来初步筛选合成甲醇的催化剂，就是利用上述的原理。

12.1.1.2 催化剂组成与功能

固体催化剂通常不是单一的物质，而是由多种物质组成。绝大多数工业催化剂可分成三个组分，即活性组分、助催化剂、载体。其组分与功能关系如图12-2所示。

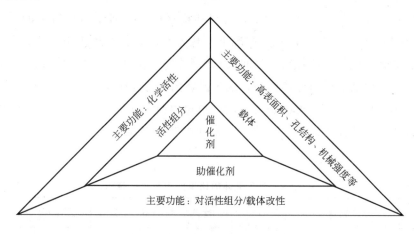

图 12-2 催化剂组分与功能关系

(1) 活性组分

活性组分（或主催化剂）是催化剂的主要成分，是起催化作用的根本性物质。没有活性组分，就不存在催化作用。活性组分有时由一种物质组成，如乙烯氧化制环氧乙烷的银催化剂，活性组分就是银单一物质；有时则由多种物质组成，如丙烯氨氧化制丙烯腈用的钼-铋催化剂，活性组分就是由氧化钼和氧化铋两种物质组合而成。

(2) 助催化剂

一些本身对某一反应没有活性或活性很小，但添加少量于催化剂之中（一般小于催化剂总量的10%）却能使催化剂具有所期望的活性、选择性或稳定性的物质，称为助催化剂。助催化剂的类型分为结构型助催化剂和调变型助催化剂。用一些高熔点、难还原的氧化物作为助催化剂，可以增加活性组分表面积，提高活性组分的热稳定性。结构型助催化剂一般不影响活性组分的本性。调变型助催化剂可以调节和改变活性组分的本性。例如，用于脱水的 Al_2O_3 催化剂以 CaO、MgO、ZnO 为助催化剂。

(3) 载体

载体是固体催化剂所特有的组分。它可以起增大表面积、提高耐热性和机械强度的作用，有时还能担当助催化剂的角色。它与助催化剂的不同之处在于，一般是载体在催化剂中的含量远大于助催化剂。

载体是催化活性组分的分散剂、黏合物或支撑体，是负载活性组分的骨架。将活性组分、助催化剂组分负载于载体上所制得的催化剂，称为负载型催化剂。负载催化剂的载体，其物理结构和性质往往对催化剂有决定性影响。

载体在催化剂中起到如下作用：①提供有效的表面和适合的孔结构；②使催化剂获得一定的机械强度；③提高催化剂的热稳定性；④提供活性中心；⑤与活性组分作用形成新的化合物；⑥节省活性组分用量。

载热体还可起到支撑、稳定、传热和稀释作用（对于活性极高的活性组分，可控制反应程度）。在有些情况下，载体不仅起着上述作用，还具有化学功能。如有的载体与活性组分之间具有相互作用，可改变活性表面的性质，即载体起到催化剂活性组分的作用，或改善催化剂的选择性。

载体的种类很多，可以是天然的，也可以是人工合成的。为了使用方便，可将载体分为低比表面积、高比表面积和中等比表面积三类，以 $1\sim100\text{m}^2/\text{g}$ 界定其上下限。常见载体的比表面积和比孔容积见表 12-1。

表 12-1　常见载体的比表面积和比孔容积

载体		比表面积/（m^2/g）	比孔容积/（m^3/g）
高比表面积	活性炭	$900\sim1100$	$0.3\sim2.0$
	硅胶	$400\sim800$	$0.4\sim4.0$
	$Al_2O_3 \cdot SiO_2$	$350\sim600$	$0.5\sim0.9$
	Al_2O_3	$100\sim200$	$0.2\sim0.3$
	黏土、膨润土	$150\sim280$	$0.3\sim0.5$
	矾土	150	约 0.25
中等比表面积	氧化镁	$30\sim50$	0.3
	硅藻土	$2\sim30$	$0.5\sim6.1$
	石棉	$1\sim16$	—
低比表面积	刚铝石	$0.1\sim1$	$0.33\sim0.45$
	刚玉	$0.07\sim0.34$	0.08
	碳化硅	<1	0.40
	浮石	约 0.04	—
	耐火砖	<1	—

（4）抑制剂

大多数化工生产中使用的催化剂由活性组分、助催化剂和载体这三大部分构成，个别情况也有多于或少于这三部分的。如果在活性组分中添加少量的物质，便能使活性组分的催化活性适当调低，甚至在必要时大幅度地下降，则这样的少量物质称为抑制剂。抑制剂的作用正好与助催化剂相反。

一些催化剂配方中添加抑制剂是为了使工业催化剂的诸性能达到均衡匹配，整体优化。有时，过高的活性反而有害，它会影响反应器移热而导致"飞温"，或者导致副反应加剧，选择性下降，甚至引起催化剂积炭失活。

几种催化剂的抑制剂举例如表 12-2 所示。

表 12-2　几种催化剂的抑制剂

催化剂	反应	抑制剂	作用效果
Fe	氨合成	Cu,Ni,P,S	降低活性
$Al_2O_3 \cdot SiO_2$	柴油裂化	Na	中和酸点,降低活性
Ag	乙烯环氧化	1,2-二氯乙烷	降低活性,抑制深度氧化

12.1.1.3　催化剂性能与标志

一种良好的催化剂不仅能选择性地催化所要求的反应，同时还必须具有一定的机械强度；有适当的形状，以使流体阻力减小并能均匀地通过；在长期使用后（包括开停车）仍能保持其活性和力学性能。即必须具备高活性、合理的流体流动性质及长寿命这三个条件。对理想催化剂的要求如图 12-3 所示。

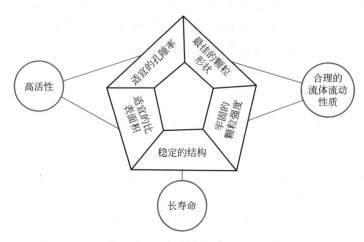

图 12-3　理想催化剂的要求

这些要求之间有些是相互矛盾的，一般难以完全满足。活性和选择性是首先应当考虑的方面。

影响催化剂活性和选择性的因素很多，但主要是由催化剂的化学组成和物理结构决定。

(1) 活性

催化剂的活性是指催化剂改变反应速率的能力，即加快反应速率的程度。它反映了催化剂在一定工艺条件下催化性能的最主要指标，直接关系到催化剂的选择、使用及制造。催化剂的活性不仅取决于催化剂的化学本性，还取决于催化剂的物理结构等性质。活性可以用下面几种方法表示。

① 比活性　非均相催化反应是在催化剂表面上进行的。在大多数情况下，催化剂的表面积愈大，催化活性愈高，因此可用单位表面积上的反应速率即比活性来表示活性的大小。

比活性在一定条件下又取决于催化剂的化学本性，而与其他物理结构无关，所以用它来评价催化剂是比较严格的方法。但是反应速率方程式比较复杂，特别是在研究工作初期探索催化剂阶段，常不易写出每一种反应的速率方程式，因而很难计算出反应速率常数。

② 转化率　用转化率表示催化剂的活性，是在一定反应时间、反应温度和反应物料配比的条件下进行比较的。转化率高则催化活性高，转化率低则催化活性低。此种表示方法比较直观，但不够确切。

③ 空时收率　空时收率是指单位时间内单位催化剂（单位体积或单位质量）上生成目的产物的数量，常表示为：目的产物千克数/［立方米（或千克）催化剂·小时］。这个量直接给出生产能力，生产和设计部门使用最为方便。在生产过程中，常以催化剂的空时收率来衡量催化剂的生产能力，它也是工业生产中经验计算反应器的重要依据。

(2) 选择性

催化剂的选择性是指催化剂促使反应向所要求的方向进行而得到目的产物的能力。它是催化剂的又一个重要指标。催化剂具有特殊的选择性，说明不同类型的化学反应需要不同的催化剂；同样的反应物，选用不同的催化剂，则获得不同的产物。

选择性可由式(12-1) 计算

$$选择性 = \frac{生成目的产物所消耗的原料量}{参加反应所转化掉的原料量} \times 100\% \qquad (12\text{-}1)$$

(3) 使用寿命

催化剂的使用寿命是指催化剂在反应条件下具有活性的使用时间，或活性下降经再生而又恢复的累计使用时间。它也是催化剂的一个重要性能指标。催化剂寿命愈长，使用价值愈大。所以高活性、高选择性的催化剂还需要有长的使用寿命。催化剂的活性随运转时间而变化。各类催化剂都有它自己的"寿命曲线"，即活性随时间变化的曲线，可分为三个时间段，如图12-4 所示。

① 成熟期　在一般情况下，当催化剂开始使用时，其活性逐渐有所升高，可以看成是活化过程的延续，直至达到稳定的活性，即催化剂已经成熟。

② 稳定期　催化剂活性在一段时间内基本保持稳定。这段时间的长短与使用的催化剂种类有关，可以从很短的几分钟到几年，这个稳定期越长越好。

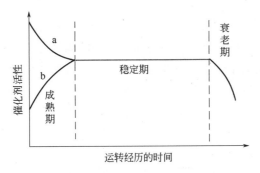

图 12-4　催化剂活性随时间变化曲线

a—起始活性很高，很快下降达到老化稳定；b—起始活性很低，经一段诱导达到老化稳定

▶ 动画
催化剂活性随
时间变化曲线

③ 衰老期　随着反应时间的增长，催化剂的活性逐渐下降，即开始衰老，直到催化剂的活性降低到不能再使用，此时必须再生，重新使其活化。如果再生无效，就要更换新的催化剂。

（4）机械强度和稳定性

在化工生产中，大多数催化反应都采用连续操作流程，反应时有大量原料气通过催化剂层，有时还要在加压下运转，催化剂又需定期更换，在装卸、填装和使用时都要承受碰撞和摩擦，特别在流化床反应器中，对催化剂的机械强度要求更高，否则会造成催化剂的破碎，增加反应器的阻力降，甚至物料将催化剂带走，造成催化剂的损失。更严重的还会堵塞设备和管道，被迫停车，甚至造成事故。所以，机械强度是催化剂活性、选择性和使用寿命之后的又一个评价催化剂质量的重要指标。

影响催化剂机械强度的因素很多，主要有催化剂的化学组成、物理结构、制备成型方法及使用条件等。

工业上表示催化剂机械强度的方法很多，主要随反应器的要求而定。固定床反应器主要考虑压碎强度，流化床反应器则主要考虑磨损强度。

工业催化剂还需要耐热稳定性及抗毒稳定性好。固体催化剂在高温下，较小的晶粒可以重结晶为较大的晶粒，使孔半径增大，表面积降低，因而导致催化活性降低，这种现象称作烧结作用。催化剂的烧结多半是由于操作温度的波动或催化剂床层的局部过热造成。所以，制备催化剂时一定要尽量选用耐热性能好、导热性能强的载体，以阻止容易烧结的催化活性组分相互接触，防止烧结发生，同时有利于散热，避免催化剂床层过热。

催化剂在使用过程中，有少量甚至微量的某些物质存在，就会引起催化剂活性显著下降。因此在制备催化剂过程中从各方面都要注意增强催化剂的抗毒能力。

（5）其他物理性状

催化剂的物理状态对催化剂的性质有重要的影响。物理状态及有关的性状可以分为两类：一类是微观的，属于深入的科学研究范围；另一类是与固体催化剂宏观组织构造有关的标志，在工业催化剂商品中列有这一类标志，供催化剂使用者参考，这些标志主要有以下 9 项。

① 形状与尺寸　固体催化剂，不管以何种方法制备，最终总是要以不同形状和尺寸的颗粒在催化反应器中使用。市售的固体催化剂必须是颗粒状或微球状，以便均匀地填充到工业反应器中。工业上常用的催化剂，除无定形粒状外，还有圆柱形（包括拉西环形及多孔圆柱形）、锭形、球形、条形、蜂窝形、内外齿轮形、三叶草形、梅花形等。图 12-5 列举了固定床反应器中常用的催化剂形状。

(a) 七筋车轮形	(b) 拉西环形	(c) 四孔形	(d) 七孔形
(e) 五筋车轮形	(f) 外齿轮形	(g) 内齿轮形	(h) 梅花形	(i) 多孔梅花形
(j) 蜂窝形	(k) 七孔球形	(l) 无孔外齿轮形	(m) 四叶蝶形

图 12-5　若干固定床催化剂的形状

颗粒的大小，如锭状应指出其直径与高度（如 $D \times h = 5\text{mm} \times 5\text{mm}$），球状应指出直径（如 $\phi = 3\text{mm}$）。同一类催化剂，由于应用场合不同，常要求不同的尺寸规格，形成一个系列的牌号。流化床用的微球或粉末催化剂，其尺寸多数为微米级，应指出其粒度分布。

② 比表面积　指每克催化剂的表面积，记为 S_g，单位为 m^2/g。常用的多孔性催化剂比表面积较大，而大孔催化剂与非孔性催化剂的比表面积甚小。

③ 孔容积　指每克催化剂中孔隙的容积，记为 V_g，单位为 mL/g。多孔性催化剂的孔容积多数在 $0.1 \sim 1.0 \text{mL/g}$ 范围内。

④ 孔径分布、平均孔径与或然孔径　多孔性催化剂的孔径大小可从 Å（$1\text{Å} = 10^{-10}\text{ m}$）级至 μm 级。细孔型多数在十至数百埃（Å）范围，而粗孔型者则为几微米至 $100\mu\text{m}$ 以上。除极少数例外（如分子筛），催化剂中的孔径都是不均匀的。为了表达孔径大小的分布，可以用多种不同的指标，例如在不同孔径范围内的孔所占孔容积的分数，或不同孔径范围内的孔隙所提供的表面积的分数。平均孔径为一设想值，即设想孔径一致时为了提供实际催化剂所具有的孔容积和比表面积孔的半径应为多少。或然孔径值，即为在实际催化剂的孔径分布中出现概率最大的孔径值。

⑤ 孔隙率　指催化剂颗粒孔隙体积与催化剂颗粒总体积之比，用 θ 表示。

⑥ 空隙率　指催化剂床层的空隙体积与催化剂床层总体积之比，用 ε 表示。

⑦ 真密度　又称骨架密度，即催化剂颗粒中固体实体的密度，用 ρ_p 表示，单位为 g/cm^3。

⑧ 表观密度　又称假密度或颗粒密度，即包括催化剂颗粒中的孔隙容积时该颗粒的密度，记为 ρ_s，单位为 g/cm^3。

⑨ 堆积密度　又称填充密度，是对催化反应床层而言，即当催化剂自由地填入反应器中时包括床层中的自由空间每单位体积反应器中催化剂的质量，记为 ρ_b，单位可用 g/cm^3、g/L 或 kg/m^3 表示。

这些性质中，比表面积直接与催化活性、选择性等有关，其他性质则常与宏观动力学和工程问题有关。例如催化剂的形状、大小将影响反应器中的流体力学条件；颗粒大小分布、催化剂的密度在流化床反应系统中有重要的意义；孔容积、孔径分布等是对传递过程极为重要的因素；堆积密度直接影响反应器的利用率。所以在催化剂的设计、制造和使用中对这些性质必须重视。

12.1.2　工业催化剂的制备

固体催化剂的制备方法很多。由于制备方法的不同，尽管原料与用量完全一样，但所制得的催化剂性能仍可能有很大的差异。因为工业催化剂的制备过程比较复杂，许多微观因素较难控制，目前的科学水平还不足以说明催化剂的奥秘。另外，催化剂生产的技术高度保密，影响了制备理论的发展，使制备方法在一定程度上还处于半经验的探索阶段。随着生产实践经验的逐渐总结，再配合基础理论研究，现在催化剂制备中的盲目性大大减少。目前，工业上使用的固体催化剂的制备方法有沉淀法、浸渍法、混合法、熔融法、离子交换法等。

微课
固体催化剂的
制备与成型

（1）沉淀法

沉淀法是借助沉淀反应，用沉淀剂（如碱类物质）将可溶性的催化剂组分（金属盐类的水溶液）转化为难溶化合物，再经分离、洗涤、干燥、焙烧、成型等工序制得成品催化剂。沉淀法是制备固体催化剂最常用的方法之一，广泛用于制备高含量的非贵金属、金属氧化物、金属盐催化剂或催化剂载体。例如采用沉淀法制备 γ-Al_2O_3 催化剂：60℃温水中溶解处理工业硫酸产品的粉碎体，配制 20% 左右 Na_2CO_3 溶液，混合，pH 控制在 5 左右，经搅拌形成氢氧化铝沉淀物，对沉淀物和沉淀液进行分离，将沉淀物洗净后放于氨水中陈化处理，经反复洗涤和沉淀后，取沉淀物于 100℃ 上下干燥处理，500℃ 下焙烧，得到 γ-Al_2O_3 催化剂。

影响沉淀法的因素有溶液的浓度、沉淀的温度、溶液的 pH 值和加料的顺序等。

沉淀法的优点是：有利于杂质的清除；可获得活性组分分散度较高的产品；有利于组分间紧密结合，造成适宜的活性构造；活性组分与载体的结合较紧密，且前者不易流失。

沉淀法的缺点是：沉淀物可能聚集有多重物质，或含有大量的盐类，或包裹着溶剂，所得产品纯度通常比结晶法低，过滤比较困难。

（2）浸渍法

浸渍法是负载型催化剂最常用的制备方法。其制备步骤大体包括：①抽空载体；②载体与被浸渍溶液接触；③除去过剩的溶液；④干燥；⑤煅烧及活化。例如用于加氢反应的载于氧化铝上的镍催化剂 Ni/Al_2O_3，其制备方法是将抽空的氧化铝粒子浸泡在硝酸镍溶液里，然后移除掉过剩的溶液，在炉内加热使硝酸镍分解成氧化镍。这种催化剂在使用之前需要将氧化镍还原成金属镍，还原过程可在反应器内进行。

所制备出的催化剂活性与活性组分对载体用量比、载体浸渍时溶液的浓度、浸渍后干燥速率等因素有关。

（3）混合法

混合法是工业上制备多组分固体催化剂时常采用的方法。它是将几种组分用机械混合的方法制成多组分催化剂。混合的目的是促进物料间的均匀分布，提高分散度。因此，在制备时应尽可能使各组分混合均匀。尽管如此，这种单纯的机械混合，组分间的分散度不及其他方法。为了提高机械强度，在混合过程中一般要加入一定量的黏结剂。

（4）熔融法

熔融法是在高温条件下进行催化剂组分的熔合，使之成为均匀的混合体、合金固溶体或氧化物固溶体。在熔融温度下金属、金属氧化物都呈流体状态，有利于它们的混合均匀，促使助催化剂组分在活性组分上的分布。

熔融法制备工艺显然是高温下的过程，因此温度是关键性的控制因素。熔融温度的高低，视金属或金属氧化物的种类和组分而定。熔融法制备的催化剂活性好、机械强度高且生产能力大，局限性是通用性不大。主要用于制备氨合成的熔铁催化剂、Fischer-Tropsch 合成催化剂、甲醇氧化的 Zn-Ga-Al 合金催化剂等。其制备程序一般为：①固体的粉碎；②高温熔融或烧结；③冷却、破碎成一定的粒度；④活化。例如目前合成氨工业上使用的熔铁催化剂，就是将磁铁矿（Fe_3O_4）、硝酸钾、氧化铝于 1600℃高温熔融，冷却后破碎到几毫米的粒度，然后在氢气或合成气中还原，即得 $Fe-K_2O-Al_2O_3$ 催化剂。

（5）离子交换法

离子交换法是利用载体表面上存在着可进行交换的离子，将活性组分通过离子交换（通常是阳离子交换）交换到载体上，然后再经过适当的后处理，如洗涤、干燥、焙烧、还原，最后得到金属负载型催化剂。离子交换反应在载体表面固定而有限的交换基团和具有催化性能的离子之间进行，遵循化学计量关系，一般是可逆过程。该法制得的催化剂分散度好，活性高，尤其适用于制备低含量、高利用率的贵金属催化剂。沸石分子筛、离子交换树脂的改性过程也常采用这种方法。

例如，离子交换法常用于 Na 型分子筛及 Na 型离子交换树脂，经离子交换除去 Na^+，而制得许多不同用途的催化剂。例如，用酸（H^+）与 Na 型离子交换树脂交换时制得的 H 型离子交换树脂可用作某些酸、碱反应的催化剂。而用 NH_4^+、碱土金属离子、稀土金属离子或负金属离子与分子筛交换，可得到多种相对应的分子筛型催化剂，其中 NH_4^+ 分子筛加热分解，又可得到 H 型分子筛。

12.1.3　催化剂的成型

由于反应器的类型和操作条件不同，常需要不同形状的催化剂，以符合其流体力学条件。催化剂对流体的阻力由固体的形状、外表面的粗糙度和床层的空隙率所决定。具有良好流线型固体的阻力较小，一般固定床中球形催化剂的阻力最小，不规则形催化剂阻力较大。流化床中一般采用细粒或微球形的催化剂。

为了生产特定形状的催化剂，需要通过成型工序。催化剂的成型方法通常有破碎成型、挤条成型、压片成型及生产球状成品的成型技术。

（1）破碎

直接将大块的固体破碎成无规则的小块。坚硬的大块物料可先用颚式破碎机，欲进一步破碎则可采用粉碎机。由于用破碎法得到的固体催化剂的形状不规则，粒度不整齐，因此要筛分成不同的品级。破碎物块常有棱角，这些棱角部分易碎裂成粉状物，故通常在破碎后将块状物放在旋转的角磨机内，使颗粒间相互碰撞，磨去棱角。

（2）挤条

一般适用于亲水性强的物质，如氢氧化物等。将湿物料或在粉末物料中加适量的水碾捏成具有可塑性的浆状物料，然后放置在开有小孔的圆筒中，在活塞的推动下，物料呈细条状从小孔中被挤压出来，干燥并硬化。工业上最常见的挤条成型装置是单螺杆挤条机，其结构如图 12-6 所示。

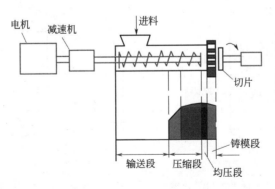

图 12-6　单螺杆挤条机结构

（3）压片

压片是常用的成型方法，某些不易挤条成型的物质可用此法成型。

压片是将粉末状物料注入圆柱形的空腔中，在空腔中的活塞上施加预定的压力，将粉压成片。

片的尺寸按需要而定，压机的压力一般为 $4 \times 10^7 \sim 4 \times 10^8 Pa$，这取决于粉末的可压缩性。有些物料（例如硅藻土）压片容易，有些物料则需添加少量塑化剂和润滑剂（例如滑石、石墨、硬脂酸）来帮助。片压成后排出，它的形状和尺寸非常均匀，机械强度大，孔隙率适中。有时在粉末中混入纤维（例如合成纤维），然后再将它烧去，以增加片中的大孔；有时在粉末中混入金属，以改善片内和片间的导热性能。

（4）造球

球状催化剂的应用日益增多，现介绍一些造球方法。

① 滚球法　此法适用于干燥的粉状物成型。

将少量的粉末加少量的液体（多数为水）造粒，过筛，取出一定筛分的粒子作种子，放入滚球机中（一个斜立的可旋转的浅盘）。将待成型的粉末物料加入，并不断加入水分，由于水产生的毛细管力使粉末黏附在种子上，因而逐渐长大，成为球状物。

② 流化法　造球过程基本上与滚球法相似，但是在流化床中进行。

将种子不断地加入床层中，在床层底部将含有催化剂组分的浆料与热风一起鼓入。种子在床中处于流化状态，浆料黏附于种子上，同时逐渐干燥。由于粒子之间相互碰撞，使球体颗粒逐渐长大，得到所需的球状固体催化剂。

③ 油浴法　将可以胶凝的物料滴入（或喷入）一柱形容器中，器内盛油。由于表面张力，物料变为球状，并逐渐固化。成型后的球状产物移出容器外后，即送入老化、干燥等工序。

为了使物料固化，可用多种方法。例如制造球状硅胶时，当物料在油层中成球后即进入下部的热水层中，由于温度上升而老化成固体，如图 12-7 所示。

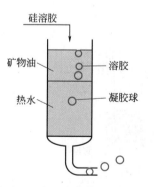

图 12-7　油浴造球法制 SiO_2 小球

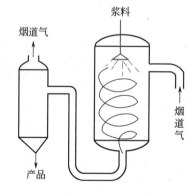

图 12-8　喷雾造球

▶ 动画

● 油浴造球法制 SiO_2 小球

● 喷雾造球

④ 喷雾法　对用于流化床中的微球形催化剂常可用喷雾造球法。即在一柱状容器内，将含催化剂组分的浆料自塔顶的喷头中以雾状喷入，在热风中干燥，经旋风分离器后获得产品，如图 12-8 所示。

12.1.4 制备方法新进展

近年来，以催化剂制备方法为核心的催化剂技术不断发展，形成了与前述几大传统制备方法有原则区别的许多新的方法和技术。

目前，均相催化剂特别是均相络合物催化剂，在化工生产中的应用比例在提高，特别是在聚合催化剂领域；酶催化剂也在扩大其在化工催化中的应用。这其中，自然也要包括一些有别于传统固体催化剂制造方法的新型制备方法。

（1）纳米技术

近年来涌现出的超细微粒新材料，即纳米材料，其发展特别引人关注。这种纳米新材料的主要特征是，其材料的基本构成为数个纳米直径的微小粒子。

实验证明，构成固体材料的微粒如果再充分细化，由微米级再细化到纳米级别之后，由量变到质变，将可能产生很大的"表面效应"，其相关性能会发生飞跃性突变，并由此带来其物理的、化学的以及物理化学的诸多性能的突变，因而赋予材料一些非常或特异的性能，包括光、电、热、化学活性等各个方面。现以纯铜粒子为例说明这种纳米微粒的表面效应。

铜粒子粒径越小，其外表面积越大，从微米级到纳米级大体呈几何级数增加趋势，如表 12-3 所示。

表 12-3　铜粒子粒径与外表面积

粒径/nm	10000	1000	100	10	1
外表面积/（m²/g）	0.068	0.68	6.8	68	680

同时，如果铜粒子细到 10nm 以下，即进入纳米级，则每个微粒将成为含约 30 个原子的原子簇，几乎等于原子全集中于这些纳米粒子的外表面，如图 12-9 所示。

从图 12-9 中看出，当超细铜粒子细到 10nm 以下，80％以上的原子簇均处于其外表面。假定这些超细铜粒子用作催化剂，这将对气固相反应表面结合能的增大有重要影响。因为表面现象的研究证明，表面原子与体相中的原子大不相同。表面原子缺少相邻原子，有许多悬空的键，具有不饱和性质，因而易于与其他原子相结合，反应性就会显著增加。这样一来，新制的超细粒子金属催化剂，除贵金属之外，都会接触空气而自燃；其光催化作用强化，用于某些废水光催化处理，可在 2min 内达到 98％的无害转化；用于太阳能电池的超细粒子，提高了光电转化效率。

至于超细粒子催化剂的制备方法，

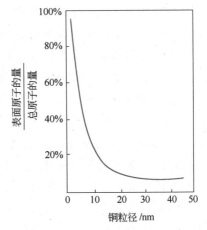

图 12-9　铜粒子粒径与表面原子比例的关系

物理机械的方法有胶体磨、低温粉碎等特殊设备加工。而化学方法中，若干传统制法如果加以进一步改进和提高，已经可以在某些方面达到或接近纳米级催化材料的水平。

（2）气相淀积技术

所谓气相淀积是利用气态物质在一固体表面进行化学反应后在其上生成固态淀积物的过程。下面的反应比较常见，可以此为例说明

$$2CO \xrightleftharpoons{约\,250℃} CO_2 + C$$

这个反应早已用于气相法制超细炭黑，用作橡胶填料。厨房炉灶中的热烟气在冷的锅底或烟囱壁形成炭黑，也就是发生了这种气相淀积现象。

气相淀积反应与前述的溶液中的沉淀反应不同，它是在均匀气相中一两个分子反应后从气相分别沉淀而后积于固体表面。因此可知：第一，它可以制超细物，其他种分子不可能在完全相同的条件下正好也发生淀积反应，于是可以超纯；第二，它是在由分子级别上淀积的粒子，可以超细。沉积的细粒还可以在固体上用适当工艺引导，形成一维、二维或三维的小尺寸粒子、晶须、单晶薄膜、多晶体或非晶形固体。因此，从另一个角度看，也可视为是纳米级的小尺寸材料。

下面的一些淀积反应机理已比较成熟，有一定应用价值，其中有些反应可望移植用于催化剂制备

$$SiH_4 \xrightarrow{800\sim1000℃} Si\downarrow + 2H_2 \quad （用于制集成电路用单晶硅）$$
（气）

$$Pt(CO)_2Cl_2 \xrightarrow{600℃} Pt\downarrow + 2CO + Cl_2 \quad （用于金属镀\,Pt，可望用于催化剂）$$
（蒸气）

$$Ni(CO)_4 \xrightarrow{140\sim240℃} Ni\downarrow + 4CO \quad （用于金属镀\,Ni，可望用于催化剂）$$
（蒸气）

（3）膜催化剂

膜分离技术是化工分离技术的新发展。有机高分子膜用于净水，无机微孔陶瓷或玻璃膜用于过滤，以及金属钯膜或中空石英纤维膜分别用于氢气提纯回收及助燃空气的富氧化，都是成功的工业实例。

近年来，在非均相催化中，将催化反应和膜分离技术结合起来，受到极大关注。膜催化剂将化学反应与膜分离结合起来，甚至以无机膜作催化剂载体附载催化剂活性组分及助催化剂，把催化剂、反应器以及分离膜构成一体化设备。膜催化剂的原理如图12-10所示。

膜可以是多种材料（一般是无机材料），可以是惰性的，只起分离作用；也可以是活性的，起催化和分离双重作用。

膜催化剂引入化学反应，其引人注目的优点在于：①由于不断地从反应系统中以吹扫气带出某一产物，使化学平衡随之向生成主产物的方向移动，可以大大提高转化率；②省去反应后复杂的分离工序。这对于那些通常条件下平衡

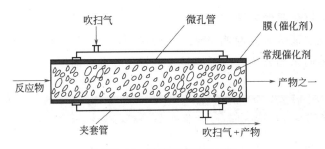

图 12-10　膜催化剂原理示意

转化率较低的反应，以及放热反应（如烷烃选择氧化），尤其具有宝贵的价值。目前，乙苯脱氢的膜催化剂已开始有美国专利的申报，预示着相关工艺在不久的将来可望有所突破。举例如表 12-4 所示。

表 12-4　部分膜催化反应的条件和实验结果

化学反应	温度/℃	转化率（平衡值）	膜材料
$CO_2 \Longrightarrow CO + \frac{1}{2}O_2$	2227	21.5%（1.2%）	ZrO_2-CaO
$C_3H_8 \Longrightarrow C_3H_6 + H_2$	550	35%（29%）	Al_2O_3
$C_6H_{12} \Longrightarrow C_6H_6 + 3H_2$	215	80%（35%）	烧结玻璃
$H_2S \Longrightarrow H_2 + S$	—	14%（H_2）（3.5%）	MoS
$2CH_3CH_2OH \Longrightarrow H_2O + (CH_3CH_2)_2O$	200	高活性（10 倍）	Al_2O_3

催化剂膜的制法，可用微孔陶瓷或玻璃粒子烧结，或用分子筛作基料烧结，造孔可用溶胶浸涂加化学刻蚀等。例如，SiO_2 与 Na_2O-B_2O_3 制膜成管后，酸溶后者而成无机膜载体，再用沉淀、浸渍或气相淀积加入其他催化成分。

(4) 微乳化技术

用微乳化技术制备催化剂的关键是在微乳液中形成催化剂的活性组分或载体。由于催化剂组分被分散得十分均匀，所以形成的催化剂沉淀物均一性很好，催化活性和选择性高，而且易于回收。在乳液的制备中，乳化剂的选择很重要，它必须具备好的表面活性和低的界面张力，能形成一个被压缩的界面膜，在界面张力降到最低时能及时迁移到界面，即有足够的迁移速率。目前，在工业上已采用微乳化技术制备聚合物微球，可用作催化剂载体，或用于制作高效离子交换树脂型催化剂。另一个典型的例子是用微乳化技术制备 Rh/ZrO_2 催化剂。活性组分铑的盐与溶剂环己烷、表面活性剂一起在高速搅拌下混合，形成铑盐的微乳分散体，其中的铑盐被还原剂肼还原成纳米级铑细晶。同时，正丁醇锆也被分散于环己烷中，当加入 $NH_3 \cdot H_2O$ 沉淀剂后，在 40℃下形成氢氧化锆，再通过加热、还原处理，即得催化剂成品。

（5）化学镀等其他方法

电镀和化学镀等金属材料的表面处理技术近年已发展到用于催化剂的制备，这些移植而来的方法也很可能是大有特色和大有前途的。

微课
气固相反应过程

12.2 气固相催化反应动力学基础

由于气固相反应器绝大多数用于固体催化反应，所以在气固相催化反应器设计和计算前必须了解气固相催化反应动力学的基础。

12.2.1 气固相催化反应速率的表示

根据化学反应速率定义式(12-2)

$$反应速率 = \frac{反应量}{反应区域 \times 反应时间} \tag{12-2}$$

式(12-2)中的反应区域，对于气固相催化反应过程有以下几种选择：

① 选用催化剂体积，反应速率 $(-r_A)'$ 单位为 $kmol/(m^3 催化剂 \cdot h)$；

② 选用催化剂质量，反应速率 $(-r_A)''$ 单位为 $kmol/(kg 催化剂 \cdot h)$；

③ 选用催化剂堆积体积，即反应器中催化剂床层体积，反应速率 $(-r_A)'''$ 单位为 $kmol/(m^3 床层 \cdot h)$。

由此可见，即使描述同一反应过程，反应区域的选择不同，反应速率的数值大小和单位均可不同。若催化剂颗粒密度为 ρ_s，堆积密度为 ρ_b，则有

$$W = \rho_s V_s = \rho_b V_b \tag{12-3}$$

式中，W 为催化剂质量，kg；V_s 为质量为 W 的催化剂颗粒体积，m^3；V_b 为质量为 W 的催化剂堆积体积，m^3。

上述三种反应速率之间的关系为

$$(-r_A)' = \rho_b(-r_A)'' = \frac{\rho_s}{\rho_b}(-r_A)''' \tag{12-4}$$

12.2.2 气固相催化反应过程

气固相反应本征动力学是研究不受扩散干扰条件下的固体催化剂与其相接触的气体之间的反应动力学。

一般而言，气固相催化反应过程经历以下七个步骤，如图 12-11 所示。

① 反应组分从流体主体向固体催化剂外表面传递（外扩散过程）；

② 反应组分从催化剂外表面向催化剂内表面传递（内扩散过程）；

③ 反应组分在催化剂表面的活性

动画
气固相催化反应过程

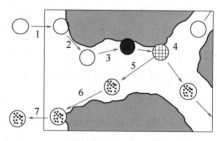

○ A 分子；　● 吸附态的 A 分子；

⊕ R 分子；　⊕ 吸附态的 R 分子

图 12-11　气固相催化反应过程

中心吸附（吸附过程）；

④ 在催化剂表面上进行化学反应（表面反应过程）；

⑤ 反应产物在催化剂表面上脱附（脱附过程）；

⑥ 反应产物从催化剂内表面向催化剂外表面传递（内扩散过程）；

⑦ 反应产物从催化剂外表面向流体主体传递（外扩散过程）。

七个步骤中，第①和第⑦步是气相主体通过气膜与颗粒外表面进行物质传递，称为外扩散过程；第②和第⑥步是颗粒内的传质，称为内扩散过程；第③和第⑤步是在颗粒表面上进行化学吸附和化学脱附的过程；第④步是在颗粒表面上进行的表面反应动力学过程。以上七个步骤是前后串联的：

外扩散 —→ 内扩散 —→ 吸附 —→ 表面反应 —→ 脱附 —→ 内扩散 —→ 外扩散

表面过程

由此可见，气固相催化反应过程是一个多步骤过程。如果其中某一步骤的反应速率与其他各步的反应速率相比要慢得多，以致整个反应速率取决于这一步的反应速率，该步骤就称为反应速率控制步骤。当反应过程达到定态时，各步骤的反应速率应该相等，且过程的反应速率等于控制步骤的反应速率。这一点对于分析和解决实际问题非常重要。

下面主要介绍化学吸附与脱附。

催化作用的部分奥秘无疑是化学吸附现象。化学吸附被认为是由于电子的共用或转移而发生相互作用的分子与固体间电子重排。这样，气体分子与固体之间相互作用力具有化学键的特性，与固体物质和气体分子间仅借助于范德华力的物理吸附明显不同，前者在吸附过程中有电子的转移和重排，而后者不发生此类现象。它们的区别见表 12-5。

表 12-5　物理吸附与化学吸附的对比

项目	物理吸附	化学吸附
吸附剂	一切固体	某些固体
吸附物	低于临界点的一切气体	某些化学上起反应的气体
温度范围	通常低于沸点温度	通常高于沸点温度
吸附热	$<8kJ/mol$，与冷凝热数量级相当	$>40kJ/mol$，与反应热数量级相当，但有例外
吸附速率及活化能	非常快,活化能低,$<4kJ/mol$	非活化吸附活化能低,活化吸附活化能高,$>40kJ/mol$
覆盖情况	多层吸附	单层吸附或不满一层
可逆性	高度可逆	常常是不可逆
选择性	无,可在全部表面上吸附	有,只有表面上一部分发生吸附
某些应用	测定固体表面积以及孔大小；分离或净化气体和液体	测定表面浓度、吸附和脱附速率；估计活性中心的面积;阐明表面反应动力学

12.2.2.1　化学吸附速率的一般表达式

由于化学吸附只能发生于固体表面那些能与气相分子起反应的原子上，通常把该类原子称为活性中心，用符号"σ"表示。由于化学吸附类似于化学反应，则气相中 A 组分在活性中心上的吸附用如下吸附式表示

$$A + \sigma \longrightarrow A\sigma$$

组分 A 的覆盖率 θ_A：固体催化剂表面被 A 组分覆盖的活性中心数与总的活性中心数之比。

$$\theta_A = \frac{被\ A\ 组分覆盖的活性中心数}{总的活性中心数} \tag{12-5}$$

空位率 θ_V：固体催化剂表面尚未被气相分子覆盖的活性中心数与总的活性中心数之比。

$$\theta_V = \frac{未被组分覆盖的活性中心数}{总的活性中心数} \tag{12-6}$$

设 θ_i 为 i 组分的覆盖率，则有

$$\sum \theta_i + \theta_V = 1 \tag{12-7}$$

对于吸附过程，吸附速率可以写成

$$r_a = k_a p_A \theta_V = A_{a0} \exp(-E_a/RT) p_A \theta_V \tag{12-8}$$

式中，r_a 为吸附速率，Pa/h；E_a 为吸附活化能，kJ/kmol；p_A 为 A 组分在气相中的分压，Pa；θ_V 为空位率；k_a 为吸附速率常数，h^{-1}；A_{a0} 为吸附指前因子，h^{-1}。

吸附过程是可逆的，即在同一时间内系统中既存在吸附过程也存在脱附过程，一般脱附式可以写成

$$A\sigma \longrightarrow A + \sigma$$

则脱附速率为

$$r_d = k_d \theta_A = A_{d0} \exp(-E_d/RT) \theta_A \tag{12-9}$$

式中，r_d 为脱附速率，Pa/h；E_d 为脱附活化能，kJ/kmol；θ_A 为组分 A 的覆盖率；k_d 为脱附速率常数，h^{-1}；A_{d0} 为脱附指前因子，h^{-1}。

吸附过程的净速率 r 为吸附速率与脱附速率之差：

$$\begin{aligned} r &= r_a - r_d = k_a p_A \theta_V - k_d \theta_A \\ &= A_{a0} \exp(-E_a/RT) p_A \theta_V - A_{d0} \exp(-E_d/RT) \theta_A \end{aligned} \tag{12-10}$$

当吸附速率与脱附速率相等时，净吸附速率值为零，此时吸附过程已达到平衡

$$r = r_a - r_d = 0 \tag{12-11}$$

即 $r_a = r_d$，则

$$p_A = \frac{A_{d0}}{A_{a0}} \times \frac{\theta_A}{\theta_V} \exp\left(\frac{E_a - E_d}{RT}\right) \tag{12-12}$$

与化学反应类似，脱附活化能与吸附活化能之差为吸附热，用符号 q 表示

$$q = E_d - E_a \tag{12-13}$$

代入式(12-12),可得

$$p_A = \frac{A_{d0}}{A_{a0}} \times \frac{\theta_A}{\theta_V} \exp\left(-\frac{q}{RT}\right) \tag{12-14}$$

式(12-14)称为吸附平衡方程。

上述吸附速率方程式(12-8)与吸附平衡方程式(12-14)在具体应用时存在一定困难,很多学者对此提出一些简化模型,使得方程能在实践中得到应用。较著名的模型有朗缪尔吸附模型、焦姆金吸附模型和弗鲁德里希吸附模型。下面分别对这些模型加以介绍。

12.2.2.2 朗缪尔吸附模型

朗缪尔(Langmuir)吸附模型包括以下四个基本假设:

① 催化剂表面各处的吸附能力是均匀的,各吸附位具有相同的能量;

② 被吸附物仅形成单分子层吸附;

③ 吸附的分子间不发生相互作用,也不影响分子的吸附作用;

④ 所有吸附的机理是相同的。

上述各个假设与实际情况显然是有差异的,朗缪尔模型实际上是一种理想情况,因此该模型也称为理想吸附模型。

若固体吸附剂仅吸附 A 组分,此时吸附式为

$$A + \sigma \underset{k_d}{\overset{k_a}{\rightleftharpoons}} A\sigma$$

吸附速率 $\qquad\qquad\qquad r_a = k_a p_A \theta_V$

脱附速率 $\qquad\qquad\qquad r_d = k_d \theta_A$

又因为 $\qquad\qquad\qquad \theta_A + \theta_V = 1$

净吸附速率 $\qquad\qquad r = r_a - r_d = k_a p_A (1 - \theta_A) - k_d \theta_A$

达到吸附平衡时 $\qquad\qquad k_a p_A (1 - \theta_A) = k_d \theta_A$

令 $K_A = k_a / k_d$,称为吸附平衡常数,则可得

$$\theta_A = \frac{K_A p_A}{1 + K_A p_A} \tag{12-15}$$

式(12-15)称为朗缪尔吸附等温方程。

若 A 组分在吸附时发生解离,如

$$O_2 \rightleftharpoons 2O$$

则吸附式为

$$A + 2\sigma \underset{k_d}{\overset{k_a}{\rightleftharpoons}} 2A_{1/2}\sigma$$

吸附速率 $\qquad\qquad\qquad r_a = k_a p_A \theta_V^2$

脱附速率 $\qquad\qquad\qquad r_d = k_d \theta_A$

净吸附速率 $\qquad\qquad r = r_a - r_d = k_a p_A \theta_V^2 - k_d \theta_A$

达到吸附平衡时 $\qquad\qquad k_a p_A \theta_V^2 = k_d \theta_A$

则
$$\theta_A = \frac{\sqrt{K_A p_A}}{1 + \sqrt{K_A p_A}} \tag{12-16}$$

若固体吸附剂不仅吸附 A 组分，而且还吸附 B 组分，吸附剂对 A 组分的吸附关系如下。

吸附式为
$$A + \sigma \underset{k_{dA}}{\overset{k_{aA}}{\rightleftharpoons}} A\sigma$$

吸附速率 $\qquad r_{aA} = k_{aA} p_A \theta_V$

脱附速率 $\qquad r_{dA} = k_{dA} \theta_A$

净吸附速率 $\qquad r = r_{aA} - r_{dA} = k_{aA} p_A \theta_V - k_{dA} \theta_A$

达到吸附平衡时 $\qquad K_A p_A \theta_V = \theta_A \tag{12-17}$

吸附剂对 B 组分的吸附式为
$$B + \sigma \underset{k_{dB}}{\overset{k_{aB}}{\rightleftharpoons}} B\sigma$$

吸附速率 $\qquad r_{aB} = k_{aB} p_B \theta_V$

脱附速率 $\qquad r_{dB} = k_{dB} \theta_B$

净吸附速率 $\qquad r = r_{aB} - r_{dB} = k_{aB} p_B \theta_V - k_{dB} \theta_B$

达到吸附平衡时 $\qquad K_B p_B \theta_V = \theta_B \tag{12-18}$

根据覆盖率定义 $\qquad \theta_A + \theta_B + \theta_V = 1 \tag{12-19}$

联解式(12-17)、式(12-18) 和式(12-19)，得
$$\theta_V = \frac{1}{1 + K_A p_A + K_B p_B} \tag{12-20}$$

A、B 组分的朗缪尔吸附等温方程为
$$\theta_A = \frac{K_A p_A}{1 + K_A p_A + K_B p_B} \tag{12-21}$$

$$\theta_B = \frac{K_B p_B}{1 + K_A p_A + K_B p_B} \tag{12-22}$$

对于 n 个组分在同一吸附剂上被吸附时，其净吸附速率通式为
$$r_i = r_{ai} - r_{di} = k_{ai} p_i \theta_V - k_{di} \theta_i \tag{12-23}$$

吸附等温方程为
$$\theta_i = \frac{K_i p_i}{1 + \sum_{i=1}^{n} K_i p_i} \tag{12-24}$$

若其中有解离时，仅需将该组分 $K_i p_i$ 项改成 $\sqrt{K_i p_i}$ 即可。

12.2.2.3 焦姆金吸附模型

不满足理想吸附条件的吸附，都称为真实吸附。以焦姆金 (Темкин) 和弗鲁德里希为代表提出不均匀表面吸附理论，真实吸附模型认为固体表面是不均匀的，各吸附中心的能量不等，有强有弱。吸附时吸附分子首先占据强的吸附中心，放出的吸附热大。随后逐渐减弱，放出的吸附热也愈来愈小。由于催

化剂表面不均匀，因此吸附活化能 E_a 随覆盖率的增加而线性增加，脱附活化能 E_d 则随覆盖率的增加而线性降低，即

$$E_a = E_a^0 + \alpha\theta_A \tag{12-25}$$

$$E_d = E_d^0 - \beta\theta_A \tag{12-26}$$

式中，E_a^0、E_d^0 为覆盖率等于零时的吸附活化能和脱附活化能，kJ/kmol；α、β 为常数。

将式(12-25)和式(12-26)代入吸附速率一般表达式，可得

$$r = r_a - r_d = A_{a0}p_A f(\theta_A)\exp(-E_a^0/RT)\exp(-\alpha\theta_A/RT)$$
$$- A_{d0}f'(\theta_A)\exp(-E_d^0/RT)\exp(\beta\theta_A/RT) \tag{12-27}$$

式(12-27)中 θ_A 变化在中等覆盖度的范围内，$f(\theta_A)$ 的变化对 r_a 的影响要比 $\exp(-\alpha\theta_A/RT)$ 的影响小得多，$f(\theta_A)$ 可近似地归并到常数项中去。同理 $f'(\theta_A)$ 对 r_d 的影响要比 $\exp(\beta\theta_A/RT)$ 的影响小得多，$f'(\theta_A)$ 也可近似并入常数项中去，由此可得

$$r = r_a - r_d = k_a'p_A\exp(-g\theta_A) - k_d'\exp(h\theta_A) \tag{12-28}$$

式中 $k_a' = A_{a0}f(\theta_A)\exp(-E_a^0/RT)$；$g = \dfrac{\alpha}{RT}$；$k_d' = A_{d0}f'(\theta_A)\exp(-E_d^0/RT)$；$h = \dfrac{\beta}{RT}$。

当吸附达到平衡时，$r=0$，故

$$\left(\frac{k_a'}{k_d'}\right)p_A = \exp[(h+g)\theta_A] \tag{12-29}$$

令 $K_A = \dfrac{k_a'}{k_d'}$，$f = h+g$，则

$$K_A p_A = \exp(f \cdot \theta_A) \tag{12-30}$$

取对数后得

$$\theta_A = \frac{1}{f}\ln(K_A p_A) \tag{12-31}$$

12.2.2.4 弗鲁德里希吸附模型

弗鲁德里希（Freundlich）吸附模型与焦姆金模型类似，认为吸附活化能、脱附活化能以及吸附热随覆盖率的不同而有差异，但弗鲁德里希吸附模型认为活化能与覆盖率之间并非线性关系，而是对数函数关系。

经推导，得弗鲁德里希吸附等温方程

$$\theta_A = K_A p_A^{1/l} \tag{12-32}$$

式中，l 为常数。

根据不同的吸附模型导出的不同的吸附速率方程和吸附等温方程，在具体应用时，必须考虑所研究的系统是否符合或者接近所选用模型的假设条件。

12.2.3 本征动力学方程

如前所述，气固相催化反应过程往往由吸附、反应和脱附过程串联组成。

因此动力学方程式推导方法可归纳为如下几个步骤。

① 假定反应机理，即确定反应所经历的步骤。

② 决定速率控制步骤，该步骤的速率即为反应过程的速率。

③ 由非速率控制步骤达到平衡，列出吸附等温式。如为化学平衡，则列出化学平衡式。

④ 将上述平衡关系得到的等式代入控制步骤速率式，并用气相组分的浓度或分压表示，即得到动力学表达式。

由于吸附速率的关系式有各种不同的类型，所以本征动力学方程也将有不同的类型。

12.2.3.1 双曲线型本征动力学方程

双曲线型本征动力学方程是基于侯根-瓦特森（Hougen-watson）模型演算而得，该模型的基本假设如下。

① 在吸附-反应-脱附三个步骤中必然存在一个控制步骤，该控制步骤的速率便是本征反应速率。

② 除了控制步骤外，其他步骤均处于平衡状态。

③ 吸附和脱附过程属于理想过程，即吸附和脱附过程可用朗缪尔吸附模型加以描述。

对于不同的控制步骤，采用侯根-瓦特森模型进行处理，可得相应的本征动力学方程。现举例予以说明。

【例 12-1】 异辛烷是测定汽油抗爆性能辛烷值的标准物质，可由石油炼制得到。同时异辛烷也可用合成方法制取，如可通过异辛烯在 Ni 催化剂上催化加氢生成异辛烷。

$$H_2 + C_8H_{16} \Longleftrightarrow C_8H_{18}$$
$$\text{(A)} \qquad \text{(B)} \qquad \text{(R)}$$

假定反应机理符合侯根-瓦特森模型，试对不同控制步骤推导出相应的动力学方程式。

解 该反应的反应机理由下列四个步骤组成

$$A + \sigma \Longleftrightarrow A\sigma \tag{1}$$

$$B + \sigma \Longleftrightarrow B\sigma \tag{2}$$

$$A\sigma + B\sigma \Longleftrightarrow R\sigma + \sigma \tag{3}$$

$$R\sigma \Longleftrightarrow R + \sigma \tag{4}$$

式[1] 和式[2] 表示气相组分 A、B 在表面吸附，与活性中心 σ 形成表面化合物 $A\sigma$ 和 $B\sigma$。式[3] 为表面反应过程，生成产物表面化合物 $R\sigma$。式[4] 为产物表面化合物的脱附过程，释放出气相产物 R 和活性中心 σ。

对上述四个过程，可分别写出速率方程

$$r_A = k_{aA} p_A \theta_V - k_{dA} \theta_A \qquad [5]$$

$$r_B = k_{aB} p_B \theta_V - k_{dB} \theta_B \qquad [6]$$

$$r = k_S \theta_A \theta_B - k'_S \theta_R \theta_V \qquad [7]$$

$$r_R = k_{dR} \theta_R - k_{aR} p_R \theta_V \qquad [8]$$

$$\theta_V = 1 - \theta_A - \theta_B - \theta_R \qquad [9]$$

当反应过程属表面反应控制时，其他三步非速率控制步骤均达到平衡，即 $r_A = r_B = r_R = 0$，可得

$$\theta_A = \frac{K_A p_A}{1 + K_A p_A + K_B p_B + K_R p_R} \qquad [10]$$

$$\theta_B = \frac{K_B p_B}{1 + K_A p_A + K_B p_B + K_R p_R} \qquad [11]$$

$$\theta_R = \frac{K_R p_R}{1 + K_A p_A + K_B p_B + K_R p_R} \qquad [12]$$

$$\theta_V = \frac{1}{1 + K_A p_A + K_B p_B + K_R p_R} \qquad [13]$$

过程速率由表面反应速率决定，将上述关系代入式[7]，可得动力学表达式

$$(-r_A) = \frac{k\left(p_A p_B - \dfrac{p_R}{K}\right)}{(1 + K_A p_A + K_B p_B + K_R p_R)^2} \qquad (12\text{-}33)$$

式中，p_A、p_B、p_R 为组分 A、B、R 在流体中的分压，Pa；K_A、K_B、K_R 为组分 A、B、R 的吸附平衡常数；k 为动力学常数；K 为反应总平衡常数。

同理，当氢吸附控制时，可导出动力学表达式为

$$(-r_A) = \frac{k\left(p_A - \dfrac{p_R}{p_B K}\right)}{\left(1 + \dfrac{K_A p_A}{K p_B} + K_B p_B + K_R p_R\right)^2} \qquad (12\text{-}34)$$

表 12-6 列出了若干反应机理和相应的控制步骤的速率表达式。

表 12-6　若干气固相催化反应机理及其本征动力学方程

反应类型	反应步骤	反应速率式
A $\rightleftharpoons$ R	A+σ $\rightleftharpoons$ Aσ ① Aσ $\rightleftharpoons$ Rσ① Rσ $\rightleftharpoons$ R+σ	$r = \dfrac{k\left(p_A - \dfrac{p_R}{K}\right)}{(1 + K_A p_A + K_R p_R)}$
A $\rightleftharpoons$ R	A+2σ $\rightleftharpoons$ 2A$_{1/2}$σ ① 2A$_{1/2}$σ $\rightleftharpoons$ Rσ+σ① Rσ $\rightleftharpoons$ R+σ	$r = \dfrac{k\left(p_A - \dfrac{p_R}{K}\right)}{(1 + \sqrt{K_A p_A} + K_R p_R)^2}$
A+B $\rightleftharpoons$ R+S	① A+σ $\rightleftharpoons$ Aσ① B+σ $\rightleftharpoons$ Bσ Aσ+Bσ $\rightleftharpoons$ Rσ+Sσ Rσ $\rightleftharpoons$ R+σ Sσ $\rightleftharpoons$ S+σ	$r = \dfrac{k\left(p_A - \dfrac{p_R p_S}{K p_B}\right)}{1 + \dfrac{K_A p_R p_S}{K p_B} + K_B p_B + K_R p_R + K_S p_S}$

① 假定该步骤为控制步骤。

经过以上推导和表 12-6 所示结果，可将速率方程归纳为下列形式

$$(-r_A) = 动力学项 \times \frac{推动力项}{(吸附项)^m} \tag{12-35}$$

从分子与分母所含的各项以及方次等可以明确看出所设想的机理，大体可归纳如下：

① 推动力项的后项，是逆反应的结果，若控制步骤不可逆，则没有该项；

② 吸附项中，凡有 i 分子被吸附达到平衡，必出现 $K_i p_i$ 项，该项表示这些分子在表面吸附达至平衡，该分子吸附（或脱附）过程不是控制步骤；

③ 吸附项的指数是控制步骤中活性中心参与的个数，$m=1$ 时说明控制步骤中仅一个活性中心参与，$m=2$ 时说明两个活性中心参与控制步骤；

④ 当出现解离吸附，即 $A + 2\sigma \Longleftrightarrow 2A_{1/2}\,\sigma$ 时，在吸附项中出现 $\sqrt{K_A p_A}$ 项；

⑤ 若存在两种不同活性中心时，吸附项中会出现相乘形式（表 12-6 中未给出）；

⑥ 若分母未出现某组分的吸附项，而且吸附项中还出现其他组分分压相乘形式一项，则反应多半为该组分的吸附或脱附过程所控制。

应当指出，对某一反应而言，由假设的各种反应机理与控制步骤可以得到多个反应速率表达式。即使通过实验数据关联得到了相符的动力学模型，也不能说明所设的机理步骤是正确的。这是因为双曲线模型包含的参数太多，参数的可调范围较大。因此一般总是能够从众多模型和众多参数的拟合中获得精度相当高的动力学模型。甚至对同一反应，可以有多个动力学模型均能达到所需的误差要求。

12.2.3.2 幂函数型本征动力学方程

幂函数型本征动力学方程是认为吸附与脱附过程不遵循朗缪尔吸附模型，而是遵循焦姆金吸附模型或弗鲁德里希吸附模型。这两个模型认为：由于催化剂表面具有不均匀性，因此吸附活化能 E_a 与脱附活化能 E_d 都与表面覆盖程度有关。如焦姆金导出的铁催化剂上氨合成反应动力学方程为

$$r_{NH_3} = k_1 p_{N_2} \frac{p_{H_2}^{1.5}}{p_{NH_3}} - k_2 \frac{p_{NH_3}}{p_{H_2}^{1.5}} \tag{12-36}$$

可见这种模型为幂函数型（在大多数情况下）。事实上，在实际应用中常常以幂函数型来关联非均相动力学参数，由于其准确性并不比双曲线型方程差，因而得到广泛应用。而且幂函数型仅有反应速率常数，不包含吸附平衡常数，在进行反应动力学分析和反应器计算中更能显示其优越性。

 **任务实施**

12.3 固定床反应器设计

固定床反应器内进行催化反应时，经常同时发生传热和传质过程，传递过

程又与流体在床层内的流动状况有密切关系。因此，在进行固定床反应器设计前应了解固定床内的流体流动特征以及传质和传热规律。

12.3.1 固定床反应器内的流体流动

微课
固定床反应器内的
气体流动

固定床内流体是通过催化剂颗粒构成的床层而流动，因此，首先要了解与流动有关的催化剂床层的性质。

12.3.1.1 催化剂颗粒的直径和形状系数

催化剂颗粒可为各种形状，如球形、圆柱形、片状、环状、无规则等。催化剂的粒径大小，对于球形颗粒可以方便地用直径表示；对于非球形颗粒，习惯上常用与球形颗粒作对比的相当直径表示，用形状系数 ϕ_s 表示其与圆球形的差异程度。通常有以下三种相当直径。

① 体积相当直径 d_V　即采用体积相同的球形颗粒直径来表示非球形颗粒直径。

$$d_V = (6V_p/\pi)^{\frac{1}{3}} \qquad (12-37)$$

式中，V_p 为非球形颗粒的体积，m^3。

② 面积相当直径 d_a　即采用外表面积相同的球形颗粒直径来表示非球形颗粒直径。

$$d_a = (A_p/\pi)^{\frac{1}{2}} \qquad (12-38)$$

式中，A_p 为非球形颗粒的外表面积，m^2。

③ 比表面积相当直径 d_S　即采用比表面积相同的球形颗粒直径来表示非球形颗粒的直径。

非球形颗粒的比表面积为 $S_V = A_p/V_p$，比表面积等于 S_V 的球形颗粒有如下关系式

$$S_V = \pi d_S^2 \Big/ \left(\frac{1}{6}\pi d_S^3\right) = 6/d_S$$

所以
$$d_S = 6/S_V = 6V_p/A_p \qquad (12-39)$$

在固定床的流体力学研究中，非球形颗粒的直径常常采用体积相当直径。在传热传质的研究中，常常采用面积相当直径。

④ 形状系数 ϕ_s　非球形颗粒的外表面积一定大于等体积的圆球的外表面积。因此，引入一个无量纲系数，称为颗粒的形状系数 ϕ_s，其值如下

$$\phi_s = A_s/A_p \qquad (12-40)$$

式中，A_s 为与非球形颗粒等体积圆球的外表面积，m^2；$A_s = \pi d_V^2$。

ϕ_s 即与非球形颗粒体积相等的圆球的外表面积与非球形颗粒的外表面积之比。对于球形颗粒，$\phi_s = 1$；对于非球形颗粒，$\phi_s < 1$。形状系数说明了颗粒与圆球的差异程度。

三种相当直径用 ϕ_s 联系起来，有如下关系

$$d_S = \phi_s d_V = \phi_s^{\frac{3}{2}} d_a \qquad (12-41)$$

【例 12-2】 计算直径 3mm，高 6mm 的圆柱形固体离子的当量直径 d_v，d_a，d_s 和形状系数 Φ_s。

解
$$V_p = \pi \left(\frac{d}{2}\right)^2 h = 3.14 \times \left(\frac{3}{2}\right)^2 \times 6 = 42.39 \text{mm}^3$$

$$A_p = \pi dh + 2\pi \left(\frac{d}{2}\right)^2 = 3.14 \times 3 \times 6 + 2 \times 3.14 \times \left(\frac{3}{2}\right)^2 = 70.65 \text{mm}^2$$

$$d_v = \left(\frac{6V_p}{\pi}\right)^{\frac{1}{3}} = \left(\frac{6 \times 42.39}{3.14}\right)^{\frac{1}{3}} = 4.33 \text{mm}$$

则
$$d_a = \left(\frac{A_p}{\pi}\right)^{\frac{1}{2}} = \left(\frac{70.65}{3.14}\right)^{\frac{1}{2}} = 4.74 \text{mm}$$

因为 $d_v = \phi_s^{\frac{1}{2}} d_a$，所以

$$\phi_s = \left(\frac{d_v}{d_a}\right)^2 = \left(\frac{4.33}{4.74}\right)^2 = 0.83$$

则
$$d_s = \phi_s d_v = 0.83 \times 4.33 = 3.6 \text{mm}$$

12.3.1.2　混合颗粒的平均直径及形状系数

当催化剂床层由大小不一、形状各异的颗粒组成时，就有一个如何计算混合颗粒的平均粒度及形状系数的问题。

对于大小不等的混合颗粒，如果颗粒不太细（大于 0.075mm），平均直径可由筛分分析数据来决定。将混合颗粒用标准筛组进行筛分，分别称量留在各号筛上的颗粒质量，然后根据颗粒的总质量分别算出各种颗粒所占的分数。在某一号筛上的颗粒，其直径 d_i 通常为该号筛孔净宽及上一号筛孔净宽的几何平均值（即两相邻筛孔净宽乘积的平方根）。如混合颗粒中，直径为 d_1、d_2、…、d_n 的颗粒的质量分数分别为 x_1、x_2、…、x_n，则混合颗粒的平均直径用算术平均直径法计算为

$$\overline{d_p} = \sum_{i=1}^{n} x_i d_i \tag{12-42}$$

若以调和平均法计算，则

$$\frac{1}{\overline{d_p}} = \sum_{i=1}^{n} \frac{x_i}{d_i} \tag{12-43}$$

在固定床和流化床的流体力学计算中，用调和平均直径较为符合实验数据。

大小不等且形状也各异的混合颗粒，其形状系数由待测颗粒组成的固定床压力降来计算。同一批混合颗粒，平均直径的计算方法不同，计算出的形状系数也不同。

12.3.1.3　床层空隙率及径向流速分布

空隙率是催化剂床层的重要特性之一，它对流体通过床层的压力降、床层的有效热导率及比表面积都有重大的影响。

空隙率是催化剂床层的空隙体积与催化剂床层总体积之比，可用下式进行计算

$$\varepsilon = 1 - \frac{\rho_b}{\rho_s} \qquad (12\text{-}44)$$

式中，ε 为床层空隙率；ρ_b 为催化剂床层堆积密度，即单位体积催化剂床层具有的质量，kg/m^3；ρ_s 为催化剂的表观密度，即单位体积催化剂颗粒具有的质量，kg/m^3。

床层空隙率 ε 的大小与下列因素有关：颗粒形状、颗粒的粒度分布、颗粒表面的粗糙度、充填方式、颗粒直径与容器直径之比等。

紧密填充固定床的床层空隙率低于疏松填充固定床，反应器中充填催化剂时应以适当方式加以震动压紧，床层的压力降虽较大，但装填的催化剂可较多。固定床中同一截面上的空隙率也是不均匀的，近壁处空隙率较大，而中心处空隙率较小。图 12-12 中纵坐标为固定床的局部空隙率，其值随径向距离而变化；横坐标是按 d_p 数目计算的离壁距离。固定床由均匀球形颗粒乱堆在圆形容器中组成。由图 12-12 可见，近壁处 0~1 个颗粒直径处局部床层空隙率变化较大。由于床层径向空隙率分布不均，因此固定床中存在流速的不均匀分布。以径向距离 r 处局部流速 $u(r)$ 与床层平均流速 u 之比表示的径向流速分布，以 0~1 个颗粒直径处变化最大，如图 12-13 所示。器壁对空隙率分布的这种影响及由此造成对流动、传热和传质的影响，称为壁效应。由图 12-12 及图 12-13 可见，距壁 4 个颗粒直径处床层空隙率和流速分布趋平坦，因此一般工程上认为当 d_t/d_p 达 8 时可不计壁效应，故工业上通常要求 $d_t > 8d_p$。

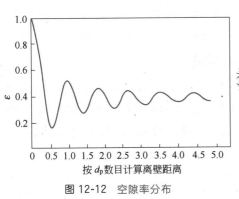

图 12-12　空隙率分布
$d_t = 75.5mm$，$d_p = 7.035mm$

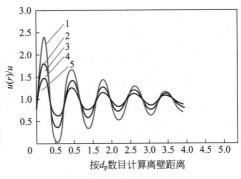

图 12-13　不同雷诺数下的流速分布
1—$Re=1.8$；2—$Re=58.9$；3—$Re=117.9$；
4—$Re=589.2$；5—$Re=1178.5$

如果固定床与外界换热，床层非恒温，存在着径向温度分布，则床层中径向流速分布的变化比恒温时还要大；当管内 Re 数增大时，径向流速分布要趋向平坦，如图 12-13 所示。管式催化床内直径一般为 25~40mm，而催化剂颗粒直径一般为 5~8mm，即管径与催化剂颗粒直径比 d_t/d_p 相当小，此时壁效

应对床层中径向空隙率分布和径向流速分布及催化反应性能的影响必须考虑。

12.3.1.4　流体在固定床中流动的特性

流体在固定床中的流动情况较之在空管中的流动要复杂得多。固定床中流体是在颗粒间的空隙中流动，颗粒间空隙形成的孔道是弯曲的、相互交错的，孔道数和孔道截面沿流向也在不断改变。空隙率是孔道特性的一个主要反映。如前所述，在床层径向，空隙率分布的不均匀造成流速分布的不均匀性，流速的不均匀造成物料停留时间和传热情况的不均匀性，最终影响反应的结果。但是由于固定床内流动的复杂性，至今难以用数学解析式来描述流速分布，工艺计算中常采用床层平均流速的概念。

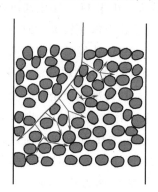

图 12-14　固定床内
径向混合示意

此外，流体在固定床中流动时，由于本身的湍流、对催化剂颗粒的撞击、绕流以及孔道的不断缩小和扩大，造成流体的不断分散和混合，这种混合扩散现象在固定床内并非各向同性，因而通常把它分成径向混合和轴向混合两个方面进行研究。径向混合可以简单理解为由于流体在流动过程中不断撞击到颗粒上，发生流股的分裂而造成，如图 12-14 所示。轴向混合可简单地理解为流体沿轴向依次流过一个由颗粒间空隙形成的串联着的"小槽"，在进口处，由于孔道收缩，流速增大，进到"小槽"后，由于突然扩大而减速，形成混合。因此，固定床中的流体流动可以用简单的扩散模型进行模拟，即认为流动由两部分合成：一部分为流体以平均流速沿轴向作理想置换式的流动；另一部分为流体的径向和轴向的混合扩散，包括分子扩散（层流时为主）和涡流扩散（湍流时为主）。根据不同的混合扩散程度，将两个部分叠加。

12.3.1.5　流体流过固定床层的压力降

流体流过固定床层的压力降，主要是由流体与颗粒表面间的摩擦阻力和流体在孔道中的收缩、扩大和再分布等局部阻力引起。当流动状态为滞流时，以摩擦阻力为主；当流动状态为湍流时，以局部阻力为主。计算压力降的公式很多，常用的一个是仿照流体在空管中流动的压降公式而导出的埃冈（Ergun）公式。

固定床的压力降可表示为

$$\Delta p = f_M \frac{\rho_f u_0^2}{d_S} \times \frac{1-\varepsilon}{\varepsilon^3} L \tag{12-45}$$

式中，Δp 为压力降，Pa；f_M 为修正摩擦系数；L 为管长，m；ρ_f 为流体密度，kg/m^3；u_0 为流体空床平均流速，即以床层空截面积计算的流体平均流速，m/s；d_S 为催化剂颗粒的比表面积相当直径。

经实验测定，修正摩擦系数 f_M 与修正雷诺数 Re_M 的关系可表示如下

$$f_M = \frac{150}{Re_M} + 1.75 \tag{12-46}$$

$$Re_{\mathrm{M}} = \frac{d_{\mathrm{S}} \rho_{\mathrm{f}} u_0}{\mu_{\mathrm{f}}} \times \frac{1}{1-\varepsilon} = \frac{d_{\mathrm{S}} G}{\mu_{\mathrm{f}}} \times \frac{1}{1-\varepsilon} \qquad (12\text{-}47)$$

式中，μ_{f} 为流体的黏度，$\mathrm{Pa \cdot s}$；G 为流体的质量流速，$\mathrm{kg/m^2 \cdot s}$。

当 $Re_{\mathrm{M}} < 10$ 时，流体处于层流状态，式（12-46）中 $\dfrac{150}{Re_{\mathrm{M}}} \gg 1.75$，即式（12-45）可简化为

$$\Delta p = 150 \frac{\mu_{\mathrm{f}} u_0}{d_{\mathrm{S}}^2} \times \frac{(1-\varepsilon)^2}{\varepsilon^3} L \qquad (12\text{-}48)$$

当 $Re_{\mathrm{M}} > 1000$ 时，流体处于湍流状态，式（12-46）中 $\dfrac{150}{Re_{\mathrm{M}}} \ll 1.75$，即式（12-45）可简化为

$$\Delta p = 1.75 \frac{\rho_{\mathrm{f}} u_0^2}{d_{\mathrm{S}}} \times \frac{1-\varepsilon}{\varepsilon^3} L \qquad (12\text{-}49)$$

如果床层中催化剂颗粒大小不一，用式（12-48）、式（12-49）时，应采用颗粒的平均相当直径 $\overline{d_{\mathrm{S}}}$。

$\overline{d_{\mathrm{S}}}$ 可按下式计算

$$\overline{d_{\mathrm{S}}} = \frac{6}{\sum x_i S_{\mathrm{V}i}} = \frac{1}{\sum \left(\dfrac{x_i}{d_{\mathrm{S}i}} \right)} \qquad (12\text{-}50)$$

式中，$\overline{d_{\mathrm{S}}}$ 为平均比表面积相当直径，m；x_i 为颗粒 i 筛分所占的体积分数（如果各筛分颗粒的密度相同，则体积分数亦为质量分数）；$S_{\mathrm{V}i}$ 为颗粒 i 筛分的比表面积，$\mathrm{m^2/m^3}$。

如果各种粒度颗粒的形状系数相差不大，$\overline{d_{\mathrm{S}}}$ 即为按式（12-43）计算的调和平均直径 $\overline{d_{\mathrm{p}}}$ 与平均形状系数的乘积。

影响床层压力降的因素可分为两类：一类来自流体，如流体的黏度、密度等物理性质和流体的质量流速；另一类来自床层，如床层的高度、空隙率和颗粒的物理特性（如粒度、形状和表面粗糙度等）。

由式（12-48）、式（12-49）可知：增大流体空床平均流速 u_0、减少颗粒直径 d_{S} 以及减小床层空隙率 ε 都会使床层压降增大，其中尤以空隙率的影响最为显著。

【例 12-3】 固定床压力降实验是指在常温下用固定床颗粒层过滤实验装置，通过改变气体压力，测定过滤介质特性与总压力降的关系。本例题中，用筛分为 3.3~4.7mm 的不均匀颗粒做固定床压力降试验，床层高度 $L = 1\mathrm{m}$，空隙率 $\varepsilon = 0.38$，壁效应忽略不计，在测试条件下（$Re_{\mathrm{M}} > 1000$）测得的床层压力降 $\Delta p_1 = 2.3 \times 10^2 \mathrm{kPa}$。现在同一固定床中，改用与 3.3~4.7mm 不均匀颗粒材料相同的 $\phi 4\mathrm{mm}$ 球形颗粒，空隙率 $\varepsilon = 0.40$，其他测试条件相同，测得的床层压力降 $\Delta p_2 = 0.63 \times 10^2 \mathrm{kPa}$。试求筛分为 3.3~4.7mm 不均匀颗粒的形状系数。

解 当 $Re_M > 1000$ 时，固定床压力降的计算公式按式(12-49) 为

$$\Delta p = 1.75 \frac{\rho_f u_0^2}{d_S} \frac{1-\varepsilon}{\varepsilon^3} L$$

对于 3.3～4.7mm 不均匀颗粒

$$\Delta p_1 = 1.75 \frac{\rho_f u_0^2}{d_{S1}} \times \frac{1-0.38}{0.38^3} \times 1 = 1.75 \frac{\rho_f u_0^2}{d_{S1}} \times 11.3 = 2.3 \times 10^2$$

对于 ϕ4mm 球形颗粒

$$\Delta p_2 = 1.75 \frac{\rho_f u_0^2}{d_{S2}} \times \frac{1-0.40}{0.40^3} \times 1 = 1.75 \frac{\rho_f u_0^2}{d_{S1}} \times 9.38 = 0.63 \times 10^2$$

则由 $\dfrac{\Delta p_1}{\Delta p_2} = \dfrac{11.3/d_{S1}}{9.38/d_{S2}} = \dfrac{2.3 \times 10^2}{0.63 \times 10^2}$ 得 $\dfrac{d_{S2}}{d_{S1}} = 3.03$。按式(12-41)，颗粒的形状系数为 $\phi_s = \dfrac{d_S}{d_V}$。

对于球形颗粒，因为 $\phi_{s2} = 1$，$d_{V2} = 0.004\text{m}$，所以

$$d_{S2} = d_{V2} = 0.004\text{m}$$

对于不均匀颗粒 $\qquad d_{S1} = \dfrac{d_{S2}}{3.03} = \dfrac{0.004}{3.03} = 0.00132\text{m}$

又因为 $\qquad\qquad d_{V1} = \sqrt{3.3 \times 4.7} \times 10^{-3} = 3.94 \times 10^{-3}\text{m}$

所以 $\qquad\qquad \phi_{s1} = \dfrac{d_{S1}}{d_{V1}} = \dfrac{1.32 \times 10^{-3}}{3.94 \times 10^{-3}} = 0.335$

【例 12-4】 在管内径 $d_0 = 50\text{mm}$ 的列管内装有 $L = 4\text{m}$ 高的催化剂，形状系数 $\phi_s = 0.65$，床层空隙率 $\varepsilon = 0.44$，催化剂颗粒的粒度分布如下表。

粒径 d_{Vi}/mm	3.40	4.60	6.90
质量分数 $x_i/\%$	60	25	15

在反应条件下，气体的密度为 $\rho_f = 2.46\text{kg/m}^3$，气体黏度 $\mu_f = 2.3 \times 10^{-5}\text{Pa·s}$。如果气体以 $G = 6.2\text{kg/(m}^2\text{·s)}$ 的质量流速通过床层，求床层压力降。

解 (1) 计算催化剂平均粒径 $\overline{d_S}$

按式(12-43) 得颗粒平均粒径 $\overline{d_V}$ 为

$$\overline{d_V} = \frac{1}{\sum \dfrac{x_i}{d_{Vi}}} = \frac{1}{\dfrac{0.60}{3.40} + \dfrac{0.25}{4.60} + \dfrac{0.15}{6.90}} = 3.96\text{mm}$$

按式(12-41)，颗粒的平均比表面积相当直径 $\overline{d_S}$ 为

$$\overline{d_S} = \phi_s \overline{d_V} = 0.65 \times 3.96 = 2.574\text{mm}$$

(2) 计算床层压力降

因为 $\quad Re_M = \dfrac{d_S G}{\mu_f}\left(\dfrac{1}{1-\varepsilon}\right) = \dfrac{2.574 \times 10^{-3} \times 6.2}{2.3 \times 10^{-5}} \times \dfrac{1}{1-0.44} = 1239 (>1000)$

故按式(12-49)计算床层压力降为

$$\Delta p = 1.75 \frac{\rho_f u_0^2}{d_S} \frac{1-\varepsilon}{\varepsilon^3} L = 1.75 \frac{G^2}{d_S \rho_f} \frac{-\varepsilon}{\varepsilon^3} L$$

$$= 1.75 \times \frac{6.2^2}{2.574 \times 10^{-3} \times 2.46} \times \frac{1-0.44}{0.44^3} \times 4 = 2.794 \times 10^5 Pa$$

12.3.2 固定床反应器内的传质与传热

微课
固定床反应器内的
传质传热和设计
计算

12.3.2.1 固定床反应器中的传质

固定床反应器中的传质过程包括外扩散、内扩散和床层内的混合扩散。因为气固相催化反应发生在催化剂表面，所以反应组分必须到达催化剂表面才能发生化学反应。而在固定床反应器中，由于催化剂粒径不能太小，故常常采用多孔催化剂以提供反应所需的表面积。因此反应主要在内表面进行，内扩散过程则直接影响着反应过程的宏观速率。

（1）外扩散过程

流体与催化剂外表面间的传质过程以下式表示

$$N_A = k_{cA} S_e \varphi (c_{GA} - c_{SA}) \tag{12-51}$$

式中，N_A 为组分 A 的传递速率，$kmol/(h \cdot m^3)$ 床层；k_{cA} 为以浓度差为推动力的外扩散传质系数，m/h；S_e 为催化剂床层（外）比表面积，m^2/m^3；c_{GA} 为组分 A 在气流主体中的浓度，$kmol/m^3$；c_{SA} 为组分 A 在催化剂外表面处的浓度，$kmol/m^3$；φ 为外表面积校正系数，考虑颗粒间存在接触时对外表面积的影响，球形 $\varphi=1$，圆柱形、无定形 $\varphi=0.9$，片状 $\varphi=0.81$。

对于气体又常以下式表示

$$N_A = k_{GA} S_e \varphi (p_{GA} - p_{SA}) \tag{12-52}$$

式中，k_{GA} 为以分压差为推动力的外扩散传质系数，$kmol/(h \cdot m^2 \cdot Pa)$；$p_{GA}$ 为组分 A 在气流主体中的分压，Pa；p_{SA} 为组分 A 在催化剂外表面处的分压，Pa。

如气体可当作理想气体，则

$$k_{GA} = \frac{k_{cA}}{RT}$$

外扩散传质系数的大小，反映了主流体中的涡流扩散阻力和颗粒外表面层流膜中的分子扩散阻力的大小。它与扩散组分的性质、流体的性质、颗粒表面形状和流动状态等因素有关。增大流速可以显著地提高外扩散传质系数。外扩散传质系数在床层内随位置而变，通常是对整个床层取同一平均值。

在工业生产过程中，固定床反应器一般都在较高流速下操作。主流体与催化剂外表面之间的压差很小，一般可以忽略不计，因此外扩散的影响也可以忽略。

（2）内扩散过程

由于催化剂颗粒内部微孔的不规则性和扩散要受到孔壁影响等因素，使催化剂微孔内扩散过程十分复杂。

催化剂微孔内的扩散过程对反应速率有很大的影响。反应物进入微孔后，边扩散边反应。如扩散速率小于表面反应速率，沿扩散方向反应物浓度逐渐降低，以致反应速率也随之下降。采用催化剂有效系数 η 对此进行定量说明

$$\eta = \frac{\text{实际催化反应速率}}{\text{催化剂内表面与外表面温度、浓度相同时的反应速率}} = \frac{r_p}{r_s} \qquad (12\text{-}53)$$

催化剂有效系数 η 可通过实验测定。方法为首先测得颗粒实际反应速率 r_p，然后将颗粒逐次压碎，使内表面暴露为外表面，在相同条件下测定反应速率。当颗粒变小而反应速率不变时，测得的就是消除了内扩散影响的反应速率 r_s，两者之比即为 η。当 $\eta \approx 1$ 时，反应过程为动力学控制；当 $\eta < 1$ 时，反应过程为内扩散控制。

内扩散不仅影响反应速率，而且影响复杂反应的选择性。如平行反应中，对于反应速率快、级数高的反应，内扩散阻力的存在将降低其选择性。又如连串反应以中间产物为目的产物时，深入到微孔中去的扩散将增加中间产物进一步反应的机会而降低其选择性。

固定床反应器内常用的是直径 $\phi(3\sim5)\text{mm}$ 的大颗粒催化剂，一般难以消除内扩散的影响。实际生产中采用的催化剂，其有效系数为 $0.01\sim1$。因而工业生产上必须充分估计内扩散的影响，采取措施尽可能减少其影响。在反应器的设计计算中，则应采用考虑了内扩散影响因素在内的宏观动力学方程式。

判明了内扩散的影响，就可以选用工业上适宜的催化剂颗粒尺寸。当必须采用细颗粒时，可以考虑改用径向反应器或流化床反应器。此外也有从改变催化剂结构入手，如制造双孔分布型催化剂，把具有小孔但消除了内扩散影响的细粒挤压成型为大孔的粗粒，既提供了足够的表面积，又减少了扩散阻力。还有把活性组分浸渍或喷涂在颗粒外层的表面薄层催化剂等。

(3) 床层内的混合扩散

固定床内的混合扩散包括径向和轴向混合扩散，可仿照费克定律，用有效扩散系数来描述。研究表明，在工业反应器通常流速下，当反应器长度和催化剂粒径之比大于 100 倍时，轴向混合的影响可以忽略不计。一般反应器都能满足这个条件，故固定床反应器通常不考虑轴向混合的影响。

12.3.2.2　固定床反应器中的传热

床层的传热性能对于床内的温度分布，进而对反应速率和物料组成分布都具有很大影响。由于反应是在催化剂颗粒内进行的，因此固定床的传热实质上包括了颗粒内的传热、颗粒与流体之间的传热以及床层与器壁的传热等几个方面。

固定床催化反应器内的催化剂往往是热的不良导体，而且固体颗粒较大，导热性能不好，因此床层传热性能很差，在床层形成甚为复杂的温度分布。在反应器中不仅轴向温度分布不均，而且径向也存在着显著的温度梯度。

固定床反应器内的传热过程，以换热式反应器进行放热反应为例，包括：

①反应热由催化剂内部向外表面传递；②反应热由催化剂外表面向流体主体传递；③反应热少部分由反应后的流体沿轴向带走，主要部分由径向通过催化剂和流体构成的床层传递至反应器器壁，由载热体带走。上述的每一步传热过程都包含着传导、对流和辐射三种传热方式。对于这样复杂的传热过程，根据不同情况和要求，作不同程度的简化处理。如多数情况下，可以把催化剂颗粒看成是恒温体，而不考虑颗粒内的传热阻力。除了快速强放热反应外，也可以忽略催化剂表面和流体之间的温度差。床层内的传热阻力是不能忽视的。为了确定反应器的换热面积和了解床层内的温度分布，必须进行床层内部和床层与器壁之间的传热计算。针对不同的要求也有不同的计算方法。如为了计算反应器的换热面积，可以不计算床层内径向传热，而采用包括床层传热阻力在内的床层对壁传热系数计算；为了了解床层径向温度分布，必须采用床层有效热导率和表观壁膜传热系数相结合计算床层径向传热。各种传热计算中必需的热传递系数，可由实验测定，或采用由传热机理分析加以实验验证所确定的计算公式来进行计算。现将传热计算中最常采用的床层对壁传热系数讨论如下。

若只需要计算固定床与外界换热所需的传热面积时，将床层的径向传热与通过床层内壁的层流边界层的传热合并成整个固定床对壁的传热，即假设床层在径向不存在温度梯度，这时就要以固定床中同一截面处流体的平均温度 T_m 与换热面内壁温度 T_w 之差作为传热推动力，而相应的传热系数就称为固定床对壁传热系数 α_t。此时，传热速率方程可表示如下

$$dQ = \alpha_t dA_i (T_m - T_w) = \alpha_t \pi d_t dl (T_m - T_w) \tag{12-54}$$

式中，Q 为传热速率，kJ/h；α_t 为床层对壁传热系数，$kJ/(m^2 \cdot h \cdot K)$；A_i 为管内壁面积，m^2；d_t 为管内径，m；l 为管长，m；T_m 为床层平均温度，K；T_w 为管内壁温度，K。

以上是类似均相反应器中的传热过程，但因固定床内充填催化剂，促进了流体内的涡流扩散，这使靠近管壁处的层流膜变薄，并使流体内的径向传热加快，故在相同的气速下固定床床层对壁传热系数 α_t 较管内无填充物时的传热系数要大几倍。

常用的简便计算 α_t 的关联式为利瓦（Leva）提出。

床层被加热时

$$\frac{\alpha_t d_t}{\lambda_f} = 0.813 \left(\frac{d_p G}{\mu_f} \right)^{0.9} \exp \left(-6 \frac{d_p}{d_t} \right) \tag{12-55}$$

床层被冷却时

$$\frac{\alpha_t d_t}{\lambda_f} = 3.5 \left(\frac{d_p G}{\mu_f} \right)^{0.7} \exp \left(-4.6 \frac{d_p}{d_t} \right) \tag{12-56}$$

式中，λ_f 为流体热导率，$kJ/(m \cdot h \cdot K)$；G 为流体表观质量流速，$kg/(m^2 \cdot h)$；μ_f 为流体黏度，$kg/(m \cdot h)$。

【例 12-5】 邻苯二甲酸酐，简称苯酐，是邻苯二甲酸分子内脱水形成的环状酸酐。苯酐为白色固体，是化工中的重要原料，常用于增塑剂的制造。石油化工的发展提供了大量价廉的邻二甲苯。以邻二甲苯为原料生产苯酐，产品的碳原子数和原料碳原子数一样，与以萘为原料相比免去了氧化降解过程，减

少了氧气需要量及反应放热量。1945年美国首先实现该法的工业化生产，之后，随着催化剂的不断改进以及新的高负荷、高原料空气比和高产率催化剂的使用，该法的经济效益显著提高，现各国均主要采用此法生产苯酐。本例题中采用列管式固定床反应器，列管内径 $d_t = 25mm$，催化剂粒径 $d_p = 5mm$，气体热导率 $\lambda_f = 5.199 \times 10^{-5} kJ/(m \cdot s \cdot K)$，黏度 $\mu_f = 0.033 \times 10^{-3} Pa \cdot s$，密度 $\rho_f = 0.53 kg/m^3$，气体表观质量流速 $G = 9200 kg/(m^2 \cdot h)$。试计算床层对流传热系数 α_t。

解 因为是放热反应，需要移走热量，床层被冷却，采用式(12-56)计算。

$$\alpha_t = 3.5 \left(\frac{0.005 \times 9200}{3600 \times 0.033 \times 10^{-3}} \right)^{0.7} \exp \left(-4.6 \frac{0.005}{0.025} \right) \times \frac{5.199 \times 10^{-5}}{0.025}$$

$$= 0.188 kJ/(m^2 \cdot s \cdot K)$$

12.3.3　固定床反应器设计

固定床反应器的设计计算，一般包括催化剂用量、反应器床层高度和直径、传热面积及床层压力降的计算等。固定床反应器的设计，应满足尽可能大的生产强度，即单位床层的生产能力大；尽可能小的床层阻力；床层温度分布合理；结构简单，操作稳定性好，运行可靠，维修方便。

固定床反应器的工艺计算，主要有经验法和数学模型法。气固相催化反应固定床反应器的计算通常包括下述三种情况：

① 为了完成一定生产任务，对反应器进行工艺设计。即已知原料气进反应器时的各项参数（温度、压力、流量及组成），并确定了反应器出口气体的组成（或转化率）时，通常计算求出反应器的直径，催化剂床层高度以及有关工艺参数。

② 对已有的反应器（已知其直径和催化剂层高度），在规定了原料气各项参数后，计算该反应器能否实现工艺指标（即反应器出口气体是否符合要求）。

③ 对已有的反应器，为满足生产所需要的产品要求，计算反应器的最大生产能力（即反应器可以处理的最大原料量）。

上述三种任务中，第一种为设计任务，后两种为反应器校核。尽管要求不同，但计算原理和方法是相同的。

12.3.3.1　**经验法**

经验法是取用实验室、中间试验装置或工厂现有生产装置中最佳条件下测得的一些数据，如空速、催化剂空时收率及催化剂负荷等作为工艺计算的依据。空速、催化剂空时收率及催化剂负荷的定义如下。

① 空速 S_V　单位体积的催化剂在单位时间内所通过的标准状态下原料体积流量，称为空间速率，简称空速。

$$S_V = \frac{V_0^{\ominus}}{V_R} \tag{12-57}$$

式中，S_V为空速，h^{-1}；$V_0^{\ominus}$为标准状态下原料气体积流量，m^3/h；V_R为催化剂堆积体积，m^3。

② 催化剂空时收率S_W 单位质量（或体积）的催化剂在单位时间内所获得的目的产物量。

$$S_W = \frac{w_W}{W_S} \tag{12-58}$$

式中，S_W为催化剂空时收率，$kg/(kg \cdot h)$或$kg/(m^3 \cdot h)$；w_W为目的产物量，kg/h；W_S为催化剂用量，kg或m^3。

③ 催化剂负荷S_G 单位质量的催化剂在单位时间内所处理的原料量。

$$S_G = \frac{w_G}{W_S} \tag{12-59}$$

式中，S_G为催化剂负荷，$kg/(kg \cdot h)$；w_G为单位时间内处理的原料量，kg/h。

经验法工艺计算的前提是新设计计算的反应器也能保持与提供数据的装置相同的操作条件，如催化剂性质、粒度、原料组成、流体流速、温度和压力等。由于规模的改变，要做到全部相同是困难的，尤其是温度条件。因此这种方法虽能在缺乏动力学数据的情况下简单方便地估算出催化剂体积，但因对整个反应系统的反应动力学、传质、传热等特性缺乏真正的了解，因而是比较原始的、不精确的，不能实现高倍数的放大。

【例 12-6】 环氧乙烷被广泛地用于洗涤、制药、印染等行业，在化工相关产业可作为清洁剂的起始剂。世界上环氧乙烷工业化生产装置几乎全部采用以银为催化剂的乙烯直接氧化法，其反应原理为：

$$C_2H_4 + \frac{1}{2}O_2 \longrightarrow C_2H_4O \qquad \Delta H_1 = -103.38 kJ/mol, 298K \qquad [A]$$

$$C_2H_4 + 3O_2 \longrightarrow 2CO_2 + 2H_2O \qquad \Delta H_2 = -1323.1 kJ/mol, 298K \qquad [B]$$

要求年产环氧乙烷1000吨，采用二段空气氧化法，试根据中试经验，取用下列数据估算第一反应器尺寸。

① 进入第一反应器的原料气组成为

组分	C_2H_4	O_2	CO_2	N_2	C_2H_4Cl
体积分数/%	3.5	6.0	7.7	82.8	微量

② 第一反应器进料温度为 483K，反应温度为 523K，反应压力为 0.981MPa，转化率为20%，选择性为66%，空速为5000h^{-1}。

③ 第一反应器采用列管式固定床反应器，列管为$\phi 27mm \times 2.5mm$，管长6m，催化剂充填高度5.7m。

④ 管间采用导生油强制外循环换热。导生油进口温度503K，出口温度508K。导生油对管壁传热系数α_0可取2717$kJ/(m^2 \cdot h \cdot K)$。

⑤ 催化剂为球形，直径 d_p 为 5mm，床层空隙率 ε 为 0.48。

⑥ 反应器年运行 7200h，反应后分离、精制过程回收率为 90%，第一反应器所产环氧乙烷占总产量的 90%。

⑦ 在 523K、0.981MPa 条件下，反应混合物有关物性数据为：热导率 $\lambda_f = 0.1273\text{kJ}/(\text{m}\cdot\text{h}\cdot\text{K})$、黏度 $\mu_f = 2.6\times10^{-5}\text{Pa}\cdot\text{s}$、密度 $\rho_f = 7.17\text{kg/m}^3$。各组分在 298~523K 范围内平均气体比热容 C_f 为

组分	C_2H_4	O_2	N_2	CO_2	H_2O	C_2H_4O
$C_f/[\text{J}/(\text{kg}\cdot\text{K})]$	1.968	0.963	1.047	0.963	1.963	1.382

解 （1）物料衡算

要求年产 1000 吨环氧乙烷，考虑过程损失后每小时应生产环氧乙烷量为

$$\frac{1000\times1000}{0.90\times7200}=154.32\text{kg/h}$$

第一反应器反应生成环氧乙烷量为

$$154.32\times0.9=139(\text{kg/h})=3.16\text{kmol/h}$$

第一反应器应加入乙烯量为

$$\frac{3.16}{0.66\times0.20}=23.94\text{kmol/h}$$

按原料气组成，求得原料气中其余各组分量为

O_2 $\qquad\qquad 23.94\times\dfrac{6.0}{3.5}=41.04\text{kmol/h}$

CO_2 $\qquad\qquad 23.94\times\dfrac{7.7}{3.5}=52.67\text{kmol/h}$

N_2 $\qquad\qquad 23.94\times\dfrac{82.8}{3.5}=566.35\text{kmol/h}$

根据乙烯转化率 20%、选择性 66%，按化学计量关系计算反应器出口气体中各组分量：

反应式[A]

消耗乙烯量 $\qquad\qquad 23.94\times0.2\times0.66=3.16\text{kmol/h}$

消耗氧气量 $\qquad\qquad 3.16\times0.5=1.58\text{kmol/h}$

生成环氧乙烷量 $\qquad\qquad 3.16\text{kmol/h}$

反应式[B]

消耗乙烯量 $\qquad\qquad 23.94\times0.2\times0.34=1.63\text{kmol/h}$

消耗氧气量 $\qquad\qquad 1.63\times3=4.89\text{kmol/h}$

生成二氧化碳量 $\qquad\qquad 1.63\times2=3.26\text{kmol/h}$

生成水量 $\qquad\qquad 1.63\times2=3.26\text{kmol/h}$

故反应器出口气体中各组分量为

C_2H_4 $\qquad\qquad 23.94-(3.16+1.63)=19.15\text{kmol/h}$

O_2 $\qquad\qquad 41.04-(1.58+4.89)=34.57\text{kmol/h}$

组分				
CO$_2$				52.67＋3.26＝55.93kmol/h
N$_2$				566.35kmol/h
C$_2$H$_4$O				3.16kmol/h
H$_2$O				3.26kmol/h

计算结果列表如下。

组分	进料		出料	
	F_0/(kmol/h)	W_0/(kg/h)	F/(kmol/h)	W/(kg/h)
C$_2$H$_4$			19.15	536.2
O$_2$	23.94	670.32	34.57	1106.24
CO$_2$	41.04	1313.28	55.93	2460.92
N$_2$	52.67	2317.48	566.35	15857.80
C$_2$H$_4$O	566.35	15857.80	3.15	139.04
H$_2$O			3.26	58.68
总计	684.00	20158.88	682.42	20158.88

（2）计算催化剂床层体积 V_R

进入反应器的气体总流量 $F_{t0}=684$kmol/h，给定空速 $S_V=5000$h^{-1}。

所以
$$V_R=\frac{V_0^\ominus}{S_V}=\frac{684\times22.4}{5000}=3.06\text{m}^3$$

（3）反应器管数 n

给定管子为 $\phi27$mm$\times2.5$mm，故管内径 d_t 为 0.022m，管长6m，催化剂充填高度 L 为 5.7m。

所以
$$n=\frac{V_R}{\frac{\pi}{4}d_t^2 L}=\frac{3.06}{0.785\times0.022^2\times5.7}=1413$$

采用正三角形排列，实取管数为 1459 根。

（4）热量衡算

基准温度为 298K。

① 原料气带入热量 Q_1

$Q_1=(670.32\times1.968+1313.28\times0.963+2317.48\times0.963+15857.8\times1.047)\times(483-298)=396.2\times10^4$kJ/h

② 反应后气体带走热量 Q_2

$Q_2=(536.2\times1.968+1106.24\times0.963+2460.92\times0.963+15857.8\times1.047+139.04\times1.382+58.68\times1.968)\times(523-298)=481.5\times10^4$kJ/h

③ 反应放出热量 Q_r

$Q_r=3.16\times10^3\times103.38+1.63\times10^3\times1323.1=248.3\times10^4$kJ/h

④ 传给导生油的热量 Q_C

$Q_C=Q_1+Q_r-Q_2=(396.2+248.3-481.5)\times10^4=163\times10^4$kJ/h

⑤ 核算换热面积

床层对壁传热系数按式(12-56) 计算为

$$\alpha_t = \frac{\lambda_f}{d_t} 3.5 \left(\frac{d_p G}{\mu_f} \right)^{0.7} \exp\left(-4.6 \frac{d_p}{d_t} \right)$$

$$G = \frac{20158.88}{1459 \times \frac{\pi}{4} \times 0.022^2} = 36366 \text{kg/(m}^2 \cdot \text{h)}$$

$$\frac{d_p G}{\mu_f} = \frac{0.005 \times 36366}{2.6 \times 10^{-5} \times 3600} = 1943$$

所以

$$\alpha_t = \frac{0.1273}{0.022} \times 3.5 \times 1943^{0.7} \times \exp\left(-4.6 \times \frac{0.005}{0.022} \right)$$

$$= 1426.8 \text{kJ/(m}^2 \cdot \text{h} \cdot \text{K)}$$

查得碳钢管的热导率 $\lambda = 167.5 \text{kJ/(m} \cdot \text{h} \cdot \text{K)}$；较干净壁面污垢热阻 $R_{st} = 4.78 \times 10^{-5} \text{m}^2 \cdot \text{h} \cdot \text{K/kJ}$。

代入总传热系数 K_t 的计算式，得

$$K_t = \cfrac{1}{\cfrac{1}{\alpha_t} + \cfrac{\delta}{\lambda} \cfrac{d_t}{d_m} + \cfrac{1}{\alpha_0} \cfrac{d_t}{d_0} + R_{st}}$$

$$= \cfrac{1}{\cfrac{1}{1426.8} + \cfrac{0.0025}{167.5} \times \cfrac{0.022}{0.0245} + \cfrac{1}{2717.0} \times \cfrac{0.022}{0.027} + 4.78 \times 10^{-5}}$$

$$= 942 \text{kJ/(m}^2 \cdot \text{h} \cdot \text{K)}$$

因转化率低，故整个反应器床层可近似看成恒温，均为 523K。传热推动力的温差为

$$\Delta t_m = \frac{(523 - 503) + (523 - 508)}{2} = 17.5 \text{K}$$

需要传热面积为

$$A_{需} = \frac{Q_C}{K_t \Delta t_m} = \frac{163 \times 10^4}{942 \times 17.5} = 98.9 \text{m}^2$$

实际传热面积为

$$A_{实} = \pi d_t \cdot L \cdot n = 3.14 \times 0.022 \times 5.7 \times 1459 = 574.78 \text{m}^2$$

$A_{实} > A_{需}$，能满足传热要求。

(5) 床层压力降计算

$$Re_M = \frac{d_s G}{\mu_f} \frac{1}{1 - \varepsilon} = 1943 \times \frac{1}{1 - 0.48} = 3736 \quad (>1000，属湍流)$$

$$\Delta p = 1.75 \frac{\rho_f u_0^2}{d_s} \frac{1 - \varepsilon}{\varepsilon^3} L = 1.75 \frac{G^2}{d_s \rho_f} \frac{1 - \varepsilon}{\varepsilon^3} L$$

$$= 1.75 \times \frac{(36366/3600)^2}{0.005 \times 7.17} \times \frac{1 - 0.48}{0.48^3} \times 5.7$$

$$= 133.5 \times 10^3 \text{Pa} = 133.5 \text{kPa}$$

12.3.3.2 数学模型法

数学模型法是20世纪中期发展起来的先进方法，它建立在对反应器内全

部过程的本质和规律有一定认识的基础上，用数学方程式来比较真实地描述实际过程——即建立过程的数学模型，运用计算机可以进行高倍数放大的工艺计算。当然，数学模型的可靠性和基础物性数据测定的准确性是正确计算的关键。在讨论固定床反应器内流体流动、传热和传质过程的基础上，可以建立固定床反应器内传递过程的数学模型，结合反应动力学的数学模型，就能得到描述固定床反应器内全部过程的数学模型。目前，固定床反应器的数学模型被认为是反应器中比较成熟可靠的模型。它不仅用于设计计算，也用于检验现有反应器的操作性能，以探求技术改造的途径和实现最优控制。

催化反应器的数学模型，根据反应动力学可分为非均相与拟均相两类，根据催化床中温度分布可分为一维模型和二维模型，根据流体的流动状况又可分为理想流动模型（包括理想置换和理想混合流动模型）和非理想流动模型。

绝大部分工业催化反应的传质和传热过程对宏观速率都有影响。例如烃类蒸气转化的催化剂要同时考虑气流主体与催化剂颗粒外表面的相间传质和传热及颗粒内部的传质和传热。把这些传递过程对反应速率的影响计入模型，称为"非均相"模型。

如果反应属于化学动力学控制，催化剂颗粒外表面上及颗粒内部反应组分的浓度及温度都与气流主体一致，计算过程与均相反应一样，故称为"拟均相"模型。如果某些催化过程的宏观动力学研究得不够，只能按本征动力学处理，而将传递过程的影响、催化剂的中毒、结焦、衰老、还原等项因素合并成为"活性校正系数"，这种处理方法属于"拟均相"模型。应注意活性校正系数与本征动力学参数、催化剂粒度、反应器结构、催化剂装载于反应器中的位置、毒物的品种及含量、催化剂的还原情况及使用时间等条件有关。

若只考虑反应器中沿着气流方向的浓度差和温度差，称为"一维模型"；若同时计入垂直于气流方向的浓度差和温度差，称为"二维模型"。一维拟均相理想置换流动模型是最基础的模型，在此基础上，按各种类型反应器的实际情况，计入轴向返混、径向浓度差及温度差、相间及颗粒内部的传质和传热，便形成了表 12-7 的分类。

表 12-7　催化反应器数学模型分类

分类	A 拟均相		B 非均相	
一维	A I	理想流动基础模型	B I	A I ＋相间及粒内浓度分布及温度分布
	A II	A I ＋轴向返混	B II	B I ＋轴向返混
二维	A III	A II ＋径向混合	B III	B II ＋径向混合

表 12-7 中基础模型的数学表达式最简单，所需的模型参数最少，数学运算也最简单。模型中考虑的问题越多，所需的传递过程参数越多，其数学表达式越复杂，求解时也越费时。处理具体问题时，一定要针对具体反应过程及反应器的特点进行分析，选用合适的模型。如果通过检验认为可以进行合理的假设而选用简化模型时，则采用简化模型进行模拟计算和模拟放大。具体可参考相关资料手册。

📋 **工作任务**

根据化工产品的生产条件和工艺要求进行流化床反应器的工艺设计。

📖 **技术理论**

流化床反应器也是化工生产中较多使用的反应器，在进行工艺计算前，必须了解流态化的基本概念，以及流化床反应器内传质和传热规律。

13.1 流态化基本概念

👥 **微课**

流化态基本概念

13.1.1 固体流态化现象

将固体颗粒悬浮于运动的流体中，从而使颗粒具有类似于流体的某些宏观特性，这种流固接触状态称为固体流态化。设有一圆筒形容器，下部装有一块流体分布板，分布板上堆积固体颗粒，当流体自下而上通过固体颗粒床层时，随着流体的表观（或称空塔）流速变化，床层会出现不同的现象，如图 13-1 所示。

当流速较低时，固体颗粒静止不动，颗粒之间仍保持接触，床层的空隙率及高度都不变，流体只在颗粒间的缝隙中通过，此时属于固定床，如图 13-1(a) 所示。继续增大流速，当流体通过固体颗粒产生的摩擦力与固体颗粒的浮力之和等于颗粒自身重力时，颗粒位置开始有所变化，床层略有膨胀，但颗粒还不能自由运动，颗粒间仍处于接触状态，此时称为初始或临界流化床，如图 13-1(b) 所示。当流速进一步增加到高于初始流化的流速时，颗粒全部悬浮在向上流动

▷ **动画**

不同流速时床层的变化

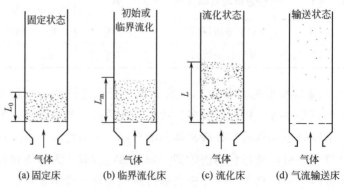

图 13-1 不同流速时床层的变化

的流体中，即进入流化状态。如果床层下部进入的流体是气体，流化床阶段气体以鼓泡的方式通过床层。随着气体流速的继续增加，固体颗粒在床层中的运动也越激烈，此时的气固系统具有类似于液体的特性。随着容器形状变化，床层高度发生变化，但有明显的上界面，这时的床层称为流化床，如图 13-1(c) 所示。当气流速度升高到某一极限值时，流化床上界面消失，颗粒分散悬浮在气流中，被气流带走，这种状态称为气流输送或稀相输送床，如图 13-1(d) 所示。

在流化床阶段，只要床层有明显的上界面，流化床即称为密相流化床或床层的密相段。对于气固系统，气泡在床层中上升，到达床层表面时破裂，由此而造成床层中激烈的运动很像沸腾的液体，所以流化床又称为沸腾床。

13.1.2 散式流化床和聚式流化床

(1) 散式流化床

不同的流体，固体流化现象也不同。据此一般可分为聚式流化床和散式流化床。对于液固系统，当流速高于最小流化速度时，随着流速的增加，得到的是平稳的、逐渐膨胀的床层，固体颗粒均匀地分布于床层各处，床面清晰可辨，略有波动，但相当稳定，床层压降的波动也很小或基本保持不变。即使在流速较大时，也看不到鼓泡或不均匀的现象。这种床层称为散式流化床，或均匀流化床、液体流化床，如图 13-2(a) 所示。

(2) 聚式流化床

当流体为气体时，即气固系统的流化床中，气体流速超过临界流化速度以后，有相当一部分气体以气泡形式通过床层，气泡在床层中上升并相互聚并，引起床层的波动，这种波动随流速的增大而增大。同时床面也有相应的波动，波动剧烈时很难确定其具体位置，这与液固系统中的清晰床面大不相同。由于床内存在气泡，气泡向上运动时将部分颗粒夹带至床面，到达床面时

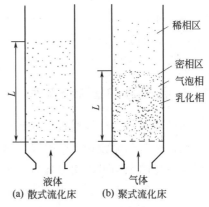

图 13-2 流化床的类型

气泡发生破裂，这部分颗粒由于自身重力作用又落回床内。整个过程中气泡不断产生和破裂，所以气固流化床的外观与液固流化床不同，颗粒不是均匀地分散于床层中，而是程度不同地一团一团聚集在一起作不规则的运动。在固体颗粒粒度比较小时，这种现象更为明显。因此，气固系统的这种流化床称为聚式流化床，如图13-2(b) 所示。

(3) 两种流化态的判别

颗粒与流体之间的密度差是散式流化和聚式流化之间的主要区别。一般认为液固流化为散式流化，而气固流化为聚式流化。但对于压力较高的气固系统

或者用较轻的液体流化较重的颗粒，如水-铅流化系统，这种区别就不明显，所以有必要对两种流化的定量判别标准进行讨论。

Wilhelm 和郭慕孙首先用弗劳德数来区分这两种流化态。弗劳德数用 Fr 来表示

$$Fr_{mf} = \frac{u_{mf}^2}{d_p g} \tag{13-1}$$

研究表明

$$\begin{cases} Fr_{mf} < 0.13 \text{ 为散式流化} \\ Fr_{mf} > 1.3 \text{ 为聚式流化} \end{cases} \tag{13-2}$$

另一种是用下列四个无量纲数的乘积表征的流态化型态

$$Fr_{mf}, \quad Re_{mf}, \quad \frac{\rho_p - \rho_f}{\rho_f}, \quad \frac{L_{mf}}{D_R}$$

上面四个无量纲数都随床层稳定性的降低而增加。通过实验得出

$$\begin{cases} Fr_{mf} Re_{mf} \left(\dfrac{\rho_p - \rho_f}{\rho_f} \right) \left(\dfrac{L_{mf}}{D_R} \right) < 100 \text{ 为散式流化} \\ Fr_{mf} Re_{mf} \left(\dfrac{\rho_p - \rho_f}{\rho_f} \right) \left(\dfrac{L_{mf}}{D_R} \right) > 100 \text{ 为聚式流化} \end{cases} \tag{13-3}$$

式中，Re 为以颗粒直径为定性尺寸的雷诺数，$Re = \dfrac{d_p u_{mf} \rho_f}{\mu_f}$；$\rho_p$ 为颗粒密度，kg/m³；ρ_f 为流体密度，kg/m³；L 为床层高度，m；D_R 为床层直径，m；u 为流体空床流速，m/s；μ_f 为流体黏度，Pa·s；d_p 为颗粒平均直径，m；mf 为下标，表示临界流化状态。

对比式(13-2)，上式界线清晰，没有非确定区域（$0.13 < Fr_{mf} < 1.3$）。

13.1.3　流化床的压降与流速

前已述及，当气体通过固体颗粒床层时，随着气速的改变，分别经历固定床、流化床和气流输送三个阶段。这三个阶段具有不同的规律，从不同气速对床层压力降的影响可以明显地看出其中的规律性。

对一个等截面床层，当流体以空床流速 u（或称表观流速）自下而上通过床层时，床层的压力降 Δp 与流速 u 之间的关系在理想情况下如图 13-3 所示。固定床阶段，流体流速较低，床层静止不动，气体从颗粒间的缝隙中流过。随着流速的增加，流体通过床层的摩擦阻力也随之增大，即压力降 Δp 随着流速 u 的增加而增加，如图 13-3 的 AB 段。流速增加到 B 点时，床层压力降与单位面积床层质量相等，床层刚好被托起而变松动，颗粒发生振动重新排列，但还不能自由运动，即固体颗粒仍保持接触而没有流化，如图

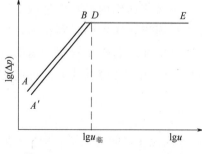

图 13-3　流化床压力降-流速关系

中的 BD 段。流速继续增大超过 D 点时，颗粒开始悬浮在流体中自由运动，床层随流速的增加而不断膨胀，也就是床层空隙率 ε 随之增大，但床层的压力降却保持不变，如图中 DE 段所示。当流速进一步增大到某一数值时，床层上界面消失，颗粒被流体带走而进入流体输送阶段。

床层初始流化状态下，床层的受力情况可以分析如下

$$重力（向下）= L_{mf}A(1-\varepsilon_{mf})\rho_s g$$

$$浮力（向上）= L_{mf}A(1-\varepsilon_{mf})\rho_f g$$

$$阻力（向上）= A\Delta p$$

开始流化时，向上和向下的力平衡，即

$$L_{mf}A(1-\varepsilon_{mf})\rho_s g = L_{mf}A(1-\varepsilon_{mf})\rho_f g + A\Delta p$$

整理后得
$$\Delta p = L_{mf}(1-\varepsilon_{mf})(\rho_s - \rho_f)g \tag{13-4}$$

式中，L_{mf} 为开始流化时的床层高度，m；ε_{mf} 为床层空隙率；A 为床层截面积，m^2；ρ_s 为催化剂表观密度，kg/m^3；Δp 为床层压降，Pa。

从临界点后继续增大流速，空隙率 ε 也随之增大，导致床层高度 L 增加，但 $L(1-\varepsilon)$ 却不变，所以 Δp 保持不变。在气固系统中，密度相差较大，可以简化为单位面积床层的质量，即

$$\Delta p = L(1-\varepsilon)\rho_s g = W/A \tag{13-5}$$

对已经流化的床层，如将气速减小，则 Δp 将沿 ED 线返回到 D 点，固体颗粒开始互相接触而又成为静止的固定床。但继续降低流速，压降不再沿 DB、BA 线变化，而是沿 DA' 线下降。原因是床层经过流化后重新落下，空隙率比原来增大，压力降减小。

通过压力降与流速关系图，可以分析实际流化床与理想流化床的差异，了解床层的流化质量。实际流化床的 Δp-u 关系较为复杂，图 13-4 就是某一实际流化床的 Δp-u 关系图。由图中看出，在固定床区域 AB 与流化床区域 DE 之间有一个"驼峰"。形成的原因是固定床阶段，颗粒之间由于相互接触，部分颗粒可能有架桥、嵌接等情况，造成开始流化时需要大于理论值的推动力才能使床层松动，即形成较大的压力降。一旦颗粒松动到使颗粒刚能悬浮时，Δp 即下降到水平位置。另外，实际中流体的少量能量消耗于颗粒之间的碰撞和摩

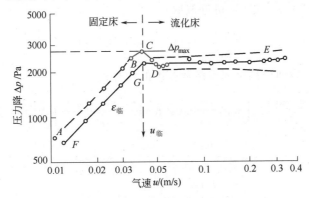

图 13-4　实际流化床的 Δp-u 关系

擦，使水平线略微向上倾斜。上下两条虚线表示压降的波动范围。

观察流化床的压力降变化可以判断流化质量。正常操作时，压力降的波动幅度一般较小，波动幅度随流速的增加而有所增加。在一定的流速下，如果发现压降突然增加，而后又突然下降，表明床层产生了腾涌现象。形成气栓时压降直线上升，气栓达到表面时料面崩裂，压降突然下降，如此循环下去。这种大幅度的压降波动破坏了床层的均匀性，使气固接触显著恶化，严重影响系统的产量和质量。有时压降比正常操作时低，说明气体形成短路，床层产生了沟流现象。

临界流化速度，也称起始流化速度、最低流化速度，是指颗粒层由固定床转为流化床时流体的表观速度，用 u_{mf} 表示。实际操作速度常取临界流化速度的倍数（又称流化数）来表示。临界流化速度对流化床的研究、计算与操作都是一个重要参数，确定其大小是很有必要的。确定临界流化速度最好是用实验测定，也可用公式计算。

临界点时，床层的压降 Δp 既符合固定床的规律，同时又符合流化床的规律，即此点固定床的压降等于流化床的压降。均匀粒度颗粒的固定床压降可用埃冈（Ergun）方程表示

$$\frac{\Delta p}{L} = 150 \frac{(1-\varepsilon_{mf})^2}{\varepsilon_{mf}^3} \times \frac{\mu_f u_0}{(\phi_s d_p)^2} + 1.75 \frac{(1-\varepsilon_{mf})}{\varepsilon_{mf}^3} \frac{\rho_f u_0^2}{\phi_s d_p} \tag{13-6}$$

式中，u_0 为气体表观速度，m/s；ϕ_s 为形状系数。

如果将式(13-6) 与式(13-4) 等同起来，可以导出下式

$$\frac{1.75}{\phi_s \varepsilon_{mf}^3} \left(\frac{d_p u_{mf} \rho_f}{\mu_f} \right)^2 + \frac{150(1-\varepsilon_{mf})}{\phi_s^2 \varepsilon_{mf}^3} \times \frac{d_p u_{mf} \rho_f}{\mu_f} = \frac{d_p^3 \rho_f (\rho_p - \rho_f) g}{\mu_f^2} \tag{13-7}$$

对于小颗粒，上式左侧第一项可以忽略，故得

$$u_{mf} = \frac{(\phi_s d_p)^2}{150} \times \frac{(\rho_p - \rho_f)}{\mu_f} g \frac{\varepsilon_{mf}^3}{1-\varepsilon_{mf}} \qquad (Re < 20) \tag{13-8}$$

对于大颗粒，式(13-7) 左侧第二项可忽略，得到

$$u_{mf}^2 = \frac{\phi_s d_p}{1.75} \times \frac{(\rho_p - \rho_f)}{\rho_f} g \varepsilon_{mf}^3 \qquad (Re > 1000) \tag{13-9}$$

如果 ε_{mf} 和（或）ϕ_s 未知，可近似取

$$\frac{1}{\phi_s \varepsilon_{mf}^3} \approx 14, \qquad \frac{1-\varepsilon_{mf}}{\phi_s^2 \varepsilon_{mf}^3} \approx 11$$

代入式(13-7) 后即得到全部雷诺数范围的计算式

$$\frac{d_p u_{mf} \rho_f}{\mu_f} = \left[33.7^2 + 0.0408 \frac{d_p^3 \rho_f (\rho_p - \rho_f) g}{\mu_f^2} \right]^{1/2} - 33.7 \tag{13-10}$$

对于小颗粒
$$u_{mf} = \frac{d_p^2 (\rho_p - \rho_f) g}{1650 \mu_f} \qquad (Re < 20) \tag{13-11}$$

对于大颗粒
$$u_{mf}^2 = \frac{d_p (\rho_p - \rho_f) g}{24.5 \rho_f} \qquad (Re > 1000) \tag{13-12}$$

采用上述各式计算时，应将所得 u_{mf} 值代入 $Re = d_p u_{mf} \rho_f / \mu_f$ 中，检验其是否符合规定的范围。如不相符，应重新选择公式计算。

计算临界流化速度的经验或半经验关联式很多，下面再介绍一种便于应用而又较准确的计算公式（李伐公式）

$$u_{mf} = 0.00923 \frac{d_p^{1.82}(\rho_p - \rho_f)^{0.94}}{\mu_f^{0.88} \rho_f^{0.06}} \quad \text{m/s} \tag{13-13}$$

式(13-13) 只适用于 $Re < 10$，即较细的颗粒。如果 $Re > 10$，则需要再乘以图13-5中的校正系数。

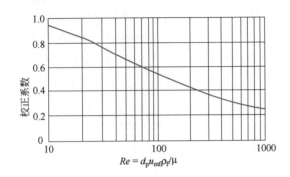

图 13-5　Re > 10 时的校正系数

由上式看出，影响临界流化速度的因素有颗粒直径、颗粒密度、流体黏度等。实际生产中，流化床内的固体颗粒总是存在一定的粒度分布，形状也各不相同，因此在计算临界流化速度时要采用当量直径和平均形状系数。另外大而均匀的颗粒在流化时流动性差，容易发生腾涌现象，加剧颗粒、设备和管道的磨损，操作的气速范围也很狭窄。在大颗粒床层中添加适量的细粉有利于改善流化质量，但受细粉回收率的限制，不宜添加过多。

平均颗粒直径可以根据实际测得的筛分组成计算，筛分组成是指各种不同直径的颗粒组成按质量分数计，计算式见式(12-42)。

【例 13-1】 某流化床，已知以下数据：床层空隙率 $\varepsilon_{mf} = 0.55$，流化气体为空气，$\rho_f = 1.2 \text{kg/m}^3$，$\mu_f = 18 \times 10^{-6} \text{Pa·s}$；固体颗粒（不规则的砂）$d_p = 160 \mu m$，$\Phi_s = 0.67$，$\rho_s = 2600 \text{kg/m}^3$，求临界流化速度 u_{mf}。

解 解法一　将已知数据带入式(13-8) 得

$$u_{mf} = \frac{(160 \times 10^{-6})^2 \times (2600 - 1.2) \times 9.8}{150 \times 18 \times 10^{-6}} \times \frac{0.55^3 \times 0.67^2}{1 - 0.55} = 0.44 \text{m/s}$$

验证 Re_{mf}　　$Re_{mf} = \frac{160 \times 10^{-6} \times 0.04 \times 1.2}{18 \times 10^{-6}} = 0.43 < 20$

因此以上计算是合理的。

解法二　若不知道 ε_{mf} 和 Φ_s 的数值，可用式(13-10) 计算

$$A_r = \frac{(160 \times 10^{-6})^3 \times 1.2 \times (2600 - 1.2) \times 9.8}{(18 \times 10^{-6})^2} = 387$$

$$Re_{mf} = \sqrt{33.7^2 + 0.0408 \times 387} - 33.7 = 0.234$$

$$u_{mf} = \frac{18 \times 10^{-6} \times 0.234}{1.2 \times 160 \times 10^{-6}} = 0.022 \text{m/s}$$

可见这两种方法计算结果相差很大。

为了可靠起见，设计中通常不是选用一个而是同时选用几个公式来计算，并将其结果进行分析比较，以确定取舍或求其平均值。要得出较精确的 u_{mf}，可以借助试验方法测定或用专门适用某反应体系的公式计算得到。

颗粒带出速度 u_t 是流化床中流体速度的上限，也就是气速增大到此值时流体对粒子的曳力与粒子的重力相等，粒子将被气流带走。这一带出速度，或称终端速度，近似地等于粒子的自由沉降速度。颗粒在流体中沉降时，受到重力、流体的浮力和流体与颗粒间摩擦力的作用。对球形颗粒等速沉降时，向下的重力与向上的浮力和摩擦阻力之和相等，可得出下式

$$\frac{\pi}{6} d_p^3 \rho_p = \xi_D \frac{\pi}{4} d_p^2 \frac{u_t^2 \rho_f}{2g} + \frac{\pi}{6} d_p^3 \rho_f \qquad (13-14)$$

整理后得

$$u_t = \left[\frac{4}{3} \frac{d_p(\rho_p - \rho_f)g}{\rho_f \xi_D} \right]^{1/2} \qquad (13-15)$$

式中，ξ_D 为阻力系数，是 $Re_t = \dfrac{d_p u_t \rho_f}{\mu_f}$ 的函数。对球形粒子

$$\xi_D = 24/Re_t \qquad (Re_t < 0.4)$$
$$\xi_D = 10/Re_t^{1/2} \qquad (0.4 < Re_t < 500)$$
$$\xi_D = 0.43 \qquad (500 < Re_t < 2 \times 10^5)$$

分别代入式(13-15)，得

$$u_t = \frac{d_p^2(\rho_p - \rho_f)g}{18\mu_f} \qquad (Re_t < 0.4) \qquad (13-16)$$

$$u_t = \left[\frac{4}{225} \frac{(\rho_p - \rho_f)^2 g^2}{\rho_f \mu_f} \right]^{1/3} d_p \qquad (0.4 < Re_t < 500) \qquad (13-17)$$

$$u_t = \left[\frac{3.1 d_p(\rho_p - \rho_f)g}{\rho_f} \right]^{1/2} \qquad (500 < Re_t < 2 \times 10^5) \qquad (13-18)$$

采用上列诸式计算的 u_t 也需再代入 Re_t 中以检验其范围是否相符。

对于非球形粒子，ξ_D 可用非对应的经验公式计算，或者查阅相应的图表。但在查阅中应特别注意适用的范围。

采用上面的公式还可以考察对于大、小颗粒流化范围的影响。

对细粒子，当 $Re_t < 0.4$ 时，$\dfrac{u_t}{u_{mf}} = \dfrac{\text{式}(13-16)}{\text{式}(13-11)} = 91.6$；

对大颗粒，当 $Re_t > 1000$ 时，$\dfrac{u_t}{u_{mf}} = \dfrac{\text{式}(13-18)}{\text{式}(13-12)} = 8.72$。

可见 u_t/u_{mf} 的范围在 $10 \sim 90$ 之间，颗粒越细，比值越大，即表示从能够

流化起来到被带走为止的这一范围就越广，这说明了为什么在流化床中用细的粒子比较适宜的原因。

【例 13-2】 计算粒径分别为 $10\mu m$、$100\mu m$、$1000\mu m$ 的微球形催化剂在下列条件下的带出速度：颗粒密度 $\rho_p = 2500 kg/m^3$，颗粒的球形度 $\phi_s = 1$；流体密度 $\rho_f = 1.2 kg/m^3$，流体黏度 $\mu_f = 1.8 \times 10^{-5} Pa \cdot s$。

解 （1） $d_p = 10\mu m = 1 \times 10^{-5} m$ 时

$$u_t = \frac{d_p^2(\rho_p - \rho_f)g}{18\mu_f} = \frac{(1 \times 10^{-5})^2 \times (2500 - 1.2) \times 9.81}{18 \times 1.8 \times 10^{-5}} = 0.00756 m/s$$

$$Re_t = \frac{d_p u_t \rho_f}{\mu_f} = \frac{1 \times 10^{-5} \times 0.00756 \times 1.2}{1.8 \times 10^{-5}} = 0.005 (< 0.4)$$

（2） $d_p = 100\mu m = 1 \times 10^{-4} m$ 时

$$u_t = \left[\frac{4}{225} \times \frac{(\rho_p - \rho_f)^2 g^2}{\rho_f \mu_f}\right]^{1/3} d_p = \left[\frac{4}{225} \times \frac{(2500 - 1.2)^2 \times 9.81^2}{1.2 \times 1.8 \times 10^{-5}}\right]^{1/3} \times 1 \times 10^{-4} = 0.53 m/s$$

$$Re_t = \frac{d_p u_t \rho_f}{\mu_f} = \frac{1 \times 10^{-4} \times 0.53 \times 1.2}{1.8 \times 10^{-5}} = 3.5 (> 0.4)$$

（3） $d_p = 1000\mu m = 1 \times 10^{-3} m$ 时

$$u_t = \left[\frac{3.1 d_p(\rho_p - \rho_f)g}{\rho_f}\right]^{1/2} = \left[\frac{3.1 \times 1 \times 10^{-3} \times (2500 - 1.2) \times 9.81}{1.2}\right]^{1/2} = 7.86 m/s$$

$$Re_t = \frac{d_p u_t \rho_f}{\mu_f} = \frac{1 \times 10^{-3} \times 7.86 \times 1.2}{1.8 \times 10^{-5}} = 524 (> 500)$$

【例 13-3】 计算粒径为 $80\mu m$ 的球形砂子在 20℃空气中的带出速度。砂子的密度为 $\rho_p = 2650 kg/m^3$，20℃空气的密度 $\rho_f = 1.205 kg/m^3$，空气的黏度 $\mu_f = 1.85 \times 10^{-5} Pa \cdot s$。

解 $d_p = 80\mu m = 8 \times 10^{-5} m$，先考虑在层流区求带出速度

$$u_t = \frac{d_p^2(\rho_p - \rho_f)g}{18\mu_f}$$

因空气密度 ρ_f 比颗粒密度 ρ_p 小得多，故 $\rho_p - \rho_f \approx \rho_p$，于是上式可简化为

$$u_t = \frac{d_p^2 \rho_p g}{18\mu_f} = \frac{(8 \times 10^{-5})^2 \times 2650 \times 9.81}{18 \times 1.85 \times 10^{-5}} = 0.50 m/s$$

$$Re_t = \frac{d_p u_t \rho_f}{\mu_f} = \frac{8 \times 10^{-5} \times 0.50 \times 1.205}{1.85 \times 10^{-5}} = 2.605 (> 0.4)$$

因 $Re_t > 0.4$，故不能用层流区公式求 u_t，改用过渡区公式计算，得

$$u_t = \left(\frac{4}{225} \times \frac{\rho_p^2 g^2}{\rho_f \mu_f}\right)^{1/3} d_p = \left(\frac{4}{225} \times \frac{2650^2 \times 9.81^2}{1.205 \times 1.85 \times 10^{-5}}\right)^{1/3} \times (8 \times 10^{-5}) = 0.65 m/s$$

$$Re_t = \frac{d_p u_t \rho_f}{\mu_f} = \frac{8 \times 10^{-5} \times 0.65 \times 1.205}{1.85 \times 10^{-5}} = 3.39 (> 0.4)$$

计算表明可用过渡区公式求带出速度。

由以上例子看出，应用式(13-16)至式(13-18)计算球形颗粒的沉降速度时，需要根据雷诺数的大小来选用计算公式，由于 u_t 未知，因此要用试差法计算。

实际生产中，操作气速是根据具体情况确定的。流化数 u/u_{mf} 一般在 $1.5\sim10$ 的范围内，也有高达几十甚至几百的。另外也有按 $u/u_t=0.1\sim0.4$ 选取的。通常采用的气速在 $0.15\sim0.5\mathrm{m/s}$。对热效应不大、反应速率慢、催化剂粒度小、筛分宽、床内无内部构件和要求催化剂带出量少的情况，宜选用较低气速。反之，则宜用较高的气速。

如上所述，求出临界流化速度和颗粒带出速度，原则上确定流化床操作速度的范围，其范围较宽，要最终确定操作速度，还必须考虑许多因素，加以综合分析比较，才能得出适当的选择。

通常在有下列情况的表现之一，宜采用较低的操作速度：①颗粒易碎或催化剂价格昂贵；②颗粒粒度筛分的范围宽，或参加反应是粒度逐渐减小；③过程的反应速度很慢，空间速度小；④需要的床层高度很低，颗粒有很好的流化特性；⑤反应热不大；⑥粉尘回收系统的效率低或负荷过重等。

而对于下列情况，一般则可提高操作速度：①过程反应速度快，空间速度高；②反应热大需要通过受热面移走；③床层基本保持等温状态；④要求颗粒具有高度的活性，如循环流化床等。

13.1.4 流化床中的气泡及其行为

作为反应器的流化床，其中的流体流动及传递过程是非常复杂的，并且气体和颗粒在床内的混合是不均匀的。气体经分布板进入床层后，一部分与固体颗粒混合构成乳化相，另一部分不与固体颗粒混合而以气泡状态在床层中上升，这部分气体构成气泡相。气泡在上升中，因聚并和膨胀而增大，同时不断与乳化相间进行质量交换，即将反应物组分传递到乳化相中，使其在催化剂上进行反应，又将反应生成的产物传到气泡相中来，可见其行为自然成为影响反应结果的一个决定性因素。根据研究，不受干扰的单个气泡的顶部呈球形，底部略为内凹，如图 13-6 所示。随着气泡的上升，由于尾部区域的压力较周围低，将部分颗粒吸入，形成局部涡流，这一区域称为尾涡。气泡上升过程中，一部分颗粒不断离开这一区域，另一部分颗粒又补充进来，这样

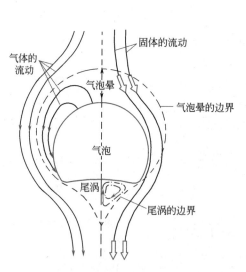

图 13-6　气泡及其周围气体
与颗粒运动情况

就把床层下部的粒子夹带上去而促进了全床颗粒的循环与混合。图中还绘出了气泡周围颗粒和气体的流动情况。在气泡较小，气泡上升速度低于乳化相中气速时，乳相中的气流可穿过气泡上流，但当气泡大到其上升速度超过乳化相中的气速时，就会有部分气体从气泡顶部沿气泡周边下降，再循环回气泡内，在气泡外形成了一层不与乳化相气流相混合的区域，即所谓的气泡晕。气泡晕与尾涡都在气泡之外且随气泡一起上升，其中所含颗粒浓度与乳化相中几乎都是相同的。

气泡上升速度是气泡的重要参数之一。为了研究气泡的上升速度，实验室中常采用在临界流化状态下注入人工气泡的方法。根据实测，流化床中单个气泡的平均上升速度 u_{br} 可取

$$u_{br}=0.711(gd_e)^{1/2} \tag{13-19}$$

在实际床层中，出现成群上升的气泡时，上升速度一般用下式计算

$$u_{br}=u-u_{mf}+0.711(gd_e)^{1/2} \tag{13-20}$$

式中，d_e 为气泡的当量直径，是与球形顶盖气泡体积相等的球体直径，单位为 m。它随着气泡的上升不断增大，其数值与距分布板距离的变化关系通过实验测定，或者用有关的经验公式计算。

在 $u_{br}>u_f(=u_{mf}/u_{mf}$，即乳化相中的真实气速）时，气泡内外由于气体环流而形成的气泡晕变得明显起来，其相对厚度可按下式计算

$$\left(\frac{R_c}{R_b}\right)^2=\frac{u_{br}+u_f}{u_{br}-u_f} \quad \text{（二维床）} \tag{13-21}$$

$$\left(\frac{R_c}{R_b}\right)^3=\frac{u_{br}+2u_f}{u_{br}-u_f} \quad \text{（三维床）} \tag{13-22}$$

式中，R_c 及 R_b 分别为气泡晕及气泡的半径。

式(13-21) 和式(13-22) 所说的三维床是指一般的圆柱形床，二维床则为截面狭长的扁形床，气泡能充满两壁。与三维床相比，二维床因偏离实际床较大，所以其实际应用还存在很多问题。

在气泡中，气体的穿流量 q 可用下式来计算

$$q=4u_{mf}R_b=4u_f\varepsilon_{mf}R_b \quad \text{（二维床）} \tag{13-23}$$

$$q=3u_{mf}\pi R_b^2=3u_f\varepsilon_{mf}\pi R_b^2 \quad \text{（三维床）} \tag{13-24}$$

一些研究发现，气泡中存在固体颗粒，但含量很少，如定义

$$r_b=\frac{\text{全部气泡中粒子的体积}}{\text{全部气泡的总体积}}$$

则 r_b 值为 0.001～0.01，由于量少，因此在一般计算中常忽略不计。但对于高温的快速放热反应，它的影响就会变得显著。

还有一些参数，如尾涡的体积 V_w、气泡晕与气泡的体积比 $\alpha_c(=V_c/V_b)$、全部气泡所占床层的体积分数 δ_b，它们的计算大多采用经验公式，此处不再介绍。

13.2 流化床反应器传质

13.2.1 颗粒与流体间的传质

如前所述，气体进入床层后，部分通过乳化相流动，其余则以气泡形式通过床层。乳化相中的气体与颗粒接触良好，而气泡中的气体与颗粒接触较差，原因是气泡中几乎不含颗粒，气体与颗粒接触的主要区域集中在气泡与气泡晕的相界面和尾涡处。无论流化床用作反应器还是传质设备，颗粒与气体间的传质速率都将直接影响整个反应速率或总传质速率。所以，当流化床用作反应器或传质设备时，颗粒与流体间的传质系数 k_G 是一个重要的参数。可以通过传质速率来判断整个过程的控制步骤。关于传质系数，文献报道很多，都是经验公式，只在一定的范围内适用，此处不做介绍。

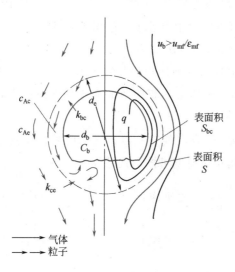

图 13-7　相间交换示意图

13.2.2 气泡与乳化相间的传质

由于流化床反应器中的反应实际上是在乳化相中进行的，所以气泡与乳化相间的气体交换作用非常重要。相间传质速率与表面反应速率的快慢，对于选择合理的床型和操作参数都直接有关。图 13-7 所示为相间交换的示意图，从气泡经气泡晕到乳化相的传递是一个串联过程。以气泡的单位体积为基准，气泡与气泡晕之间的交换系数 $(k_{bc})_b$、气泡晕与乳化相之间的交换系数 $(k_{ce})_b$ 以及气泡与乳化相之间的总系数 $(k_{be})_b$（均以 s^{-1} 表示），气泡在经历 dl（时间 $d\tau$）的距离内的交换速率（以组分 A 表示），用单位时间单位气泡体积所传递的组分 A 的物质的量来表示，即

$$-\frac{1}{V_b} \times \frac{dN_{Ab}}{d\tau} = -u_b \frac{dc_{Ab}}{dl} = (k_{be})_b (c_{Ab} - c_{Ac})$$

$$= (k_{bc})_b (c_{Ab} - c_{Ac})$$

$$\approx (k_{ce})_b (c_{Ac} - c_{Ae}) \tag{13-25}$$

式中，N_{Ab} 为组分 A 的物质的量，kmol；V_b 为气泡体积，m^3；c_{Ab}, c_{Ac}, c_{Ae} 分别为气泡相、气泡晕、乳化相中反应组分 A 的浓度，$kmol/m^3$。

气体交换系数的含义是在单位时间内以单位气泡体积为基准所交换的气体体积。三者间的关系如下

$$\frac{1}{(k_{be})_b} \approx \frac{1}{(k_{bc})_b} + \frac{1}{(k_{ce})_b} \tag{13-26}$$

对于一个气泡而言，单位时间内与外界交换的气体体积 Q 可认为等于穿过气泡的穿流量 q 及相间扩散量之和，即

$$Q = q + \pi d_e^2 K_{bc} \tag{13-27}$$

式中 q 值由式(13-24)表示，而传质系数 K_{bc} 可由下式估算

$$K_{bc} = 0.975 D^{1/2} (g/d_e)^{1/4} \ (cm/s) \tag{13-28}$$

将式(13-25)和式(13-28)代入式(13-27)中，得

$$(k_{bc})_b = \frac{Q}{(\pi d_e^3/6)} = 4.5\left(\frac{u_{mf}}{d_e}\right) + \left(5.85\frac{D^{1/2} g^{1/4}}{d_e^{5/4}}\right) \tag{13-29}$$

此外，$(k_{ce})_b$ 可由下式估算

$$(k_{ce})_b = \frac{k_{ce} S_{bc} (d_c/d_e)^2}{V_b} \approx 6.78\left(\frac{D_e \varepsilon_{mf} u_b}{d_e^3}\right)^{1/2} \tag{13-30}$$

式中，S_{bc} 是气泡与气泡晕的相界面，cm^2；D_e 是气体在乳化相中的扩散系数，cm^2/s。在目前还缺乏实测数据的情况下，可取 $D_e = \varepsilon_{mf} D$ 到 D 之间的值。

需要说明的是，文献介绍的不同相间的交换系数及关联式是根据不同的物理模型和不同的数据处理方法得出的，引用时必须注意其适用条件。

13.3 流化床反应器传热

由于流化床中流体与颗粒的快速循环，流化床具有传热效率高、床层温度均匀的优点。气体进入流化床后很快达到流化床温度。这是因为气固相接触面积大，颗粒循环速度高，颗粒混合得很均匀以及床层中颗粒比热容远比气体比热容高等原因。研究流化床传热主要是为了确定维持流化床温度所必需的传热面积。流化床反应器中的传热与传质类似，包括三个基本形式：①颗粒与颗粒之间的传热；②相间即气体与固体颗粒之间的传热；③床层与内壁间的和床层与浸没于床层中的换热器表面间的传热。在一般情况下，自由流化床是等温的，粒子与流体之间的温差，除特殊情况外，可以忽略不计。重要的是床层与内壁间和床层与浸没于床层中的换热器表面间的传热。流化床中传热的理论和实验研究很多，这里只作简单介绍，详细资料可查阅有关文献。

流化床与外壁的传热系数 α_w 比空管及固定床中都高，如图13-8所示。在起始流化速度以上，α_w 随气速的增加而增大到一个极大值，然后下降。极大值的存在可用固体颗粒在流化床中的浓度随流速增加而降低来

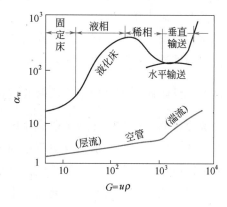

图 13-8　器壁传热系数示例

解释。

流化床与换热表面间的传热是一个复杂过程，传热系数的关联式与流体和颗粒的性质、流动条件、床层与换热面的几何形状等因素有关。目前文献上介绍的流化床换热面的传热系数关联式的局限性很大，准确性也较低。

因为上下排列的水平换热管对颗粒与中部管子的接触起了一定的阻碍作用，所以水平管的传热系数比垂直管低，这就是流化床中尽可能少用水平管和斜管的主要原因。除影响传热外，它们还影响颗粒的流动和气固的接触。此外管束排得过密或有横向挡板的存在，都会使颗粒的运动受阻而降低传热系数。而分布板的结构如何也直接关系到气泡的大小和数量，因此对传热的影响也是显著的。

根据流化床与换热器表面间传热的许多研究结果，可以得出各种参数对传热系数影响的定性规律。颗粒的热导率及床层高度对 α_w 没有多少影响；颗粒的比热容增大，α_w 也增大；粒径增大，α_w 降低；流体的热导率是 α_w 最主要的影响因素，α_w 与 λ^n 成正比，其中 $n = 1/2 \sim 2/3$；床层直径的影响较难判定；床内管子的管径小时 α_w 大，因为它上面的颗粒群更易于更替下来；管子的位置对 α_w 的影响不太大，主要应根据工艺上的要求而定，但如管束排列过密，则 α_w 降低；对水平管束来说，错列的影响更大些；横向挡板使可能达到的 α_w 的最大值降低而相应的气速却需要提高；分布板的开孔情况影响气泡的数量和尺寸，在气速小于最优值时，增加孔数和孔径将使与外壁面的 α_w 值降低。

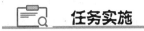

任务实施

13.4 流化床反应器设计

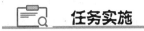
微课
流化床反应器
设计

工艺设计或选用流化床反应器首先是选型，再就是确定床高和床径、内部构件，并计算压力降等。工业上应用的流化床反应器大多为圆筒形，因为它具有结构简单、制造方便、设备利用率高等优点。除了圆筒形外，还有许多其他结构类型的流化床。

具体选型主要应根据工艺过程的特点来考虑，即化学反应的特点、颗粒或催化剂的性能、对产品的要求以及生产规模。

13.4.1 流化床反应器直径与高度的确定

流化床的直径与床高是工业流化床反应器的两个主要结构尺寸。对于工业中的化学反应，尤其是催化反应所用的流化装置，首先要用实验来确定主要反应的本征速率，然后才可选择反应器，结合传递效应建立数学模型。鉴于模型本身存在不确切性，因此还需要进行中间试验。这里就非催化气固流化床反应器的直径与床高的确定做简要介绍，有关催化流化床可查阅有关资料。

(1) 流化床直径

当生产规模确定后，通过物料衡算得出通过床层的总气量 Q（标准状态）。用前面介绍的方法，根据反应要求的温度、压力和气固物性确定操作气速 u，则

$$Q = \frac{1}{4}\pi D_R^2 u \times 3600 \times \frac{273}{T} \times \frac{p}{1.013 \times 10^5}$$

$$D_R = \sqrt{\frac{4 \times 1.013 \times 10^5 TQ}{273 \times 3600\pi u p}} = \sqrt{\frac{4.132TQ}{982800\pi u p}} \qquad (13\text{-}31)$$

式中，Q 为气体（标准状态）的体积流量，m^3/h；D_R 为反应器直径，m；T，p 为反应时的绝对温度（K）和绝对压力（Pa）；u 为以 T、p 计的表观气速，m/s（一般取 1/2 床高处的 p 进行计算）。

为了尽量减少气体中带出的颗粒，一般流化床反应器上部设置扩大段，扩大段直径由不允许吹出粒子的最小颗粒直径来确定。首先根据物料的物性参数与操作条件计算出此颗粒的自由沉降速度，然后按下式计算出扩大段直径 D_L

$$Q = \frac{1}{4}\pi D_L^2 \times u_t \times 3600 \times \frac{273}{T} \times \frac{p}{1.033}$$

$$D_L = \sqrt{\frac{4 \times 1.033 \times T \times Q}{273 \times 3600\pi \times u_t \times p}} \qquad (13\text{-}32)$$

(2) 流化床床高

一台完整的流化床反应器高度包括流化床高度、扩大段高度和分离高度。而流化床高又包括临界流化床高 L_{mf}、流化床高 L_f 与稳定段高度 L_D。

临界流化床高 L_{mf}，也称静止床高 L_D。对于一定的流化床直径和操作气速，必须有一定的静止床高。对于生产过程，可根据产量要求算出固体颗粒的进料量 W_F(kg/h)，然后根据要求的接触时间 τ(h) 求出固体物料在反应器内的装载量 M(kg)，继而求出临界流化床时的床高 L_{mf}。

$$M = W_F\tau$$

$$\tau = \frac{\frac{1}{4}\pi D_R^2 L_{mf}\rho_{mf}}{W_F} = \frac{\frac{1}{4}\pi D_R^2 L_{mf}\rho_p(1-\varepsilon_{mf})}{W_F}$$

$$L_{mf} = \frac{4W_F\tau}{\pi D_R^2 \rho_p(1-\varepsilon_{mf})} \qquad (13\text{-}33)$$

已知 L_{mf} 后，可根据床层膨胀比 R 求出流化床的床高 L_f。床层的膨胀比定义为

$$R = L_f/L_{mf} = (1-\varepsilon_{mf})/(1-\varepsilon_m) = \rho_{mf}/\rho_m$$

式中，ρ_{mf} 和 ρ_m 分别为临界流化状态和实际操作条件下床层的平均密度。

$$L_f = RL_{mf} \qquad (13\text{-}34)$$

由于气固系统的不稳定性，床面有一定的起伏，为使床层稳定操作，一般在反应器计算时要考虑在床高之上增加一段高度，使之能够适应床面的起伏，这一段高度称为稳定段高度，用 L_D 表示。它主要取决于床层的稳定性和操作

中浓相床层的高度变化范围。

具有扩大段的流化床反应器，通常将内旋风分离器或过滤管设置在扩大段中，因此这一段的高度需视粉尘回收装置的尺寸以及安装和检修的方便来决定。

分离高度 TDH 的确定。所谓分离高度是指在床层上面空间有这样一段高度，这段高度中气流内夹带的颗粒浓度随高度而变，而在超过这一高度后颗粒浓度才趋于一定值而不再减小。即从床层面算起至气流中颗粒夹带量接近正常值处的高度。它是流化床反应器计算中的一个重要参数，所以许多人对此进行了研究。

如 Horio 提出的关联式

$$TDH/D_R = (2.7D_R^{-0.36} - 0.7)\exp(0.74uD_R^{-0.23}) \tag{13-35}$$

谢裕生等提出的关联式

$$TDH = (63.5/\eta)\sqrt{d_e/g} \tag{13-36}$$

式中，d_e 为气泡当量直径，m；$\eta = 4.5\%$。

尽管对 TDH 的研究很多，但由于实验设备的结构、规模及实验条件的差异，使有些研究结果相差甚远，有些与生产实际也相差甚远，至今尚无公认的较好的关联式。

13.4.2　流化床反应器压力降的计算

流化床反应器的压力降主要包括气体分布板压力降、流化床压力降和分离设备压力降。其中流化床压力降的计算已在前面讨论过，此处只简单介绍分布板的压力降计算。

13.4.2.1　气体分布板的作用和基本构造

流化床的气体分布板是保证流化床具有良好而稳定流态化的重要构件，它应该满足下列基本要求。

① 具有均匀分布气流的作用，同时其压降要小。这可以通过正确选取分布板的开孔率或分布板压降与床层压降之比，以及选取适当的预分布手段来达到。

② 能使流化床有一个良好的起始流态化状态，避免形成"死角"。这可以从气体流出分布板的一瞬间的流型和湍动程度，从结构和操作参数上予以保证。

③ 操作过程中不易被堵塞和磨蚀。

分布板对整个流化床的直接作用范围仅 $0.2 \sim 0.3m$，然而它对整个床层的流态化状态却具有决定性的影响。在生产过程中，常会由于分布板设计不合理，气体分布不均匀，造成沟流和死区等异常现象。工业生产用的气体分布板的型式很多，主要有密孔板，直流式、侧流式和填充式分布板，旋流式喷嘴和分枝式分布器等，每一种类型又有多种不同的结构。

密孔板又称烧结板，被认为是气体分布均匀、初生气泡细小、流态化质量最好的一种分布板。但因其易被堵塞，并且堵塞后不易排出，加上造价较高，所以在工业中较少使用。

直流式分布板结构简单，易于设计制造，但气流方向正对床层，易使床层形成沟流，小孔易于堵塞，停车时又易漏料。所以，除特殊情况外，一般不使用直流式分布板。图 13-9 所示的是三种结构的直流式分布板。

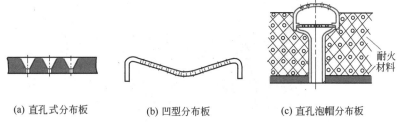

(a) 直孔式分布板　　(b) 凹型分布板　　(c) 直孔泡帽分布板

▶ 动画
直流式分布板

图 13-9　直流式分布板

填充式分布板是在多孔板（或栅板）和金属丝网上间隔地铺上卵石、石英砂、卵石，再用金属丝网压紧，如图 13-10 所示。其结构简单，制造容易，并能达到均匀布气的要求，流态化质量较好。但在操作过程中，固体颗粒一旦进入填充层就很难被吹出，容易造成烧结。另外，经过长期使用后，填充层常有松动，造成移位，降低了布气的均匀程度。

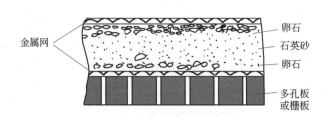

图 13-10　填充式分布板

侧流式分布板如图 13-11 所示，它是在分布板孔中装有锥形风帽，气流从锥帽底部的侧缝或锥帽四周的侧孔流出，是应用最广、效果较好的一种分布板。其中侧缝式锥帽因其不会在顶部形成小的死区，气体紧贴分布板板面吹出，适当气速下也可以消除板面上的死区，从而大大改善床层的流态化质量，

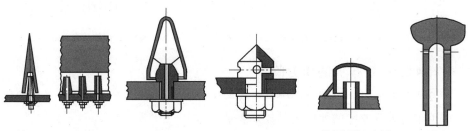

(a) 条形侧缝分布板　(b) 锥形侧缝分布板　(c) 锥形侧孔分布板　(d) 泡帽侧缝分布板　(e) 泡帽侧孔分布板

图 13-11　侧流式分布板

避免发生烧结和分布板磨蚀现象，因此应用更广。

无分布板的旋流式喷嘴如图 13-12 所示。气体通过六个方向上倾斜 10° 的喷嘴喷出，托起颗粒，使颗粒激烈搅动。中部的二次空气喷嘴均偏离径向 20°～25°，造成向上旋转的气流。这种流态化方式一般应用于对气体产品要求不严的粗粒流态化床中。

▶ 动画
无分布板的旋流式
喷嘴

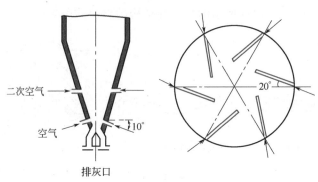

图 13-12　无分布板的旋流式喷嘴

短管式分布板是在整个分布板上均匀设置若干根短管，每根短管下部有一个气体流入的小孔，如图 13-13 所示。孔径为 9～10mm，为管径的 1/4～1/3，开孔率约 0.2%。短管长度约为 200mm。短管及其下部的小孔可以防止气体涡流，有利于均匀布气，使流化床操作稳定。

多管式气流分布器是近年来发展起来的一种新型分布器，由一个主管和若干带喷射管的支管组成，如图 13-14 所示。由于气体向下射出，可消除床层死区，也不存在固体泄漏问题，并且可以根据工艺要求设计成均匀布气或非均匀布气的结构。另外分布器本身无需同时支撑床层质量，可做成薄型结构。

 动画
• 短管式分布板
• 多管式气流分布器

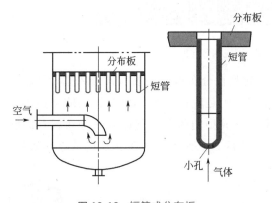

图 13-13　短管式分布板

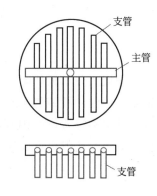

图 13-14　多管式气流分布器

13.4.2.2　分布板的压力降

设计分布板时，主要是确定分布板的压降和开孔率。流体通过分布板的压降可用床内表观速度的速度头倍数来表示

$$\Delta p_D = 9.807 C_D \frac{u^2 \rho_f}{2 \varphi^2 g} \tag{13-37}$$

式中，Δp_D 为分布板压降，Pa；φ 为开孔率；C_D 为阻力系数，其值在 1.5～2.5 之间，对于锥帽侧缝式分布板取 2.0。

13.4.2.3 分布板的临界压力降

分布板通过对流体流过设置一定的阻力或压降，并且这种阻力大于气体流股沿整个床截面重排的阻力，起到破坏流股而均匀分布气体的作用。或者说，只有当分布板的阻力大到足以克服聚式流态化原生不稳定性的恶性引发时，分布板才有可能将已经建立的良好起始流态化条件稳定下来。因此，在其他条件相同的情况下，增大分布板的压降能起到改善分布气体和增加稳定性的作用。但是压降过大将无谓地消耗动力，这样就引出了分布板临界压降的概念。

临界压降是指分布板能起到均匀布气并具有良好稳定性的最小压降，它与分布板下面的气体引入及分布板上的床层状况有关。应当指出，均匀分布气体和良好稳定性这两点对分布板临界压降的要求是不一样的，前者由分布板下面的气体引入状况决定，后者由流态化床层决定。分布板均匀分布气体是流化床具有良好稳定性的前提，否则就根本谈不上流化床会有良好的稳定性。但是分布板即使具备了均匀分布气体的条件，流化床也不一定稳定下来。这两者既有联系，又有区别。因此将分布板的临界压降区分为布气临界压降和稳定性临界压降两种。在设计计算中，分布板的压降应该大于或等于这两个临界压降。

① 布气临界压降　上面提到布气临界压降与分布板下的气体流型有关，因此会因预分布器的不同而变化。一般来说，有预分布器时，布气临界压降会适当降低。

王尊孝等测定了直径为 0.5～1.0m 不同开孔率的多孔板（空床层）的径向速度分布，发现多孔板径向速率分布仅与分布板开孔率有关，与气流速度无关。当开孔率小于 1% 时，径向速率分布趋于均匀，其布气临界压降 $(\Delta p_D)_{dc}$ 的关联式为

$$(\Delta p_D)_{dc} = 18000 \frac{\rho_f u^2}{2g} \tag{13-38}$$

② 稳定性临界压降　稳定性临界压降由流化床的状态决定，随床层的变化而变化。为此，稳定性临界压降通常用床层压降的分数来表示。

郭慕孙将流化床的不稳定性分为原生不稳定性与次生不稳定性。前者与流化床内流体与固体特性有关；后者与设备结构有关，特别与分布板的设计关系很大。并提出了分布板操作稳定与否的一个判别准则，就是分布板压降的大小。郭慕孙将分布板分为低压降与高压降分布板，相应这两种分布板的流化床总压降 $\Sigma\Delta p$ 随流速变化的趋势如图 13-15 所示，图中 ABC 曲线为低压降分布板的特性，$A'B'C'$ 曲线为高压降分布板的特性。图 13-16 为低压降分布板的流速分解示意，图中 $\Sigma\Delta p = \Delta p_D + \Delta p_B$，其中 Δp_D 和 Δp_B 分别为气体通过分布板和床层的压降。

低压降分布板在操作上是不稳定的。从图 13-16 可以看出，当气体以平均速度 $u > u_{mf}$ 流过系统时，若分布均匀，则应产生一个总压降 $\Sigma\Delta p$，它沿着图中的曲线 ABC 变化，但因为分布板的压降低，所以当 $u > u_1$ 以后，流

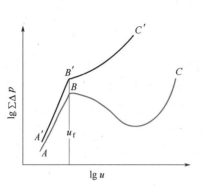

图 13-15　低压降和高压降分布板特性

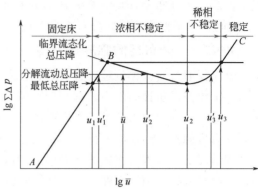

图 13-16　低压降分布板的流速分解示意

体可能分解为两部分流动，一部分以 $u_1' < u < u$ 的速度流过固定床部分，其余以 $u_2' > u > u$ 的流速流过流化床，二者产生相同的压降 $\sum \Delta p_{\min}$。换言之，当 $u > u_1$ 以后，一条表示等压降的水平线可与曲线有两个对应的流速交点，且分解流动产生的总压降低于均匀流动的总压降 $\sum \Delta p$，所以这样的系统是不稳定的。平均流速超过 u_2 以后，流速仍可能分解，直至 $\bar{u} > u_3$ 以后，床层才进入稳定流态化。

高压降分布板不会出现不稳定现象，其特性曲线 u 与 $\sum \Delta p$ 单值对应，系统总压降始终上升，但过分增大分布板的压降是不经济的。

13.4.3　流化床反应器的数学模型简介

流化床中颗粒与流体的流动属于流化床基本的物理现象，是流化床工艺计算的重要基础。但是，作为流化床反应器，工艺计算中最重要的是确定化学反应的转化率和选择性。因此，需要建立合适的数学模型。流化床反应器的数学模型很多，可以归纳为下列几类：两相模型（气相-乳化相、上流相-下流相、气泡相-乳化相）；三相模型（气泡相-上流相-下流相、气泡相-气泡晕-乳化相）；四区模型（气泡区-泡晕区-乳相上流区-乳相下流区）。其中研究较多的是两相模型及鼓泡床模型。

13.4.3.1　两相模型

两相模型的基本思想是把流化床分成气泡相和乳化相，分别研究这两个相中的流动和传递规律，以及流体与颗粒在相间的交换。对于气、乳两相的流动模式则一般认为气相为置换流，而对乳化相则有种种不同的处理，如置换流、全混流、部分返混、环流或对其流动模式不加考虑等。也可根据模型考虑的深度分成三种级别：第 I 级模型指各参数均作为恒值，不随床高而变，也与气泡状况无关；第 II 级模型指各参数均为恒值，不随床高而变，但与气泡大小有关，用一当量气泡直径作为模型的可调参数；第 III 级模型是指各参数均与气泡大小有关，而气泡大小则沿床高而变，一般都是等温的鼓泡床模型，对于更复杂的情况目前能处理的还不多。

图 13-17 是两相模型示意。建立两相模型有下列几个假设：①气体以 u 进

入床层后，在乳化相中的速度等于起始流化速度 u_{mf}，而在气泡相中的速度则为 $u-u_{mf}$；②从静止床高度 L_0 增至流化床的高度 L_f，是由于气泡总体积增加的结果；③气泡相中不含颗粒，且呈平推流向上移动，在不含催化剂颗粒的气泡中不发生催化反应；④乳化相中包含全部催化剂颗粒，化学反应只能在乳化相中进行；⑤乳化相的流动为平推流或全混流，与流化床处于鼓泡床、湍流床或高速流化床等状态有关；⑥乳化相与气泡相间的交换是由于气体的穿流和通过界面的传质。

如图 13-17 所示，设气体进入流化床时的浓度为 c_{A0}，在床层顶部气泡相中的浓度为 $c_{Ab,L}$，在床层顶部乳化相中的浓度为 $c_{Ac,L}$，两者按流量比例汇合成浓度 c_{AL}。

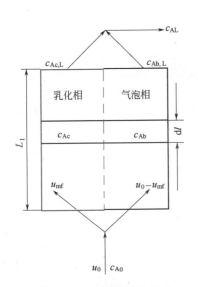

图 13-17　两相模型示意

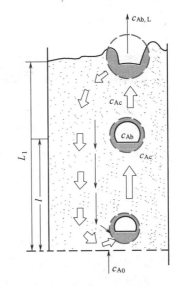

图 13-18　鼓泡床模型示意

13.4.3.2　鼓泡床模型

图 13-18 是鼓泡床模型示意，它用于剧烈鼓泡、充分流化的流化床。床层中腾涌及沟流极少出现，相当于 $u/u_{mf}>6\sim11$ 时乳化相中气体全部下流的情况，工业上的实际操作大多属于这种情况。鼓泡床模型有下列基本假设：①床层分为气泡区、泡晕及乳化相三个区域，在这些相间产生气体交换，这些气体交换过程是串联的；②乳化相处于临界流化状态，超过起始流化速度所需要的那部分气量以气泡的形式通过床层；③气泡的长大与合并主要发生在分布板附近的区域，因而假设在整个床层内气泡的大小是均匀的，认为气泡尺寸是决定床内情况的一个关键因素，这个气泡尺寸不一定就是实际的尺寸，因而称它为气泡有效直径；④只要气体流速大于起始流化速度的两倍，即 $u>2u_{mf}$，床层鼓泡剧烈的条件便可满足，气泡内基本上不含固体颗粒；⑤乳化相中的气体可能向上流动，也可能向下流动，当 $u/u_{mf}>6\sim11$ 时，乳化相中的气体从上流转为下流，虽然流向有所不同，但这部分的气量与气泡相相比甚小，对转化率的影响可忽略，此时离开床层的气体组成等于床层顶部处的气体组成，这样不必考虑乳化相中的情况，只需计算气泡中的气体组成便可计算反应的转化率。

工作任务

对乙苯脱氢生产用固定床反应器进行操作与控制。

技术理论

催化剂的正确使用与操作是气固相反应器操作与控制的关键因素之一。

14.1 催化剂使用

微课
催化剂的使用

　　由于大多数化学反应均有催化剂参加，因此不难理解，化工厂的有效运行，很大程度上取决于操作人员对于催化剂使用经验和操作技术的掌握。

　　在经过试用积累正反面经验的基础上，若要保持工业催化剂长周期的稳定操作及工厂的良好经济效益，往往应当考虑和处理下列各方面的若干技术问题，并长期积累操作经验。

14.1.1　运输、贮藏与填装

　　催化剂通常是装桶供应的，有金属桶（如 CO 变换催化剂）或纤维板桶（如 SO_2 接触氧化催化剂）包装。用纤维板桶装时，桶内有一塑料袋，以防止催化剂吸收空气中的水分而受潮。装有催化剂桶的运输应按规定使用专用工具和设备，如图 14-1 所示，尽可能轻轻搬运，并严禁摔、滚、碰、撞击，以防催化剂破碎。

　　催化剂的贮藏要求防潮、防污染。例如，SO_2 接触氧化使用的钒催化剂，在贮藏过程中不与空气接触则可保存数年，性能不发生变化。催化剂受潮与否，就钒催化剂来说，大致可由其外观颜色判别，新的未受潮的催化剂应是淡黄色或深黄色的。如催化剂变为绿色，那就是它和空气接触受潮了，因为催化剂很容易与任何还原性物质作用，还原成四价钒。对于合成氨催化剂，如用金属桶存放时间为数月，则可置于户外，但也要注意防雨防污，做好密封工作。如有空气泄漏进入金属桶中，空气中含有的水汽和硫化物等会与催化剂发生作用，有时可以看到催化剂上有一层淡淡的白色物质，这是空气中的水汽和催化剂长期作用使钾盐析出的结果。在贮藏期间如有雨水浸入催化剂表面润湿，这些催化剂均不宜使用。

　　催化剂的装填是非常重要的工作，填装的好坏对催化剂床层气流的均匀分布以降低床层的阻力有效地发挥催化剂的效能有重要的作用。催化剂在装入反

图 14-1 搬运催化剂桶的装置

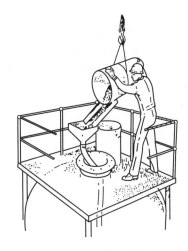

图 14-2 装填催化剂的装置

应器之前先要过筛，因为运输中所产生的碎末细粉会增加床层阻力，甚至被气流带出反应器，阻塞管道阀门。在填装之前要认真检查催化剂支撑箅条或金属支网的状况，因为这方面的缺陷在填装后很难矫正。常用的催化剂装填装置如图 14-2 所示。

在装填固定床宽床层反应器时，要注意两个问题：一是要避免催化剂从高处落下造成破损；二是在填装床层时一定要分布均匀。忽视了上述两项，如果在填装时造成严重破碎或出现不均匀的情况，形成反应器断面各部分颗粒大小不均，小颗粒或粉尘集中的地方空隙率小、阻力大，大颗粒集中的地方空隙率大、阻力小，气体必然更多地从空隙率大、阻力小的地方通过，由于气体分布不均影响了催化剂的利用率。理想的填装通常是采用装有加料斗的布袋，加料斗架于人孔外面，当布袋装满催化剂时，便缓缓提起，使催化剂有控制地流进反应器，并不断地移动布袋，以防止总是卸在同一地点。在移动时要避免布袋的扭结，催化剂装进一层布袋就要缩短一段，直至最后将催化剂装满为止。也可使用金属管代替布袋，这样更易于控制方向，更适合于装填像合成氨那样密度较大、磨损作用较严重的催化剂。另一种填装方法叫绳斗法，该法使用的料斗如图 14-3 所示，料斗的底部装有活动的开口，上部有双绳装置，一根绳子吊起料斗，另一根绳子控制下部的开口，当料斗装满催化剂后，吊绳向下传送，使料斗到达反应器的底部，尔后放松另一根绳子，使活动开口松开，催化剂即从斗内流出。此外，

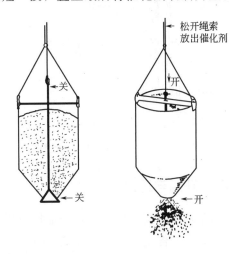

图 14-3 绳斗法装填催化剂的料斗

装填这一类反应器也可用人工将一小桶一小桶或一塑料袋一塑料袋的催化剂逐一递进反应器内，再小心倒出并分散均匀。催化剂填装好后，在催化剂床顶要安放固定栅条或一层重的惰性物质，以防止由高速气体引起催化剂的移动。

对于固定床列管式的反应器，有的从管口到管底可高达10m。当催化剂装于管内时，催化剂不能直接从高处落下加到管中，这时不仅会造成催化剂的大量破碎，而且容易形成"桥接"现象，使床层造成空洞，出现沟流，不利于催化反应，严重时还会造成管壁过热，因此填装要特别小心。管内填装的方法由可利用的入口而定，可采用"布袋法"或"多节杆法"。前者是在一个细长布袋内（直径比管子直径略小）装入催化剂，布袋顶端系一绳子，底端折起300mm左右，将折叠处朝下放入管内，当布袋落于管底时轻轻地抖动绳子，折叠处在袋内催化剂的冲击下自行打开，催化剂便慢慢地堆放在管中。后者则是采用多节杆来顶住管底支持催化剂的算条板，然后将其推举到管顶，倒入催化剂，抽去短杆，使算条慢慢地落下，催化剂不断地加入，直到算条落到原来管底的位置。以上是管式催化床中催化剂填装目前常用的方法，其中尤以布袋法更为普遍。

为了检查每根管子的填装量是否一致，催化剂在填装前应先称重。为了防止"桥接"现象，在填装过程中对管子应定时地震动。装填后催化剂的料面应仔细地测量，以确保设备在操作条件下管子的全部加热长度均有催化剂。最后，对每根装有催化剂的管子应进行阻力降的测定，控制使每根管子阻力降相对误差在一定的范围内，以保证在生产运行中各根管子气体量分配均匀。检查催化剂压力降的气流装置如图14-4所示。

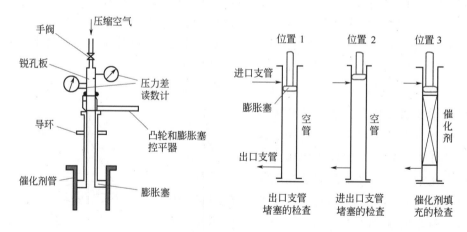

▶ 动画
检查催化剂压力降的气流装置

图14-4 检查催化剂压力降的气流装置

14.1.2 升温与还原

催化剂的升温与还原实际上是其制备过程的继续，是投入使用前的最后一道工序，也是催化剂形成活性结构的过程。在此过程中，既有化学变化，也有宏观物性的变化。例如，一些金属氧化物（如CuO、NiO、CoO等）在氢或其他还原性气体作用下还原成金属时，表面积将大大增加，而催化活性和表面状态也与还原条件有关，用 CO 还原时还可能析炭。因此，升温还原的好坏将直接影响到催化剂的使用性能。目前国内有些催化剂生产厂家是以预还原的形态提供催化剂，使用者必须将催化剂表面活化后才能进入负荷运转。但更多的是未经还原的催化剂。因此，在这里有必要对催化剂的还原作简单介绍。由于工业上使用的催化剂多种多样，还原的方法和条件也各异，这里仅就一些共同问题进行讨论。

催化剂的还原必须到达一定的温度后才能进行。因此，从室温到还原开始以及从开始还原到还原终点，催化剂床层都需逐渐升温，稳定而缓慢地进行，并不断脱除催化剂表面所吸附的水分。升温所需的热量是通过装在反应器内的加热器（多为电加热器）或反应器外的加热器将惰性气体或还原气体经预热而带入。为了使催化剂床层的径向温度均匀分布，通常升温到某一阶段需恒温一段时间，特别在接近还原温度时恒温更显得重要。还原开始后，一般有热量放出，许多催化剂床层能自身维持热量或部分维持热量，但仍要控制好温度，必须均匀地进行，严格遵守操作规程，密切注意不要使温度发生急剧的改变。例如，低温 CO 变换用的 CuO-ZnO 催化剂，还原热高达 $88kJ/mol$ 铜，而铜催化剂对温度又很敏感，极易烧结。在这种情况下可用氮气等惰性气体稀释还原气，降低还原速率。如果催化反应是放热的，也可利用反应热来维持和升高温度。例如，使用 N_2-H_2 混合气体还原合成氨用的熔铁催化剂时，当部分 Fe_3O_4 被氢还原成金属铁后，即具有催化活性，部分 N_2 与 H_2 反应生成 NH_3 而放出热量，利用这一反应热可逐步提高还原温度。但也要适当控制其反应量，以免温度过高使微晶烧结而影响催化剂的活性。

对于还原气体，也有用水蒸气稀释。但如果是氧化物的还原，由于有水的生成，还原中有水蒸气存在会影响还原反应的平衡，使还原度降低。此外，水汽的存在还会使还原后的金属重新氧化，使催化剂中毒。还原气的空速也有影响，氢气流量大，可以加快还原时生成的水从颗粒内部向外扩散，从而提高还原速率，也有利于提高还原度，减小水汽的中毒效应。但提高空速会增加系统带走的热量，特别是对于吸热的还原反应，则增加了加热设备的负荷。因此，还原气的空速要综合考虑确定。

14.1.3 开停车及钝化

(1) 开车

若催化剂为点火开车，则首先用纯氮气或惰性气体置换整个系统，然后用气体循环加热到一定温度，再通入工艺气体（或还原性气体）。对于某些催化剂，还必须通入一定量的蒸汽进行升温还原。当催化剂不是用工艺气体还原时，则在还原后期逐步加入工艺气体。如合成甲醇催化剂，通常是用 N_2-H_2 混合气还原，然后逐步换入工艺气体。如果是停车后再开车，催化剂只是表面钝化，就可用工艺气直接进行升温开车，不需再进行长时间的还原处理。

（2）停车及钝化

临时性的短期停车，只需关闭催化反应器的进出口阀门，保持催化剂床层的温度，维持系统正压即可。当短时间停车检修时，为了防止空气漏入引起已还原催化剂的剧烈氧化，可用纯氮气充满床层，保护催化剂不与空气接触。如果停车期间床层的温度不低于该催化剂的起燃温度，可直接开车，否则需开加热炉，用工艺气体升温。

若系统停车时间较长，生产使用的催化剂又是具有活性的金属或低价金属氧化物，为防止催化剂与空气中的氧反应，放热烧坏催化剂和反应器，则要对催化剂进行钝化处理。即用含有少量氧的氮气或水蒸气处理，使催化剂缓慢氧化，氮气或水蒸气作为载热体带走热量，逐步降温。钝化使用的气体要视具体情况而定。操作的关键是通过控制适宜的配氧浓度来控制温度，开始钝化时氧的浓度不能过大，在催化剂无明显升温的情况下再逐步递增氧含量。

若是更换催化剂的停车，则应包括催化剂的降温、氧化和卸出几个步骤。先将催化剂床层降到一定的温度，用惰性气体或过热蒸汽置换床层，并逐步加入空气进行氧化。要求氧化温度不超过正常操作温度，空气量要逐步加大。当进出口空气中的氧含量不变时，可以认为氧化结束，再将反应器的温度降至50℃以下。有些催化剂床层采用惰性气体循环法降温，催化剂也可以不氧化。但当温度降到50℃以下时，需加入少量空气，观察有没有温度回升现象。如果没有温度回升，则可加大空气量吹一段时间后，再打开人孔，即可卸出催化剂。

14.1.4　催化剂的使用、失活与再生

14.1.4.1　催化剂使用注意事项

① 防止已还原或已活化好的催化剂与空气接触。

② 原料必须净化除尘，减少毒物和杂质的影响。在使用过程中，避免毒物与催化剂接触。

③ 严格保持催化剂使用所允许的温度范围，防止催化剂床层局部过热，以致烧坏催化剂。催化剂使用初期活性较高，操作温度尽量控制低一些，当活性衰退以后，可逐步提高操作温度。

④ 维持正常操作条件（如温度、压力、原料配比、流量等）的稳定，尽量减少波动。

⑤ 开车时要保持缓慢的升温、升压速率，温度、压力的突然变化易造成催化剂的粉碎。要尽量减少开、停车的次数。

14.1.4.2　催化剂的失活

所有催化剂的活性都是随着使用时间的延长而不断下降，在使用过程中缓慢地失活是正常的、允许的，但是催化剂活性的迅速下降将会导致工艺过程在经济上失去生命力。失活的原因是各种各样的，主要是沾污、烧结、积炭和中毒等，如图14-5所示。

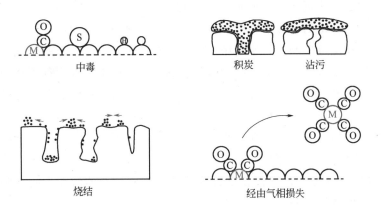

▶ 动画
催化剂失活原因图解

图 14-5　催化剂失活原因图解

M—金属

催化剂表面渐渐沉积铁锈、粉尘、水垢等非活性物质而导致活性下降称为沾污。高温下有机化合物反应生成的沉淀物称为结焦或积炭。积炭的影响与沾污相近。焦的沉积导致催化剂活性的下降，可能是焦对活性中心的物理覆盖，或者是堵塞部分催化剂的孔隙，从而导致活性表面积的减少或增加内扩散的阻力。

高温下发生烧结会使粒子长大并减少孔隙率，使载体和活性组分表面积损失，导致催化剂活性的衰退。

金属氧化物可借助于添加少量的添加物来抑制其粒子的长大。为了抑制氧化物晶体的长大，通常是加入另一种氧化物稳定剂，使两者形成低熔混合物。添加的氧化物数量常常只需很少。

金属比氧化物更容易被烧结，因此使用金属催化剂时常常把它负载在氧化物载体上。氧化物载体的功能之一，就是防止金属粒子的合并长大或烧结。对于放热反应，以及从经济上考虑催化剂需要较长时间使用时，更应该注意催化剂的烧结问题。

烧结过程与时间和温度有关，在一定的反应条件下催化剂随着使用时间的增长总会伴有烧结而导致活性下降。化工操作切忌迅速升温，这样常会导致催化剂的迅速失活。这种情况常出现在负载型催化剂上，因为很多载体是热的不良导体。

（1）中毒

指原料中极微量的杂质导致催化剂活性迅速下降的现象。事实上，极少量的毒物可使整个催化剂活性完全丧失，这说明催化剂表面存在活性中心，而这些活性中心对整个催化剂来说只占很少一部分表面积。工业催化剂在使用时常常会遇到活性突然下降的现象，通常是由于催化剂已发生了中毒。

催化剂的毒物通常可分为化学型毒物和选择型毒物两大类。

① 化学型毒物　这是一种最常见的毒物。毒物比反应物能够更强烈地吸附在催化剂活性中心上。由于毒物的吸附导致反应速率的迅速下降，这个过程

是由于毒物和催化剂活性中心形成较强化学键，从而改变了表面的电子状态，甚至形成一种稳定的、无活性的新化合物。化学吸附性的毒物可以分为两类：一类是当原料经过净制后，原料中的毒物完全被除掉，已中毒的催化剂可继续使用，活性可以重新恢复的，称为暂时性毒物，这种中毒过程称可逆中毒；另一类是使催化剂活性恢复很慢或不能完全恢复的毒物，称为永久性毒物，这个中毒过程称不可逆中毒。升高温度时，脱附速率比吸附速率增加得快，从而中毒现象可以明显地减弱。如允许高温操作，可尽量提高一些操作温度。在有中毒现象时，这个方案是合理的。

② 选择型毒物　有些催化剂毒物不是损害催化剂的活性，而是使催化剂对复杂反应的选择性变坏。

因为由中毒引起的失活几乎对任何工业催化剂都可能存在，故研究中毒的原因和机理以及中毒的判断和处理是工业催化剂操作使用中的一个普遍而重要的问题。

(2) 积炭

在催化反应中如裂化、重整、选择性氧化、脱氢、脱氢环化、加氢裂化、聚合、乙炔气相水合等，除毒化作用外，积炭也是导致催化剂活性衰退的主要原因之一。积炭是催化剂在使用过程中逐渐在表面上沉积上一层炭质化合物，减少了可利用的表面积，引起催化活性的衰退。故积炭也可看作是副产物的毒化作用。

发生积炭的原因很多，通常是催化剂导热性能不好或孔隙过细时容易发生。积炭过程是催化系统中的分子经脱氢-聚合而形成难挥发性高聚物，它们还可以进一步脱氢而形成含氢量很低的类焦物质，所以积炭常称为结焦。例如，丁烷在铝-铬催化剂上脱氢时，结焦相当激烈，已结焦的催化剂黏在反应器壁上，并占有反应器相当部分的空间，催化剂使用 1.5～3.0 月后必须停止生产，清洗反应器。研究工业反应器发现，焦炭是从边缘向中心累积的，而且渐渐地只留下气体流动的狭窄通道，在结焦最多的部分通道仅占整个反应器有效截面的 15％～20％，如图 14-6 所示。

研究表明，催化剂上不适宜的酸中心常常是导致结焦的原因。这些酸中心可能来自活性组分，亦可能来自载体表面。催化剂过细的孔隙结构增加了反应产物在活性表面上的停留时间，使产物进一步聚合脱氢，亦是造成结焦的因素。

在工业生产中，总是力求避免或推迟结焦造成的催化剂活性衰退，可以根据上述结焦的机理来改善催化剂系统。例如，可用碱来毒化催化剂上那些引起结焦的酸

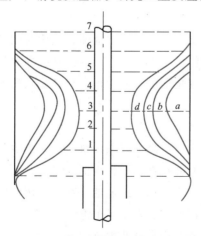

图 14-6　丁烷脱氢反应器中结焦的情况
a—最初结焦区；*b*～*d*—后来结焦区；
1～7—反应器挡板

中心；用热处理来消除那些过细的孔隙；在临氢条件下进行作业，抑制造成结焦的脱氢作用；在催化剂中添加某些有加氢功能的组分，在氢气存在下使初始生成的类焦物质随即加氢而气化，谓之自身净化；在含水蒸气的条件下作业，可在催化剂中添加某种助催化剂促进水煤气反应，使生成的焦气化。有些催化剂，如用于催化裂化的分子筛，几秒钟后就会在其表面产生严重的结焦，工业上只能采用双器操作连续烧焦的方法来清除。

（3）烧结、挥发与剥落

烧结是引起催化剂活性下降的另一个重要因素。由于催化剂长期处于高温下操作，金属会融结而导致晶粒长大，减少了催化金属的比表面。烧结的反向过程是通过降低金属颗粒的大小而增加具有催化活性金属的数目，称之为"再分散"。再分散也是已烧结的负载型金属催化剂的再生过程。

温度是影响烧结过程的一个最重要参数，烧结过程的性质随温度的变化而变化。例如负载于 SiO_2 表面上的金属铂，在高温下发生合并。当温度升至500℃时，发现铂粒子长大，同时铂的表面积和苯加氢反应的转化率相应地降低。当温度升到 600～800℃ 时，铂催化剂实际上完全丧失活性，如表 14-1 所示。此外，催化剂所处的气体类型，如氧化的（空气、O_2、Cl_2）、还原的（CO、H_2）或惰性的（He、Ar、N_2）气体，以及各种其他变量，如金属类型、载体性质、杂质含量等，都对烧结和再分散有影响。负载在 $Al_2O_3 \cdot SiO_2$ 和 SiO_2-Al_2O_3 上的铂金属，在氧气或空气中，当温度大于或等于 600℃ 时发生严重的烧结。但负载于 γ-Al_2O_3 上的铂，当温度低于 600℃ 时，在氧气氛中处理，则会增加分散度。从上面的情况来看，工业上使用的催化剂要注意使用的工艺条件，重要的是要了解其烧结温度，催化剂不允许在出现烧结的温度下操作。

表 14-1　温度对 Pt/SiO_2 催化剂的金属表面积和催化活性的影响

温度/℃	金属的表面积 / (m^2/g)	苯的转化率 /%	温度/℃	金属的表面积 / (m^2/g)	苯的转化率 /%
100	2.06	52.0	500	0.03	1.9
250	0.74	16.6	600	0.03	0
300	0.47	11.3	800	0.06	0
400	0.30	4.7			

催化剂活性组分的挥发或剥落，造成活性组分的流失，导致其活性下降。例如，乙烯水合反应所用的磷酸-硅藻土催化剂的活性组分磷酸的损失，正丁烷异构化反应所用的 $AlCl_3$ 催化剂的损失，都是由挥发造成。而乙烯氧化制环氧乙烷的负载银催化剂，在使用中则会出现银剥落的现象，都是引起催化剂活性衰退的原因。

14.1.4.3　催化剂的再生

催化剂的再生是在催化活性下降后，通过适当的处理使其活性得到恢复的操作。因此，再生对于延长催化剂的寿命、降低生产成本是一种重要的手段。催化剂能否再生及其再生的方法，要根据催化剂失活的原因来决定。在工业上对于可逆中毒的情况可以再生，这在前面已经讨论。对于催化工业中的积炭现象，由于只是一种简单的物理覆盖，并不破坏催化剂的活性表面结构，只要把炭烧掉就可再生。总之，催化剂的再生是对于催化剂的暂时性中毒或物理中毒如微孔结构阻塞等，如果催化剂受到毒物的永久中毒或结构毒化，就难以进行再生。

工业上常用的再生方法有下列几种。

(1) 蒸汽处理

如轻油水蒸气转化制合成气的镍基催化剂，当处理积炭现象时，用加大水蒸气比或停止加油，单独使用水蒸气吹洗催化剂床层，直至所有的积炭全部清除掉为止。其反应式如下

$$C+2H_2O \Longrightarrow CO_2+2H_2$$

对于中温一氧化碳变换催化剂，当气体中含有 H_2S 时，活性组分 Fe_3O_4 要与 H_2S 反应生成 FeS，使催化剂受到一定的毒害作用。反应式如下

$$Fe_3O_4+3H_2S+H_2 \Longrightarrow 3FeS+4H_2O$$

由此可见，加大蒸汽量有利于反应向着生成 Fe_3O_4 的方向移动。因此，工业上常用加大原料气中水蒸气的比例，使受硫毒害的变换催化剂得以再生。

(2) 空气处理

当催化剂表面吸附了炭或碳氢化合物，阻塞了微孔结构时，可通入空气进行燃烧或氧化，使催化剂表面的炭及类焦状化合物与氧反应，将碳转化成二氧化碳放出。例如原油加氢脱硫用的钴钼或铁钼催化剂，当吸附了上述物质时活性显著下降，常用通入空气的办法把这些物质烧尽，这样催化剂就可继续使用。

(3) 通入氢气或不含毒物的还原性气体

如合成氨使用的熔铁催化剂，当原料气中含氧或氧的化合物浓度过高受到毒害时，可停止通入该气体，而改用合格的 N_2-H_2 混合气体进行处理，催化剂可获得再生。有时用加氢的方法，也是除去催化剂中含焦油状物质的一种有效途径。

(4) 用酸或碱溶液处理

如加氢用的骨架镍催化剂被毒化后，通常采用酸或碱，以除去毒物。

催化剂经再生后，一些可以恢复到原来的活性，但也受到再生次数的制约。如用烧焦的方法再生，催化剂在高温的反复作用下其活性结构也会发生变化。因结构毒化而失活的催化剂，一般不容易恢复到毒化前的结构和活性。如合成氨的熔铁催化剂，如被含氧化合物多次毒化和再生，则 α-Fe 的微晶由于多次氧化还原，晶粒长大，使结构受到破坏，即使用纯净的 N_2-H_2 混合气也不能使催化剂恢复到原来的活性。因此，催化剂再生次数也受到一定的限制。

催化剂再生的操作，可以在固定床、移动床或流化床中进行。再生操作方

式取决于许多因素，但首要的是取决于催化剂活性下降的速率。一般说来，当催化剂的活性下降比较缓慢，可允许数月或一年再生时，可采用设备投资少、操作也容易的固定床再生。但对于反应周期短，需要进行频繁再生的催化剂，最好采用移动床或流化床连续再生。例如，催化裂化反应装置就是一个典型的例子。该催化剂使用几秒钟后就会产生严重的积炭，在这种情况下，工业上只能采用连续烧焦的方法来清除，即在一个流化床反应器中进行催化反应，随即气固分离，连续地将已积炭的催化剂送入另一个流化床再生器，在再生器中通入空气，用烧焦方法进行连续再生。最佳的再生条件，应以催化剂在再生中的烧结最小为准。显然，这种再生方法设备投资大，操作也复杂。但连续再生的方法使催化剂始终保持新鲜的表面，提供了催化剂充分发挥催化效能的条件。

14.1.5　催化剂的卸出

催化剂在使用过程中性能逐渐衰退，当达不到生产工艺的要求准备卸出时，应做好充分的准备工作，制定出详细的停工卸出方案。除了包括正常的降温、钝化内容外，还要安排废催化剂的取样工作，以便收集资料，帮助分析失活原因，同时安排好物资供应工作。

在废催化剂卸出前，一般采用氮气或蒸汽将催化剂降至常温。有时为加快卸出速度，也可采用喷水降温法卸出。

列管式转化炉或其他特殊炉型、特殊反应器催化剂的卸出，常配置专用工具。

14.1.6　列管式固定床反应器催化剂装卸操作

以下以大型合成氨装置所用列管式固定床反应器（合成氨装置一段转化炉）为例说明催化剂的装卸操作过程。

14.1.6.1　管式反应器催化剂的卸出

① 催化剂管底带有法兰　在拆除法兰、抽取催化剂支座后，即可方便地卸出地催化剂。有时当催化剂黏结时，还需要用木榔头或皮面锤子锤打催化剂管。管底事先应装好布袋，以便卸出的催化剂溜入回收桶。

② 催化剂管顶带有法兰　拆除顶部法兰、拉出分布器后用真空装置抽吸催化剂。被吸出的催化剂进入旋风分离器后回收。

14.1.6.2　管式反应器（合成氨装置一段转化炉）催化剂的装填

（1）装填前的准备

新催化剂质量标准：通过分析检验确认新催化剂的成分、结构和强度等物化性质均符合设计要求，筛选、分拣以保证催化剂颗粒完整、干燥、无污染。

用特制布袋包装新催化剂，每袋约 6kg，装袋时应小心谨慎，装好的布袋应小心堆放和搬运，防止催化剂破碎和潮解；用布袋包装氧化铝球，每袋 2kg；按要求准备炉管阻力测量设备和振荡器；准备测量标尺。

用手电筒探照炉管内壁，确认管底支承格栅完好，无异物堵塞，管内壁干净。

用阻力测量设备测量每根空炉管的阻力降，确认每根炉管空管阻力一致。阻力测量方法：将阻力测量管用胶管连接于服务空气管上，用阀门控制空气流量，使孔板前压力表指示为0.3MPa，这样空气流量就固定了，孔板后压力表的指示值就代表炉管的阻力。

(2) 装填操作

每根炉管管底装填1袋氧化铝球，约高20mm。氧化铝球的作用是防止催化剂的破碎物堵塞管底支承格栅，防止气流受阻和气流不均匀。

每根炉管都分成3段装填，每段装6袋催化剂。第一段装完6袋后，用振荡器在炉顶震荡45s。

第一段震荡完成后再装第二段，震荡45s。再装第三段，再震荡45s。

最后再在上面补充1～2袋，每根管装填19～20袋，催化剂层顶部距管口法兰约高700mm。

全部装完或装完一组后，即开始测量每根实管阻力，测量方法同空管阻力测量方法，并做好阻力测量记录。

取炉管阻力的平均值，确认每根炉管的阻力与平均阻力之差不大于5%。重复上述操作，根据情况看是否要抽出、回收、重装，直至达到预定要求。

确认每根炉管装填符合要求后，在每根炉管内装入一袋氧化铝球，氧化铝球顶部距管口约500mm。放入气体分布器，将管法兰与炉管法兰对合。

(3) 装填注意事项

装填过程中应严防各种杂物掉入管内，装填人员应禁止将不必要的杂物带至装填现场。如有杂物掉入，则应设法将其取出。

装填过程中应防止催化剂破碎。实管阻力的测量是装填过程十分关键的一步，应保证所有炉管阻力与阻力平均值之差不大于5%。因为阻力不同，意味着催化剂装填的松紧不一样，催化剂过于密实或出现桥接、空洞现象，则将导致炉管间气体分配不均匀，管壁温度不一样，从而出现炉管超温降低炉管寿命。

装填完成后，应用测量标尺逐管测量，以防漏装。装完后用皮盖封住管口法兰，以防其他作业人员将异物掉入炉管内。

14.2 固定床反应器操作与控制要点

下面以加氢裂化反应器为例，介绍固定床反应器的操作与控制要点。加氢裂化为强放热反应，为此将固定床反应器内的催化剂床层分成若干段，采用注急冷氢的办法取走大量热量，因此反应器的结构比较复杂。

14.2.1 温度调节

对加氢催化裂化来说，催化剂床层温度是反应部分最重要的工艺参数。提高反应温度可使裂化反应速率加快，原料的裂化程度加深，生成油中低沸点组分含量增加，气体产率增高。但反应温度的提高使催化剂表面积炭结焦速率加快，影响使用寿命。所以，温度的调节控制十分重要。

① 控制反应器入口温度　以加热炉式换热器提供热源的反应，要严格控制反应器入口物料的温度，即控制加热炉出口温度或换热器终温，这是装置重要的工艺指标。如果有两股以上物料同时进反应器，则还可以调节两股物料的比例，达到反应器入口温度恒定的要求。加氢裂化反应器就可以通过加大循环氢量或减少新鲜进料，来降低反应器的入口温度。

② 控制反应床层间的急冷氢量　加氢裂化是急剧的放热反应，如热量不及时移走，将使催化剂温度升高，而催化剂床层温度的升高又加速了反应的进行，如此循环，会使反应器温度在短时间急剧升高，造成反应失控，造成严重的操作事故。正常的操作中，用调节急冷氢量来降低床层温度。

③ 原料组成的变化会引起温度的变化　原料组成发生变化，在加氢条件下，反应热也会变化，从而会引起床层温度的变化。如原料中硫和氮含量增加，床层温度会上升；原料中杂质增多，床层温度一般也会上升；原料变重，温度升高；而原料含水量增加，则床层温度会上下波动。

④ 反应器初期与末期的温度变化　通常在开工初期，催化剂的活性较高，反应温度可低一些。随着开工时间的延续，催化剂活性有所下降，为保证相对稳定的反应速率，可以在允许范围内适当提高反应温度。

⑤ 反应温度的限制　加氢裂化反应器规定反应器床层任何一点温度超过正常温度15℃时即停止进料；超过正常温度28℃时，则要采用紧急措施，启动高压放空系统。因为压力下降，反应剧烈程度减缓，使温度不致进一步剧升，造成反应失控。

14.2.2　压力调节

加氢裂化是在氢气存在下的高压反应。反应压力主要是氢气的分压。提高氢分压，可以促使加氢反应的进行，烯烃和芳烃的加氢反应加快，脱 S、脱 N 率提高，对胶质、沥青质的脱除有好处。反应压力的选择与处理的原料性质有关。原料中含有多环芳烃和杂质越多，则所需的反应压力越高。压力波动，对整个反应的影响较大。

① 氢气压缩机的压力调节　加氢裂化的氢气压缩机分新氢压缩机和循环压缩机两种。新氢压缩机主要用来补充系统氢气压力，循环压缩机主要保持系统压力，整个系统压力的维持依靠这两种压缩机的综合平衡。压力的调节主要依靠高压分离器的压力调节器来控制。一般情况下，不要改变循环压缩机的出口压力，也不要随便改变高压分离器压力调节器的给定值。如果压力升高，通常通过压缩机每一级的返回量来调节，必要时可通过增加排放量来调节。压力降低，一般增加新氢的补充量。

② 反应温度的影响　反应温度升高，会导致裂化反应程度加大，耗氢量

增加，压力下降。应注意调节反应温度。

③ 原料变化的影响　原料改变，耗氢量变化，则装置压力降低，循环氢压缩机入口流量下降，应补充新氢气。如果原料带水，系统压力会上升，系统压差增大。

14.2.3　氢油比控制

氢油比的大小或反应物循环量大小直接关系到氢分压和油品的停留时间，还影响油品的汽化率。循环气量的增加可以保证系统有足够的氢分压，有利于加氢反应。此外，过剩的氢气有保护催化剂表面的作用，在一定的范围内可以防止油料在催化剂表面缩合结焦。同时氢油比增加可及时地将反应热从系统带走，有利于反应床层的热平衡，从而使反应器内温度容易控制平稳。但过大的氢油比会使系统压力降增大，油品和催化剂接触的时间缩短，导致反应程度下降，循环压缩机负荷增大，动力消耗增加。因此，选择适当的氢油比并在反应过程中保持恒定是非常重要的。

14.2.4　空速操作原则

在操作过程中，需要进行提温提空速时，应"先提空速后提温"，而降空速降温时则"先降温后降空速"。如果违背这个原则，会造成剧烈的加氢裂化反应，使氢纯度下降，增加催化剂表面的积炭。在正常的情况下，应尽量避免空速大幅度下降，从而引起反应温度超高。

14.2.5　催化剂器内再生操作

器内再生即是反应物料停止进反应器后，催化剂保留在反应器内，而将再生介质通过反应器，进行再生操作。这种再生方式避免了催化剂的装卸，缩短了再生时间，是一种广泛使用的方式。

① 再生前的预处理　首先降温，遵循"先降温后降量"的原则，严格按照工艺要求的降温速率进行。温度降到规定要求，并停止进料后，就可以用惰性气体，一般是工业氮气，对系统进行吹扫，将反应系统的烃类气体和氢气吹扫干净。经检验，反应器出口的气体内烃类和氢气的含量小于1％即可。

② 再生的进行　催化剂表面的积炭，一般用氧气燃烧来消除。为了控制烧炭的速率，以免在燃烧过程中产生的热量烧毁催化剂，常配以一定量的氮气，以调节进料气体的氧浓度。

催化剂再生过程中，应注意控制一定的升温速率，即床层最高温度与反应器入口温度之差。升温速率也不能过快，如发现温升超过70℃，立即调整再生稀释气体控制温升。一般催化剂床层最高温度不能超过500℃，否则对催化剂有损坏。

③ 再生的结束　随着烧焦的进行，催化剂积炭在减少后，这时增加空气中的氧含量，床层没有明显的温升，说明烧焦过程基本结束。逐步增加空气

量，如控制床层温度不大于 500℃，空气氧含量可提到 10%（体积分数），在最大空气量下保持 4h，无明显温升，即烧焦再生过程结束。

在降温过程中，小心观察床层内各点温度，如有任何燃烧迹象，应立即减少空气量或停止送入空气，并增加蒸汽量，控制燃烧。一般降温速率不能过快，以 25～30℃/h 为宜。

任务实施

14.3 乙苯脱氢反应器操作与控制

乙苯气相催化脱氢制苯乙烯基本上采用绝热式脱氢反应器。下面以乙苯脱氢制苯乙烯反应器为例进行绝热式固定床反应器的操作与控制。

14.3.1 工艺简述

如图 14-7 所示，向来自乙苯蒸发器的乙苯蒸气中加入占总配料 1.5% 的水蒸气进行稀释，利用脱氢后的物料进行加热，使温度达到 150℃，再进入乙苯过热器过热，进一步与脱氢气换热至 500℃ 后进入进料混合器，与来自水蒸气过热炉的温度为 770℃ 的过热水蒸气进行混合，控制温度在 630℃ 左右，然后进入乙苯脱氢反应器，反应器为单壳圆筒双段绝热式，经一段反应后温度降为 580℃，再与来自水蒸气过热炉的过热水蒸气混合，继续进行二段反应，反应后的气体温度降为 590℃，与乙苯过热器、废热锅炉、乙苯蒸发器进行热交换后，温度降为 137℃ 左右，然后进入冷凝器，液相进入油水分离器，油层送入脱氢液储罐供精馏使用。

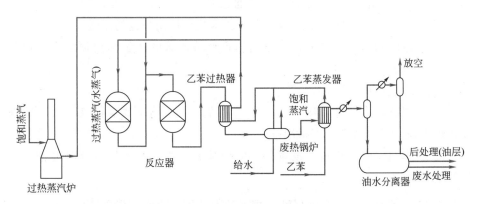

图 14-7　乙苯绝热脱氢工艺流程

14.3.2 正常开停车操作

（1）开车前的准备工作

① 所有设备、管道、阀门试压合格，清洗吹扫干净。

② 所有温度、流量、压力、液位的仪表要正确无误。

③ 机泵单机运行正常，包括备用泵也处于可运转状态。

④ 燃料系统经试压后无泄漏，喷嘴无堵塞，油温预热至正常操作温度，并注意油储罐排水。

⑤ 生产现场包括主要通道无杂物乱堆乱放，符合安全技术的有关规定。

⑥ 与调度联系，使燃料气、燃料油、动力空气、仪表空气、水蒸气、冷冻盐水、循环水、电、原料乙苯等处于备用状态。

(2) 正常开车

经过燃料管道吹扫、炉膛吹扫、点火后，可以进行化工投料操作。

① 点火后待火焰稳定，开始记录温度，然后以一定的速率升温。

② 温度升至150℃时，逐步开大烟囱挡板的角度，控制温度在150℃稳定4h，并做好通空气的准备。

③ 150℃稳定结束，通入动力空气，并控制空气压力和流量。

④ 恒温结束后，继续以一定的速率升温。

⑤ 当温度升至500℃时，开大烟囱挡板的角度，并恒温24h。

⑥ 在500℃恒温过程中，做好通水蒸气的准备工作，当恒温结束，开始切换通入水蒸气。

⑦ 水蒸气通入后，仍以一定的速率升温。

⑧ 温度升为500℃时，水蒸气以一定的流量进入水蒸气过热炉的辐射段，并以一定的流量通入乙苯蒸发器。

⑨ 温度升为600℃时，加大水蒸气的通入量。仍以一定的速率升温。

⑩ 温度升为800℃时，进一步加大水蒸气的通入量。再进一步开大烟囱挡板的角度。

⑪ 在800℃稳定6h后，准备投料通乙苯。

⑫ 开乙苯储罐的底部出口阀，启动乙苯泵，控制一定的流量。

⑬ 一段时间后，采样分析，根据结果调节乙苯的流量和炉顶温度，炉顶温度指示不得超过850℃。

(3) 正常操作

① 本岗位所有温度、压力、流量、液位均应每小时如实记录一次，数据要正确无误，字迹端正，不得涂改。

② 对本岗位所属管道、设备每小时应检查一次，发现异常及时汇报，并做好记录。

③ 经常观察加热炉燃烧情况，调节喷嘴火焰，稳定炉顶温度。

④ 需要增加负荷时，先加水蒸气负荷，后加乙苯负荷；要减少负荷时，先减乙苯负荷，后减水蒸气负荷。

(4) 正常停车

① 接到停车通知后，逐步减少乙苯进料流量，以10℃/h速率降低炉顶温度至800℃后恒温。

② 在 800℃恒温下，仍按一定的速率减少乙苯进料量，直至切断乙苯。

③ 800℃恒温结束后，以 15℃/h 速率降低炉顶温度至 750℃，关小烟囱挡板角度。

④ 750℃恒温 1h，逐步减少水蒸气进入量，再关小烟囱挡板角度，以减少空气进入量，关闭盐水阀。

⑤ 以 15℃/h 速率降低炉顶温度至 500℃，减少水蒸气进入量。

⑥ 500℃恒温 17h，恒温过程中，第三小时开始进一步减少水蒸气进入量，交替切换动力空气，控制动力空气的流量。

⑦ 恒温结束后，以 15℃/h 速率降低炉顶温度至 150℃，继续以一定流量通动力空气。

⑧ 150℃恒温 2h，关小烟囱挡板角度。

⑨ 恒温结束切断动力空气阀，关小烟囱挡板角度。并以 20℃/h 速率降低炉顶温度至熄火，然后自然降温。

⑩ 切断循环上水，排净存水，必要时要加盲板。

(5) 停车注意事项

① 切断或使用水蒸气、空气、燃料、乙苯、循环水时要及时与调度联系。

② 火焰调节要均匀，温度不可以突升或突降。

③ 停车时要切断报警系统的仪表。

④ 停车过程中，要加强巡回检查，一发现故障应尽快处理。

⑤ 停车过程中，各温度、压力、流量、液位的记录要完整。

14.3.3　不正常停车

(1) 停蒸汽停车

1) 蒸汽压力尚能维持数小时

① 炉顶温度以 30～40℃/h 速率急剧降温。

② 当反应器二段出口温度低于 600℃时，停通乙苯，继续降温，改通空气后按正常降温指标执行。

③ 若停蒸汽时间短，可在 500℃时恒温通空气，待蒸汽恢复后重新升温开车。

2) 蒸汽压力低于 0.5MPa

① 立即切断乙苯进料，以 100℃/h 的速度降低炉顶温度。

② 切断乙苯 1h 后，切换通空气。

③ 蒸汽流量如果较小，而短期不能恢复供汽，则按正常停车操作执行。

④ 蒸汽压力低于 0.1MPa（表压）时，切断蒸汽总阀，防止倒压。

(2) 停燃料停车

1) 燃料尚能维持 12h 以上

① 参照停蒸汽停车（1）中①的处理办法执行。

② 当炉顶温度在 600℃时，交替切换通空气，切断水蒸气，立即关小烟囱挡板至 20°，让其自然降温；当炉顶温度在 200℃时，停止通空气。

2) 燃油压力低于 0.3MPa 或燃气压力低于 0.1MPa

① 立即切断乙苯进料，通知调度，要求燃料气升压，或组织抢修油泵或启动备用泵。

② 若不能维持，则按不正常停车的降温速度参照执行，取消恒温阶段。

③ 中途能恢复，则重新升温可按正常开车的相应操作阶段执行。

3）燃料突然中断

① 立即切断喷嘴阀门，启动空压机送工艺空气。

② 立即切断乙苯进料。

③ 关小烟囱挡板至 20°，让其自然降温。

④ 减少蒸汽流量，一段反应器入口温度降至 500℃时交替切换通空气，150℃时停止通空气。

⑤ 燃料系统，特别是尾气燃料中，若进入空气，在重新点火前应吹扫炉膛，检测合格方可点火。

(3) 断乙苯停车

① 关闭乙苯总阀，停乙苯泵。

② 将一段反应器入口温度降至 600℃恒温。

③ 重新投料按正常开车的相应步骤参照执行。

(4) 突然停电停车

① 所有管线全部采用现场手控阀操作。

② 所有液面全部现场观察。

③ 立即关闭乙苯进料。

④ 降低炉膛温度至 600℃，恒温，若乙苯仍供应不上，则按正常停车处理。

⑤ 重新开车自控应缓慢切换，切一条稳一条。

(5) 停工艺空气停车

① 在开车过程中的通空气阶段若停空气，则按正常停车处理，取消其中恒温阶段。

② 在停车过程中若遇停空气，处理方法同上。

③ 立即查明断空气的原因，待供气正常后则停止降温，按正常开车重新升温。

(6) 停仪表空气停车

参照突然停电事故处理。

(7) 停冷冻盐水停车

① 降低乙苯进料量，保证放空管无物料喷出。

② 迅速查明原因，待盐水供应正常后再适当恢复乙苯进料量。

③ 若盐水供应在 24h 内无法恢复，则按正常停车执行。

④ 短时间的停盐水，除乙苯适当减量外，其他工艺条件不变。

(8) 停循环水停车

① 立即关闭乙苯进料。

② 通知调度，要求恢复供水。

③ 调节一段反应器的入口温度至 600℃。

④ 若 24h 无法恢复供水，按正常停车操作执行。

14.3.4 绝热式固定床反应器常见异常现象及处理方法

乙苯脱氢用绝热式固定床反应器常见异常现象及处理方法见表 14-2。

表 14-2　乙苯脱氢反应器异常现象及处理方法

序号	异常现象	原因分析判断	操作处理方法
1	炉顶温度波动	①燃料波动 ②仪表失灵 ③烟囱挡板滑动造成炉膛负压波动 ④乙苯或水蒸气流量波动 ⑤喷嘴局部堵塞 ⑥炉管破裂(烟囱冒黑烟)	①调节并稳定燃料供应压力 ②检查仪表,切换手控 ③调整挡板至正常位置 ④调节并稳定流量 ⑤清理堵塞的喷嘴后,重新点火 ⑥按事故处理,不正常停车
2	一段反应器进口温度波动	①物料量波动 ②过热水蒸气波动 ③仪表失灵	①调整物料量 ②调整并稳定水蒸气的过热温度 ③检修仪表,切换手控
3	反应器压力升高	①催化剂固定床阻力增加 ②乙苯或水蒸气流量加大 ③进口管堵塞 ④盐水冷凝器出口冻结	①检查床层,催化剂烧结或粉碎,应定期更换 ②调整流量 ③停车清理,疏通管道 ④调节或切断盐水解冻,严重时用水蒸气冲刷解冻
4	火焰突然熄灭	①燃料气或燃料油压力下降 ②燃料中含有大量水分 ③喷嘴堵塞 ④管道或过滤器堵塞	①调整压力或按断燃料处理 ②油储罐放存水后重新点火 ③疏通喷嘴 ④清洗过滤器或管道
5	脱氢液颜色发黄	①水蒸气配比太小 ②催化剂活性下降 ③反应温度过高 ④回收乙苯中苯乙烯含量过高	①加大水蒸气流量 ②活化催化剂 ③降低反应温度 ④不合格的乙苯不能使用
6	炉膛回火	①烟囱挡板突然关闭 ②熄火后,余气未抽净又点火 ③炉膛温度偏低 ④炉顶温度仪表失灵 ⑤燃料带水严重	①调挡板开启角度并固定 ②抽净余气,分析合格后再点火 ③提高炉膛温度 ④检查仪表 ⑤排净存水
7	苯乙烯的转化率和选择性下降	①反应温度偏低 ②乙苯投料量太大 ③催化剂已到晚期 ④副反应增加 ⑤催化剂炭化严重,活性下降	①在允许的情况下提高反应温度 ②降低空速,减少投料量 ③更新催化剂 ④活化可以减少副反应的发生 ⑤停止进料,通水蒸气活化,提高活性
8	尾气中 CO_2 含量经常偏高	①回收乙苯中苯乙烯含量偏高 ②水蒸气配比太小 ③催化剂失活严重 ④过热水蒸气温度偏高	①控制回收乙苯中苯乙烯的含量小于3% ②提高水蒸气配比大于2.5 ③停止进料,用水蒸气活化催化剂 ④适当降低过热水蒸气温度
9	降温过程中通工艺空气后反应器床层温度升高	①通工艺空气没有按规定交替切换 ②管道死角内残留乙苯遇空气燃烧 ③催化剂层积炭遇空气燃烧	①按规定交替切换通空气 ②通水蒸气时间不宜太短 ③通大量水蒸气,使催化剂还原

计算机集散控制操作

20 世纪 70 年代初诞生的微型计算机，标志着计算机的发展和应用进入了新的阶段。计算机在化工生产控制领域中作为一个强有力的工具，极大地推动着化工生产技术的发展，从而使化工操作提高到新的水平，为化工生产过程的整体控制创造了有利条件。

一、计算机控制生产过程发展阶段

1. 试验阶段

20 世纪 50 年代初，化工生产中实现了计算机集中监测和数据处理。在此阶段，由于计算机易实现复杂的控制，能集中显示和操作，它在生产控制中的应用有了一定的发展。然而由于比较强调集中控制，一台计算机一般要控制几十个甚至上百个回路，这样虽然能充分发挥计算机的快速处理能力，但客观上却造成了"危险"过于集中，一旦出现故障，生产将陷于瘫痪。为弥补这一缺陷，提高系统的可靠性，可采用双机并行工作，互为备用，但这样价格昂贵，影响了推广使用。

2. 应用阶段

1970 年以后，计算机控制进入了大量推广应用阶段。由于大规模集成电路的技术取得了突破，出现了性能好、成本低、使用方便的微型计算机。人们开始将计算机分散到生产装置中去，由多台专用微机分散地控制各个回路，这样可以提高系统的可靠性和实时性，使"危险"分散，一台微机出现故障只影响局部范围，这种控制方式称为"分散型计算机控制系统"。与此同时，人们又将各微机用数据通信电缆联系起来，并同上一级计算机与显示、操作装置等相连，实现集中监视、集中操作和管理整个生产过程。这种以分散控制、集中管理为主要特点的计算机控制系统称为分布式控制系统，简称 DCS，又叫集散控制系统。DCS 是 20 世纪 80 年代计算机过程控制的一个重要发展方向。

二、计算机集散控制系统的基本组成

目前化工生产过程中较为常见的计算机集散控制系统的基本组成见图 14-8。

由图 14-8 可见，该系统包括三个部分。

① 现场控制部分　设有若干个现场控制站，由一系列高档次仪表组成若干个控制单元。

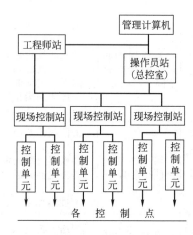

图 14-8　计算机集散控制系统基本组成

② 总控部分　主要是操作员控制站，设在总控室内，有监控站、控制器、显示器、操作用键盘和鼠标及打印机、扩展箱等设施，用线路连接各现场控制站。

③ 管理控制部分　包括工程师站和厂部的管理计算机，都与操作员控制站相通。整个集散系统实行两级控制，现场控制站为基础级，操作员站为监控级。工程师站可以和现场直接联系，通过操作员站来下达控制指令。

三、计算机集散控制系统的操作

在化工生产过程中，为了正确地指导生产操作，保证生产稳定、优化和安全，确保产品质量和实现生产过程自动化，必不可少地需准确、及时测量出生产过程中各个有关的参数（如温度、压力、流量、液位、成分等），或与控制器、执行机构相配合实现对生产过程的自动控制。而对某一具体生产过程而言，往往需要测量和控制几十个点甚至几百个点的参数。虽然这一任务可以用常规模拟仪表来完成，但由于测量点和控制点太多，所需仪表数量大，使系统的可靠性下降，耗资多，维护不方便且不灵活。若采用计算机来控制整个生产过程，不仅能克服这些缺点，还可使系统利用计算机本身的能力，促进生产过程向深度和广度发展。

根据化工生产过程自动化水平的不同，操作人员参与过程的程度和范围将有所不同。自动化水平越高，操作人员参与、介入的程度和范围越小。但无论何种生产过程，操作人员的参与与介入都是通过对生产过程数据信息的观察、监视和操纵来实现的。在集散控制系统中，这种参与通过两种途径进行，一种是仪表盘操作方式，另一种是 CRT（显示装置）操作方式，它通过生产过程的集中监视和操作实现对生产过程的介入。

① 仪表盘操作　集散控制系统的仪表盘操作指过程控制站的部分操作在仪表盘进行。仪表盘操作方式采用数字仪表安装在仪表盘，其外形与常规模拟仪表相似，但有显示和读数精度高、组态方便、数据调节快、控制方式切换简便、通信功能和报警功能强等特点。

② CRT 操作方式　集散控制系统中的 CRT 操作方式是指通过操作站的 CRT、触摸屏幕、鼠标、键盘等设备对生产过程的操作，以及对系统组态、控制组态和维护的操作。CRT 操作方式具有信息量大、显示方式多样化、操作方便容易、报警功能强、操作透明度高和备用方式简单等特点。

任务 ⑮　流化床反应器操作与控制

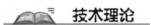

工作任务

对高抗冲击共聚物的 HIMONT 聚丙烯生产用本体聚合装置进行操作与控制。

技术理论

15.1　流化床反应器操作与控制要点

流化床反应器最早用于煤造气，后来在石油加工和矿石焙烧等方面得到广泛应用。根据气固物料在反应中所起的作用，可分为催化反应和非催化反应。无论何种反应，其运行和操作都是通过优化工艺条件，提高转化率和产品质量。这里重点介绍流化床反应器操作与控制要点。

对于一般的工业流化床反应器，需要控制和测量的参数主要有颗粒粒度、颗粒组成、床层压力和温度、流量等。这些参数的控制除了受所进行的化学反应的限制外，还要受到流态化要求的影响。实际操作中是通过安装在反应器上的各种测量仪表了解流化床中的各项指标，以便采取正确的控制步骤，达到反应器的正常工作。

15.1.1　颗粒粒度和组成的控制

如前所述，颗粒粒度和组成对流态化质量和化学反应转化率有重要影响。下面介绍一种简便而常用的控制粒度和组成的方法。

在氨氧化制丙烯腈的反应器内，采用的催化剂粒度和组成中，为了保持小于 $44\mu m$ 的"关键组分"（即对流态化质量起关键作用的较小粒度的颗粒）粒子在 $20\%\sim40\%$ 之间，在反应器上安装一个"造粉器"。当发现床层内小于 $44\mu m$ 的粒子小于 12% 时，就启动造粉器。造粉器实际上就是一个简单的气流喷枪，它是用压缩空气以大于 $300m/s$ 的流速喷入床层，黏结的催化剂粒子即被粉碎，从而增加小于 $44\mu m$ 粒子的含量。在造粉过程中，要不断从反应器中取出固体颗粒样品，进行粒度和含量的分析，直到细粉含量达到要求为止。

系统正常运转中，从床层取固体颗粒样品，虽然简单，但又要特别注意并妥善处理好。图 15-1 所示的是王尊孝提出的取样器。在平时，锥形活动堵头 3 是关闭的，阀 6 是开启的，取样器本体内充满了压力高于床层内压力的干燥空气，以防止反应产物渗入取样器内，造成启动时的困难（例如苯酐反应器，当

212　化学反应过程与设备　（第四版）

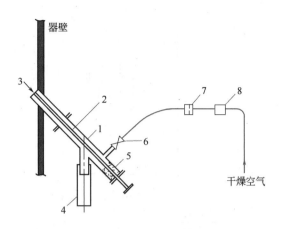

图 15-1　流化床用固体颗粒取样器

1—取样器本体，$\phi(32\sim38)$mm；2—拉杆；3—锥形活动堵头；4—手动装卸取样杯，
$\phi38$mm×150mm；5—气密填料；6—针形阀；7—节流小孔板，孔 $\phi(0.6\sim1.0)$mm；8—逆止阀

温度低于 150℃时，苯酐呈液体析出；当温度低于 130.8℃时，苯酐变成固体，
如果没有反吹气，取样器将因苯酐冻结而堵死）。取样时先关闭阀 6，然后转
动拉杆 2，打开堵头 3，粒子便自动流入取样杯 4，然后再关闭堵头 3，卸下取
样杯 4，将料样倒出，最后装上取样杯 4，打开充气阀 6，取样完毕。

15.1.2　压力的测量与控制

压力和压降的测量，是了解流化床各部位是否正常工作较直观的方法。对
于实验室规模的装置，U 形管压力计是常用的测压装置，通常压力计的插口需
配置过滤器，以防止粉尘进入 U 形管。工业装置上常采用带吹扫气的金属管
做测压管。测压管直径一般为 12～25.4mm，反吹风量至少为 1.7m³/h。反吹
气体必须经过脱油、去湿方可应用。测压管线的典型安装如图 15-2 所示。为
了确保管线不漏气，所有丝接的部位最后都是焊死的，阀门不得漏气。

小孔板是用 1mm 厚的不锈钢或铜板制造的，钻 0.64～1.0mm 小孔。为了
了解在流态化情况下的床层高度，可用下式推算

$$l = l_{\mathrm{B}} \times \frac{p_{\mathrm{C}} - p_{\mathrm{A}}}{p_{\mathrm{C}} - p_{\mathrm{B}}} \qquad (15\text{-}1)$$

用同样的取样方式，可以推算旋风分离器料腿内的料柱高度。就是说，为
了随时了解旋风分离器料腿内的料柱高度及它的稳定工作情况，可在料腿上也
安装三个测压管，同样要接吹扫风。特别是在用细颗粒催化剂时，旋风分离系
统的设计常常是过程能否成功的关键，应当特别慎重处理。由于流化床呈脉冲
式运动，需要安装有阻尼的压力指示仪表，如差压计、压力表等。有经验的操
作者常常能通过测压仪表的运动预测或发现操作故障。

15.1.3　温度的测量与控制

流化床催化反应器的温度控制取决于化学反应的最优反应温度的要求。一

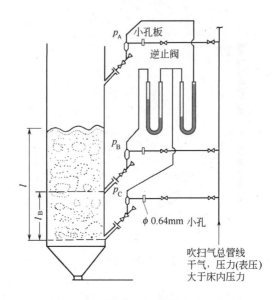

图 15-2 流化床测压管线安装示意

般要求床内温度分布均匀，符合工艺要求的温度范围。通过温度测量可以发现过高温度区，进一步判断产生的原因是存在死区，还是反应过于剧烈，或者是换热设备发生故障。通常由于存在死区造成的高温，可及时调整气体流量来改变流化状态，从而消除死区。如果是因为反应过于激烈，可以通过调节反应物流量或配比加以改变。换热器是保证稳定反应温度的重要装置，正常情况下通过调节加热剂或制冷剂的流量就能保证工艺对温度的要求。但是设备自身出现故障的话，就必须加以排除。最常用的温度测量办法是采用标准的热敏元件，如适应各种范围温度测量的热电偶。可以在流化床的轴向和径向安装这样的热电偶组，测出温度在轴向和径向的分布数据，再结合压力测量，就可以对流化床反应器的运行状况有一个全面的了解。

15.1.4 流量控制

气体的流量在流化床反应器中是一个非常重要的控制参数，它不仅影响着反应过程，而且关系到流化床的流化效果。所以，作为既是反应物又是流化介质的气体，其流量必须要在保证最优流化状态下有较高的反应转化率。一般原则是气量达到最优流化状态所需的气速后，应在不超过工艺要求的最高或最低反应温度的前提下尽可能提高气体流量，以获得最高的生产能力。

气体流量的测量一般采用孔板流量计，要求被测的气体是清洁的。当气体中含有水、油和固体粉尘时，通常要先净化，然后再进行测量。系统内部的固体颗粒流动通常是被控制的，但一般并不计量。它常常被调节在一个推理的基础上，如根据温度、压力、催化剂活性、气体分析等要求来调整。在许多煅烧操作中，常根据煅烧物料的颜色来控制固体的给料。

15.1.5 开停车及事故防止

由粗颗粒形成的流化床反应器，开车启动操作一般不存在问题。而细颗粒流化床，特别是采用旋风分离器的情况下，开车启动操作需按一定的要求来进行。这是因为细颗粒在常温下容易团聚。当用未经脱油、脱湿的气体流化时，这种团聚现象就容易发生，常使旋风分离器工作不正常，导致严重后果。

正常的开车程序如下所述。

① 先用被间接加热的空气加热反应器，以便赶走反应器内的湿气，使反应器趋于热稳定状态。对于一个反应温度在 $300\sim400℃$ 的反应器，这一过程要达到使排出反应器的气体温度达到 $200℃$ 为准。必须指出，绝对禁止用燃油或燃煤的烟道气直接加热。因为烟道气中含有大量燃烧生成的水，与细颗粒接触后，颗粒先要经过吸湿，然后随着温度的升高再脱水，这一过程会导致流化床内旋风分离器的工作不正常，造成开车失败。

② 当反应器达到热稳定状态后，用热空气将催化剂由贮罐输送到反应器内，直至反应器内的催化剂量足以封住一级旋风分离器料腿时，才开始向反应器内送入速度超过 u_{mf} 不太多的热风（热风进口温度应大于 $400℃$），直至催化剂量加到规定量的 $1/2\sim2/3$ 时，停止输送催化剂，适当加大流态化热风。对于热风的量，应随着床温的升高予以调节，以不大于正常操作气速为度。

③ 当床温达到可以投料反应的温度时，开始投料。如果是放热反应，随着反应的进行，逐步降低进气温度，直至切断热源，送入常温气体。如果有过剩的热能，可以提高进气温度，以便回收高值热能的余热，只要工艺许可，应尽可能实行。

④ 当反应和换热系统都调整到正常的操作状态后，再逐步将未加入的 $1/3\sim1/2$ 催化剂送入床内，并逐渐把反应操作调整到要求的工艺状况。

正常的停车操作对保证生产安全，减少对催化剂和设备的损害，为开车创造有利条件等都是非常重要的。不论是对固相加工还是气相加工，正常停车的顺序都是首先切断热源（对于放热反应过程，则是停止送料），随后降温。至于是否需要停气或放料，则视工艺特点而定。一般情况下，固相加工过程有时可以采取停气，把固体物料留在装置里不会造成下次开车启动的困难；但对气相加工来说，特别是对于采用细颗粒而又用旋风分离器的场合，就需要在床温降至一定温度时立即把固体物料用气流输送的办法转移到贮罐里去，否则会造成下次开车启动的困难。

为了防止突然停电或异常事故的突然发生，考虑紧急地把固体物料转移出去的手段是必需的。同时，为了防止颗粒物料倒灌，所有与反应器连接的管道，如进气管、出气管、进料管、测压与吹扫气管，都应安装止逆阀门，使之能及时切断物料，防止倒流，并使系统缓慢地泄压，以防事故的扩大。

任务实施

15.2　本体聚合流化床反应器的操作与控制

下面以用于生产高抗冲击共聚物的 HIMONT 聚丙烯工艺本体聚合装置为

例进行气固相流化床非催化反应器的操作与控制。

15.2.1 原理及流程简述

15.2.1.1 反应原理

乙烯、丙烯以及反应混合气在一定的温度（70℃）、一定的压力（1.35MPa）下，通过具有剩余活性的干均聚物（聚丙烯）的引发，在流化床反应器里进行反应，同时加入氢气以改善共聚物的本征黏度，生成高抗冲击共聚物。

主要原料：乙烯、丙烯、具有剩余活性的干均聚物（聚丙烯）、氢气

反应式： $nC_2H_4 + nC_3H_6 \longrightarrow \dfrac{}{}C_2H_4—C_3H_6\dfrac{}{}_n$

主产物：高抗冲击共聚物（具有乙烯和丙烯单体的共聚物）

副产物：无

15.2.1.2 工艺流程简述

高抗冲击共聚物生产工艺流程如图 15-3 所示。具有剩余活性的干均聚物（聚丙烯）在压差作用下自闪蒸罐流到气相共聚反应器。在气体分析仪的控制下，氢气被加到乙烯进料管道中，以改进聚合物的本征黏度，满足加工需要。

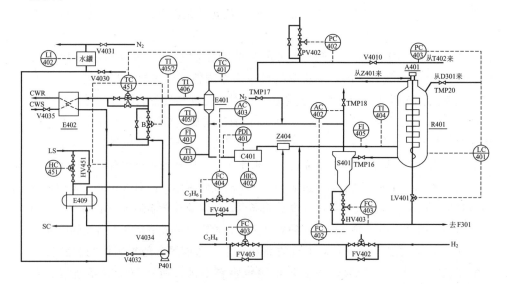

图 15-3　高抗冲击共聚物生产工艺流程图

A401—刮刀；C401—循环压缩机；D301—闪蒸罐；E401、E402—冷却器；E409—夹套水加热器；F301—火炬；P401—开车加热泵；R401—反应器；S401—旋风分离器；T402—乙烯气提塔；Z401—过滤器

聚合物从顶部进入流化床反应器，落在流化床的床层上。流化气体（反应单体）通过一个特殊设计的栅板进入反应器。由反应器底部出口管路上的调节阀来维持聚合物的料位。聚合物料位决定了停留时间，从而决定了聚合反应的程度，为了避免过度聚合的鳞片状产物堆积在反应器壁上，反应器内配置一转速较慢的刮刀，以使反应器壁保持干净。栅板下部夹带的聚合物细末用一台小

型旋风分离器除去，并送到下游的袋式过滤器中。

所有未反应的单体循环返回到流化压缩机的吸入口。来自乙烯气体提升塔顶部的回收气相与气相反应器出口的循环单体汇合，而补充的氢气、乙烯和丙烯加入到压缩机排出口。

循环气体用工业色谱仪进行分析，调节氢气和丙烯的补充量。然后调节补充的丙烯进料量，以保证反应器的进料气体满足工艺要求的组成。

用脱盐水作为冷却介质，用一台立式列管式换热器将聚合反应热撤出。该换热器位于循环气体压缩机之前。

共聚物的反应压力约为 1.4MPa（表压），温度为 70℃，该系统压力位于闪蒸罐压力和袋式过滤器压力之间，从而在整个聚合物管路中形成一定的压力梯度，以避免容器间物料的返混并使聚合物向前流动。

15.2.2　操作与控制

15.2.2.1　开车准备

准备工作包括：系统中用氮气充压，循环加热氮气，随后用乙烯对系统进行置换（用乙烯置换系统要进行两次）。这一过程完成之后，系统将准备开始单体开车。

（1）系统氮气充压加热

① 充氮，打开充氮阀，用氮气给反应器系统充压，当系统压力达 0.7MPa（表压）时关闭充氮阀。

② 当氮气充压至 0.1MPa（表压）时，启动共聚循环气体压缩机，将导流叶片（HIC402）定在 40%。

③ 环管充液，启动压缩机后，开进水阀 V4030 给水罐充液，开氮封阀 V4031。

④ 当水罐液位大于 10% 时，开泵 P401 入口阀 V4032，启动泵 P401，调节泵出口阀 V4034 至 60% 开度。

⑤ 手动开低压蒸汽阀 HC451，启动换热器 E409，加热循环氮气。

⑥ 打开循环水阀 V4035。

⑦ 当循环氮气温度达到 70℃时，TC451 投自动，调节其设定值，维持氮气温度 TC401 在 70℃左右。

（2）氮气循环

① 当反应系统压力达 0.7MPa 时，关充氮阀。

② 在不停压缩机的情况下，用 PIC402 和排放阀给反应系统泄压至 0（表压）。

③ 在充氮泄压操作中，不断调节 TC451 设定值，维持 TC401 温度在 70℃左右。

（3）乙烯充压

① 当系统压力降至 0（表压）时，关闭排放阀。

② 由 FC403 开始乙烯进料，乙烯进料量设定在 567.0kg/h 时投自动调节，乙烯使系统压力充至 0.25MPa（表压）。

15.2.2.2 开车

(1) 反应进料

① 当乙烯充压至 0.25MPa（表压）时，启动氢气的进料阀 FC402，氢气进料设定在 0.102kg/h，FC402 投自动控制。

② 当系统压力升至 0.5MPa（表压）时，启动丙烯进料阀 FC404，丙烯进料设定在 400kg/h，FC404 投自动控制。

③ 打开自乙烯气体提升塔来的进料阀 V4010。

④ 当系统压力升至 0.5MPa（表压）时，打开旋风分离器 S401 底部阀 FC403 至 20% 开度，维持系统压力缓慢上升。

(2) 准备接收 D301 来的均聚物

① 当 AC402 和 AC403 平稳后，调节 HC403 开度至 25%。

② 启动共聚反应器的刮刀，准备接收从闪蒸罐 D301 来的均聚物。

(3) 共聚反应物的开车

① 确认系统温度 TC451 维持在 70℃ 左右。

② 当系统压力升至 1.2MPa（表压）时，开大 HC403 开度在 40% 和 LV401 在 10%～15%，以维持流态化。

③ 打开来自 D301 的聚合物进料阀 TMP20。

15.2.2.3 稳定状态的过渡

(1) 反应器的液位

① 随着 R401 料位的增加，系统温度将升高，及时降低 TC451 的设定值，不断取走反应热，维持 TC401 温度在 70℃ 左右。

② 调节反应系统压力在 1.35MPa（表压）时，PC402 自动控制。

③ 当液位达到 60% 时，将 LC401 设置投自动。

④ 随系统压力的增加，料位将缓慢下降，PC402 调节阀自动开大，为了维持系统压力在 1.35MPa，缓慢提高 PC402 的设定值至 1.40MPa（表压）。

⑤ 当 LC401 在 60% 投自动控制后，调节 TC45 的设定值，待 TC401 稳定在 70℃ 左右时，TC401 与 TC451 串级控制。

(2) 反应器压力和气相组成控制

① 压力和组成趋于稳定时，将 LC401 和 PC403 串级（连接）。

② FC404 和 AC403 串级连接。

③ FC402 和 AC402 串级连接。

15.2.2.4 正常操作

正常工况下的工艺参数如下。

FC402：调节氢气进料量（与 AC402 串级）　　　　　正常值：0.35kg/h

FC403：单回路调节乙烯进料量　　　　　正常值：567.0kg/h

FC404：调节丙烯进料量（与 AC403 串级）　正常值：400.0kg/h

PC402：单回路调节系统压力　　　　　　正常值：1.4MPa

PC403：主回路调节系统压力　　　　　　正常值：1.35MPa

LC401：反应器料位（与 PC403 串级）　　正常值：60%

TC401：主回路调节循环气体温度　　　　正常值：70℃

TC451：分程调节取走反应热量（与 TC401 串级）正常值：50℃

AC402：主回路调节反应产物中 H_2/C_2 之比　正常值：0.18

AC403：主回路调节反应产物中 $C_2/(C_3+C_2)$ 之比 正常值：0.38

15.2.2.5　停车

(1) 降反应器料位

①关闭催化剂来料阀 TMP20。②手动缓慢调节反应器料位。

(2) 关闭乙烯进料，保压

①当反应器料位降至 10%，关乙烯进料。②当反应器料位降至 0，关反应器出口阀。③关旋风分离器 S401 上的出口阀。

(3) 关丙烯及氢气进料

①手动切断丙烯进料阀。②手动切断氢气进料阀。③排放导压至火炬。④停反应器刮刀 A401。

(4) 氮气吹扫

①将氮气加入该系统。②当压力达 0.35MPa 时放火炬。③停压缩机 C401。

15.2.2.6　紧急停车

紧急停车操作规程与正常停车操作规程相同。

15.2.3　本体聚合流化床反应器常见异常现象及处理方法

高抗冲击共聚物生产过程中的本体聚合流化床反应器常见异常现象及处理方法见表 15-1。

表 15-1　本体聚合流化床反应器常见异常现象及处理方法

序号	异常现象	产生原因	处理方法
1	温度调节器 TC451 急剧上升，然后 TC401 随之升高	泵 P401 停	①调节丙烯进料阀 FV404，增加丙烯进料量 ②调节压力调节器 PC402，维持系统压力 ③调节乙烯进料阀 FV403，维持 C_2/C_3

序号	异常现象	产生原因	处理方法
2	系统压力急剧上升	压缩机 C401 停	①关闭催化剂来料阀 TMP20 ②手动调节 PC402,维持系统压力 ③手动调节 LC401,维持反应器料位
3	丙烯进料量为零	丙烯进料阀卡	①手动关小乙烯进料量,维持 C_2/C_3 ②关闭催化剂来料阀 TMP20 ③手动关小 PV402,维持压力 ④手动关小 LC401,维持料位
4	乙烯进料量为零	乙烯进料阀卡	①手动关丙烯进料,维持 C_2/C_3 ②手动关小氢气进料,维持 H_2/C_2
5	催化剂阀显示关闭状态	催化剂阀卡	①手动关闭 LV401 ②手动关小丙烯进料 ③手动关小乙烯进料 ④手动调节压力

15.3 流化床反应器中常见的异常现象及处理方法

15.3.1 沟流现象

沟流现象的特征是气体通过床层时形成短路,如图 15-4 所示。沟流有两种情况:(a) 图所示的贯穿沟流和 (b) 图所示的局部沟流。沟流现象发生时,大部分气体没有与固体颗粒很好接触就通过了床层,这在催化反应时会引起催化反应的转化率降低。由于部分颗粒没有流化或流化不好,造成床层温度不均匀,从而引起催化剂的烧结,降低催化剂的寿命和效率。因为沟流时部分床层

▶ 动画
流化床中的沟流现象

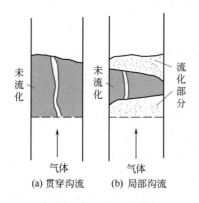

(a) 贯穿沟流　(b) 局部沟流

图 15-4　流化床中的沟流现象

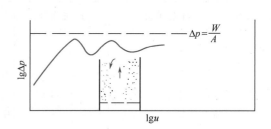

图 15-5　沟流时 Δp-u 的关系

为死床，不悬浮在气流中，故在 $\Delta p\text{-}u$ 图上反映出 Δp 始终低于理论值 W/A，如图 15-5 所示。

沟流现象产生的原因主要与颗粒特性和气体分布板的结构有关。下列情况容易产生沟流：颗粒的粒度很细（粒径小于 $40\mu m$）、密度大且气速很低时；潮湿的物料和易于黏结的物料；气体分布板设计不好，气体分布不均，如孔太少或各个风帽阻力大小差别较大。要消除沟流，应对物料预先进行干燥并适当加大气速，另外分布板的合理设计也是十分重要的。还应注意风帽的制造、加工和安装，以免通过风帽的流体阻力相差过大而造成布气不均。

15.3.2　大气泡现象

流化床中生成的气泡在上升过程中不断合并和长大，直到床面破裂是正常现象。但是，如果床层中大气泡很多，由于气泡不断搅动和破裂，床层波动大，操作不稳定，气固间接触不好，就会使气固反应效率降低，这种现象也是一种不正常现象，应力求避免。通常床层较高、气速较大时容易产生大气泡现象。在床层内加设内部构件可以避免产生大气泡，促使平稳流化。

15.3.3　腾涌现象

所谓腾涌现象，就是在大气泡状态下继续增大气速，当气泡直径大到与床径相等时，就会将床层分为几段，变成一段气泡和一段颗粒的相互间隔状态，此时颗粒层被气泡像活塞一样向上推动，达到一定高度后气泡破裂，引起部分颗粒的分散下落。出现腾涌现象时，由于颗粒层与器壁的摩擦造成压降大于理论值，而气泡破裂时又低于理论值，即压降在理论值上下大幅度波动。腾涌发生时，床层的均匀性被破坏，使气固相的接触不良，严重影响产品的产量和质量，并且器壁磨损加剧，引起设备的振动。一般来说，床层越高、容器直径越小、颗粒越大、气速越高，越容易发生腾涌现象。在床层过高时，可以增设挡板以破坏气泡的长大，避免腾涌发生。

 **知识拓展**

化工生产中开、停车的一般要求

在化工生产中，开、停车的生产操作是衡量操作操作人员技术水平高低的一个重要标准。随着化工先进生产技术的迅速发展，机械化、自动化水平的不断提高，对开、停车的技术要求也就越来越高。开、停车进行得好坏，准备工作和处埋情况如何，对生产的进行都有直接影响。 开、停车是生产中最重要的环节。

化工生产中的开、停车包括基建完工后的第一次开车，正常生产中的开、停车，特殊情况（事故）下突然停车，大、中修之后的开车等。

一、基建完工后的第一次开车

基建完工后的第一次开车，一般按四个阶段进行：开车前的准备工作；单机试车；联动试车；化工试车。 下面分别予以简单介绍。

1. 开车前的准备工作

开车前的准备工作大致如下。

① 施工工程安装完毕后的验收工作。

② 开车前所需原料、辅助原料、公用工程（水、电、汽等），以及生产所需物资的准备工作。

③ 生产技术文件、设备图纸及使用说明书和各专业的施工图，岗位操作法和试车文件的准备。

④ 车间组织的健全，人员配备及考核工作。

⑤ 核对配管、机械设备、仪表电气、安全设施及盲板和过滤网的最终检查工作。

2. 单机试车

此项目的是为了确认转动和待动设备是否合格好用，是否符合有关技术规范，如空气压缩机、制冷用氨压缩机、离心式水泵和带搅拌设备等。

单机试车是在不带物料和无载荷的情况下进行的。 首先断开联轴器，单独开动电动机，运转 48h，观察电动机是否发热、振动，有无杂音，转动方向是否正确等。 当电动机试验合格后，再和设备连接在一起进行试验，一般也运转 48h（此项试验应以设备使用说明书或设计要求为依据）。 在运转过程中，经过细心观察和仪表检测，均达到设计要求时（如温度、压力、转速等）即为合格。 如在试车中发现问题，应会同施工单位有关人员及时检修，修好后重新试车，直到合格为止。 试车时间不准累计。

3. 联动试车

联动试车是用水、空气或者与生产物料相似的其他介质代替生产物料进行的一种模拟生产状态的试车。 目的是检验生产装置连续通过物料的性能（当不能用水试车时，可改用介质如煤油替代）。 联动试车时也可以给水进行加热或降温，观察仪表是否能准确地指示出通过的流量、温度和压力等数据，以及设备的运转是否正常等情况。

联动试车能暴露设计和安装中的一些问题，在解决这些问题以后，再进行联动试车，直至认为流程畅通为止。

4. 化工试车

当以上各项工作都完成后，则进入化工试车阶段。化工试车是按照已制定的试车方案，在统一指挥下，按化工生产工序的前后顺序进行。化工试车因生产类型的不同各异。

综上所述，一个化工生产装置的开车是一个非常复杂也很重要的生产环节。开车的步骤并非都一样，要根据具体地区、部门的技术力量和经验制定切实可行的开车方案。正常生产检修后的开车与化工试车相似。

二、停车及停车后的处理

在化工生产中停车的方法与停车前的状态有关，对于不同的状态，停车的方法及停车后的处理方法也就不同。一般有以下几种方式。

1. 正常停车

生产进行到一段时间后，设备需要检查或检修进行的有计划的停车，称为正常停车。这种停车，是逐步减少物料的加入，直至完全停止进料，待所有物料反应完毕后开始处理设备内剩余的物料，处理完毕后停止供汽、供水、降温、降压，最后停止转动设备的运转，使生产完全停止。

停车后，对某些需要进行检修的设备，要用盲板切断该设备上的物料管线，以免可燃气体、液体物料漏过而造成事故。检修设备动火或进入设备内检查，要把其中的物料彻底清洗干净，并经过安全分析合格后方可进行。

2. 局部紧急停车

生产过程中，在一些想象不到的特殊情况下的停车，称为局部紧急停车。如某设备损坏、某部分电气设备的电源发生故障、某一个或多个仪表失灵等，都会造成生产装置的局部紧急停车。

当这种情况发生时，应立即通知前步工序采取紧急处理措施。把物料暂时储存或向事故排放部分（如火炬、放空等）排放，并停止进料，转入停车待生产的状态（绝对不允许再向局部停车部分输送物料，以免造成重大事故）。同时，立即通知下步工序停止生产或处于待开车状态。此时，应积极抢修，排除故障。待停车原因消除后，应按化工开车的程序恢复生产。

3. 全面紧急停车

当生产过程中突然发生停电、停水、停汽或发生重大事故时，则要全面紧急停车。这种停车事前是不知道的，操作人员要尽力保护好设备，防止事故的发生和扩大。对有危险的设备，如高压设备，应进行手动操作，以排出物料；对有凝固危险的物料要进行人工搅拌（如聚合釜的搅拌器可以人工推动，并使本岗位的阀门处于正常停车状态）。

对于自动化程度较高的生产装置，在车间内备有紧急停车按钮，并和关键阀门连锁在一起。当发生紧急停车时，操作人员一定要以最快的速度去按这个按钮。为了防止全面紧急停车的发生，一般的化工厂均有备用电源，当第一电源断电时，第二电源应立即供电。

从上述可知，化工生产中的开、停车是一个很复杂的操作过程，且随生产的品种不同而有所差异，这部分内容必须载入生产车间的岗位操作规程中。

微反应器在气固相反应中的应用

气固相催化反应器最简单的形式是壁面固定有催化剂的微通道。而复杂的气固相催化微反应器一般都耦合了混合、换热、传感和分离等某一功能或多项功能。图 15-6 所示的微反应器耦合了反应、加热和冷却三种功能，由反应器、加热器和冷却器三部分组成。

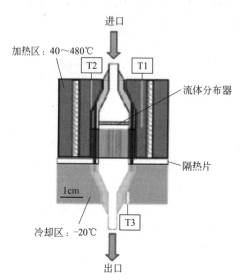

图 15-6　耦合反应、加热和冷却
三种功能的微反应器

一、微反应器的催化剂

几乎所有的气固相反应过程都不可避免地需要活性催化剂。工业上常将含有少量催化材料的小颗粒作为填充物应用于固定床反应器中；流化床反应器中应用的是在反应器内高度分散的活化催化剂粉末；对停留时间短的反应，通常使用网状材料（多数是贵金属）作为催化剂。由于多方面的原因，微反应器中无法采用这些传统形式的催化剂。如在微反应器中，由于粉末或小颗粒难以实现规则堆积，这将导致反应器内温度和浓度分布的均匀性变差，很容易形成局部高温；同样不规则的流量分布也会导致压降的增加。此外，在微设备内填充微尺度颗粒的工程实际问题也阻碍了传统催化剂装填方式在微系统中的应用。

1. 整体材料和包覆催化剂的薄膜

由于传统方法难以解决微系统的问题，人们发展了一些特殊（非唯一）的微反应器催化剂制备技术。例如，采用纳米多孔载体湿法浸渍来制备微结构的催化整体材料，以及采用物理气相沉淀法（PVD）和化学气相沉淀法（CVD）在微结构表面制备催化薄膜。

2. 阳极氧化、溶液-凝胶技术和固定化纳米颗粒

近年来，在微结构材料上沉积厚度可控的纳米结构陶瓷材料的方法备受关注，如采用阳极氧化法、浸渍或沉淀的方法在纳米陶瓷层上进行催化活性材料的沉积以得到活性催化层。经过修饰的陶瓷层虽然在几何结构上与小颗粒有较大差别，但在组成上非常接近。这种方法一方面利用了活性催化剂材料，另一方面还能提供足够大的孔隙率和微结构表面积。

另外可采用溶胶-凝胶法在某种铁基合金表面分别涂覆铝、硅和二氧化钛

等材料的多孔涂层。当提高热处理温度时，铝层的比表面积会先增加后减少，且它们的比表面积均高于未涂覆的不锈钢材料。实验发现，当温度为500℃时，得到材料的比表面积最大，可达到$152m^2/m^3$。且通过选择合适的前驱体可以进一步优化制备参数，如使用丁基铝作为前驱体，比表面积可以提高到$430m^2/m^3$。若使用硅和氧化钛作为涂层材料，则比表面积要低一些。以氮气等温吸附法分析这些涂层的孔结构，发现其中有5～6Å的微孔和平均尺寸为40Å的中孔。

与溶胶-凝胶沉积技术相对应，基于固定化纳米颗粒的涂层，其优点是所沉积的是已经负载了催化剂的活性材料，因此不需要再进行浸渍或沉积等后处理过程。已有研究者将这些涂层材料应用在微通道设备中，并利用这种微通道反应器进行甲醇-蒸汽重整反应。结果表明，这些催化剂涂层能在停留时间很短的条件下表现出很高的活性。

3. 浆态和气凝胶技术

除溶胶-凝胶和纳米尺度涂层以外，另一种用于微反应器的催化剂制备方法是浆态技术。该技术的明显优势是可以获得更厚的催化剂载体层。溶胶-凝胶涂层一般被限制在$1\mu m$左右，而浆态技术用于陶瓷材料时沉积厚度可超过几百微米。在$500\mu m$宽的通道内质量和热量传递性能仍然足以保证微反应器的优良性能。为了解决生产能力问题，可将微反应器的通道宽度与催化剂厚度之比控制在2.5～10左右，这是兼顾减少设备线性尺寸和增加催化体积的折中方案。

在微通道内进行表面涂层时，应注意微通道表面力对涂层的影响。由于表面力主要局限在通道边缘，因此采用湿化学沉积技术在微通道内均匀涂层是很困难的，而采用金属盐溶液的气凝胶技术则可以在气相微反应器内均匀地涂覆催化剂材料。到目前为止，人们已经采用气凝胶沉积技术成功地制备了含铂、银和铑等金属的催化剂，这些催化剂均具有很大的比表面积。另外，还可以采用PVD种子涂层和铂盐溶液电镀涂覆技术进行微反应器催化剂制备，但这种技术的研究报道还很不详细。

此外，还有一个重要问题是如何减少微通道内或催化剂表面不希望存在的覆盖层，特别是积碳层的出现（如煤烟层），这是微反应器工业化的关键问题之一。许多研究表明，通过采用一些有效的方法，可以有效抑制微反应器中积碳层的形成，例如，在非平衡条件下进行快速高温反应。但并不是所有反应都可以通过快速高温反应消除这种沉积。例如，在微反应器中进行液相反应时，一些具有聚合物性质的物质很容易发生沉积。

二、乙烯环氧化反应的微反应器应用实例

1. 乙烯环氧化反应特性

乙烯氧化过程按氧化程度可分为部分氧化和完全氧化两种。在通常的氧化条件下，乙烯的分子骨架很容易被破坏而生成二氧化碳和水，因此采用银为催化剂，可以保证乙烯部分氧化为主要反应，其反应式如下

$$C_2H_4 + \frac{1}{2}O_2 \longrightarrow C_2H_4O \qquad \Delta H = -105.39kJ/mol$$

其主要副反应包括乙烯的深度氧化和环氧乙烷的深度氧化，其反应式如下

$$C_2H_4 + 3O_2 \longrightarrow 2CO_2 + 2H_2O \qquad \Delta H = -1321.7\text{kJ/mol}$$

$$C_2H_4O + \frac{5}{2}O_2 \longrightarrow 2CO_2 + 2H_2O \qquad \Delta H = -1315.45\text{kJ/mol}$$

反应温度是乙烯环氧化反应最主要的影响因素之一，温度直接影响反应速率，随着温度升高，反应速率也升高。由乙烯直接氧化过程的热力学可知，其主副反应的化学平衡常数均很大。在250℃时，主反应平衡常数为1.66×10^6，而副反应（深度氧化）的平衡常数为10^{131}，说明主副反应都可视为不可逆反应，乙烯能够全部转化。但副反应的平衡常数比主反应大得多，只有在催化剂作用下，反应过程才能主要沿着热力学趋势比较小的主反应方向进行。因此在银催化剂的作用下，在温度较低时，主反应先活化，此时温度升高不仅转化率升高而且环氧乙烷的选择性也提高。但当温度升高到一定程度时，副反应也开始活化，此时随着温度升高，虽然转化率增加但选择性反而下降。当温度超过300℃时，几乎全部生成二氧化碳和水。

副反应属于强放热反应，其反应热比主反应热大十余倍，必须严格控制工艺条件，以防副反应增加。否则，副反应加剧，必然释放出大量的反应热，导致反应温度升高，副反应进一步加剧，放出更多的反应热，如此恶性循环，催化剂床层就易发生飞温现象。

2. 乙烯氧化制备环氧乙烷的微反应器工艺流程

如图15-7所示，空气1和乙烯2分别经过稳流阀4调节，以一定的流量进入混合器5混合。混合后的原料气分为两路，一路通过六通阀10进入气相分析色谱11，测定原料气中的乙烯含量；另一路通过质量流量计6，进入加热箱9，经过一段预热盘管后，在微反应器8中进行反应，反应尾气一部分通过六通阀10进入气相色谱仪分析其组成，剩余部分作放空处理。反应在微反应器中进行，反应温度分别由两支热电偶测定，一支热电偶插入加热箱中，测定加热箱内热空气的温度；另一支热电偶插入微反应出口通道中，测定反应器出口温度。反应尾气进入气相色谱仪进行分析。

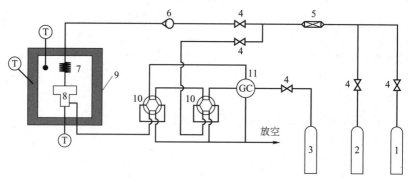

图15-7　乙烯氧化制备环氧乙烷的微反应器工艺流程

1—空气钢瓶；2—乙烯钢瓶；3—氢气钢瓶；4—稳流阀；5—混合器；

6—质量流量计；7—预热器；8—微反应器；9—加热炉；

10—六通阀；11—气相色谱仪；T—热电偶

3. 乙烯环氧化反应的毛细管式微反应器工艺特征

在毛细管式微反应器中温度是影响乙烯环氧化反应的主要因素之一，温度既影响着乙烯环氧化反应的主副反应本征速率，同时也影响着毛细管式微反应器中银催化剂对主反应的催化活性。在低温阶段温度增加，毛细管式微反应器中环氧乙烷选择性缓慢增加，乙烯转化率也增加；温度增加到230℃左右，环氧乙烷的选择性也达到最大值；温度进一步增加，环氧乙烷的选择性和乙烯的转化率都下降；在250℃左右环氧乙烷的选择性继续降低，而乙烯转化率停止下降，转而增加。从环氧乙烷选择性考虑在230℃左右是毛细管微反应器中进行环氧化反应的最佳区间。

在毛细管微反应器中进行乙烯环氧化实验，原料混合气中乙烯含量不受其爆炸极限所限制，安全性好；在温度和空速恒定的情况下，增加原料混合气中乙烯的含量，可以增加环氧乙烷的生成速率和选择性，而且在一定范围内乙烯的转化率没有明显的变化。

在毛细管式微反应器中空速增加，环氧乙烷的选择性略有增加，而转化率下降；当空速大于 $2437h^{-1}$ 时，空速再增加，在相当大范围内，环氧乙烷的选择性变化不大；而当空速小于 $2437h^{-1}$ 时，空速减小环氧乙烷的选择性迅速降低。

项目二 思考与复习

思考题与复习题

2-1. 气固相催化反应器有哪几类？如何进行选择？

2-2. 工业上用合成气制甲醇，选择什么反应器合适？请说明理由。

2-3. 固定床反应器分为哪几种类型？其结构有何特点？

2-4. 试述绝热式和换热式气固相催化固定床反应器的特点，并举出应用实例。

2-5. 试述对外换热式与自热式固定床反应器的特点，并举出应用实例。

2-6. 何谓流化床反应器？其特点是什么？有些什么优点和缺点？

2-7. 流化床的基本结构及其作用是什么？

2-8. 双器流化床反应器主要用于哪些气固相催化反应？并举出应用实例。

2-9. 催化剂的定义及其基本特征、必备条件是什么？

2-10. 固体催化剂的组成及各自功能是什么？

2-11. 工业固体催化剂的制备方法有哪些？

2-12. 催化剂失活的原因有哪些？什么情况下可进行催化剂的再生？工业上常用的再生方法有哪些？

2-13. 评价催化剂性能的指标包括哪些？

2-14. 简述气固相催化反应的宏观过程。

2-15. 如何计算 d_V、d_a、d_s、ϕ_s、ε、Δp 等固定床催化反应器的物理参数？

2-16. 固定床催化反应器的床层空隙率 ε 的定义、影响因素是什么？为什么 ε 是固定床反应器的重要特性参数？

2-17. 流体在固定床反应器中的流动特性是什么？

2-18. 何谓催化剂有效系数 η？如何用其判断反应过程的控制步骤？

2-19. 固定床对壁给热系数 α_t 的传热推动力是什么？α_t 与哪些因素有关？α_t 与空管中流体对管壁的给热系数有何区别？

2-20. 解释下列参数：空速 S_V、催化剂空时收率 S_w、催化剂负荷 S_G，并说明三者的区别。

2-21. 固定床反应器的计算方法有哪些？各有什么特点？

2-22. 如何运用经验法计算出固定床的催化剂用量、床高、床径？

2-23. 何谓固定床的拟均相模型、非均相模型，简述其特点。

2-24. 当气体通过固定颗粒床时，随着气速的增大，床层将发生何种变化？形成流化床时气速必须达到何值？两种流态化的概念是什么？如何判断？

2-25. 散式流化床与聚式流化床的区别在于什么？

2-26. 从固定床到流化床经历的三个阶段，试用 Δp-u 的关系在图上加以描述。指出临界流化速度和带出速度的物理意义。

2-27. 常见的不正常流化床有哪几种？对流化床的操作有何影响？

2-28. 流化床中质量传递和热量传递有何特点？

2-29. 催化剂在使用时应注意哪些问题？

2-30. 固定床反应器常见故障有哪些？产生的原因是什么？如何排除？

2-31. 流化床反应器常见故障有哪些？产生的原因是什么？如何排除？

计算与设计题

2-1. 推导公式：$d_s = \phi_s d_V = \phi_s^{3/2} d_a$

2-2. 某固定床反应器所采用催化剂颗粒的堆积密度与颗粒表观密度分别为 828kg/m³ 和 1300kg/m³，该床层的空隙率是多少？ [0.363]

2-3. 按下表数据，求催化剂颗粒的调和平均直径

筛目	28～35	35～48	48～65	65～100	100～150	150～200	＞200
孔径 d/mm	0.59～0.42	0.42～0.30	0.30～0.21	0.21～0.15	0.15～0.10	0.10～0.074	0.074
x_i/%（质量）	30.73	20.00	17.07	8.29	10.26	6.34	7.32

[0.204mm]

2-4. 在一总长为 4m 的固定床反应器中，反应气以 25000kg/(m²·h) 的质量流速通过，如果床层中催化剂颗粒的直径为 3mm，床层的堆积密度为 754kg/m³，催化剂的表观密度为 1300kg/m³，流体的黏度为 $\mu_f = 1.8 \times 10^{-5}$ Pa·s，密度 $\rho_f = 2.46$ kg/m³，求：床层的压力降。 [358kPa]

2-5. 在填充直径为 9mm、高为 7mm 的圆柱形铁路催化剂的固定床反应器中进行水煤气变换反应。反应器中的压力为 0.6865MPa，反应气体的平均相对分子量为 18.96，质量速度（按空床计算）为 $0.936kg/(s \cdot m^2)$。设床层平均温度为 689K，反应气体的黏度为 $2.5 \times 10^{-5} Pa \cdot s$。已知催化剂的颗粒密度和床层堆积密度分别为 $200kg/m^3$ 及 $1400kg/m^3$，$L = 1m$，试计算单位床层高度的压力降。

2-6. 在一单管固定床反应器内进行氯乙烯合成的动力学实验。反应管直径为 $\phi25 \times 2.5mm$，催化剂填装高度为 25m，床层空隙率为 0.45，进口原料气的组成（摩尔分数）为：C_2H_4 46%，HCl 54%，反应器入口温度为 413K，压力为常压，空管气速为 0.12m/s，试求：（1）原料气体积流量；（2）原料气摩尔流量；（3）原料气质量流速；（4）空间速度和接触时间。

$$[(1) \ 3.77 \times 10^{-5} m^3/s；（2） 1.1 \times 10^{-5} kmol/s；（3） 0.111kg/(m^2 \cdot s)；$$
$$（4） 0.317s^{-1}，0.938s]$$

2-7. 某固定床反应器内进行一氧化反应，其床层直径为 101.66mm，催化剂颗粒直径为 3.6mm，气体导热系数 λ_f 为 $5.225 \times 10^{-5} kJ/(m \cdot s \cdot K)$，密度 ρ_f 为 $0.53kg/m^3$，黏度 μ_f 为 $3.4 \times 10^{-5} Pa \cdot s$，气体表观质量流速 G 为 $2.65kg/(m^2 \cdot s)$。试计算床层对壁给热系数 α_t。 $\quad [7.909 \times 10^{-2} kJ/(m^2 \cdot s \cdot K)]$

2-8. 有年产量为 5000 吨的乙苯脱氢制苯乙烯装置，是一列管式固定床反应器，化学反应方程式为：$C_6H_5—C_2H_5 \longrightarrow C_6H_5—C_2H_3 + H_2$，$C_6H_5—C_2H_5 \longrightarrow C_6H_5—CH_3 + CH_4$，年生产时间为 8300h，原料气体是乙苯和水蒸气的混合物，其质量比为 1:1.5，乙苯总转化率为 40%，苯乙烯选择性为 96%，空速为 $4830h^{-1}$，催化剂堆积密度为 $1520kg/m^3$，生产中苯乙烯的损失率为 1.5%，试求床层催化剂的质量。 $\quad [1061kg]$

2-9. 某合成反应的催化剂，其粒度分布如下。

$d_p \times 10^6/m$	40.0	31.5	25.0	16.0	10.0	5.0
质量分数/%	4.60	27.05	27.95	30.07	6.19	3.84

已知 $\varepsilon_{mf} = 0.55$，$\rho_p = 1300kg/m^3$，在 120℃、101.3kPa 下，气体的密度 $\rho = 1.453kg/m^3$，$\mu = 1.368 \times 10^{-2} mPa \cdot s$，求初始流化速度。

2-10. 计算粒径为 80×10^{-6} 的球形颗粒在 20℃空气中的颗粒带出速度。已知颗粒密度 $\rho_p = 2650kg/m^3$，20℃空气的密度 $\rho = 1.205kg/m^3$，黏度为 $\mu = 1.85 \times 10^{-2} mPa \cdot s$。

2-11. 在流化床反应器中，催化剂的平均粒径为 $51 \times 10^{-6} m$，颗粒密度 $\rho_p = 2500kg/m^3$，静床空隙率为 0.5，初始流化时床层空隙率为 0.6，反应气体的密度为 $1kg/m^3$，黏度为 $\mu = 4 \times 10^{-2} mPa \cdot s$，试求：（1）初始流化速度；（2）颗粒带出速度；（3）操作气速。

项目三
气液相反应器选择、设计、操作与控制

学习目标

专业能力目标

通过本项目的学习和工作任务的训练，能根据反应特点和生产条件，正确选择气液相反应器的类型；能根据生产要求对鼓泡塔反应器、填料塔反应器进行工艺设计；能对鼓泡塔反应器、填料塔反应器进行操作与控制，并能判断、分析和处理鼓泡塔反应器和填料塔反应器故障。

知识目标

（1）了解气液相反应器在化学工业中的地位与作用；及其发展趋势；

（2）掌握气液相反应器分类方法，鼓泡塔反应器、填料塔反应器的基本结构与特点，及类型选择方法；

（3）理解气液相反应动力学基本概念；

（4）掌握鼓泡塔反应器、填料塔反应器工艺设计方法；

（5）理解鼓泡塔反应器、填料塔反应器操作和工艺参数的控制方案；

（6）掌握鼓泡塔反应器、填料塔反应器操作和控制规律。

工作任务

根据化工产品的反应特点和生产条件选择气液相反应器的类型、工艺设计、鼓泡塔反应器和填料塔反应器的操作与控制。

任务 ⑯ 气液相反应器选择

在线资源扫码使用

工作任务

根据化工产品的反应特点和生产条件初步选择气液相反应器的类型。

技术理论

化学工业中最为常用的气液相反应器是鼓泡塔反应器和填料塔反应器，此外还有板式塔反应器、喷雾塔反应器和降膜反应器等。现介绍鼓泡塔反应器和填料塔反应器。

16.1 气液相反应器种类和工业应用

16.1.1 气液相反应的特点与应用

16.1.1.1 气液相反应的特点

气液相反应是指气体在液体中进行的化学反应。气体反应物可能是一种或多种；液体可能是反应物，或者只是催化剂的载体。

气液相反应与化学吸收，既有相同点，又有不同之处。其共同点在于，它们都研究传质与化学反应之间的关系。不同之处在于，它们的研究各有侧重。化学吸收侧重于研究如何用化学反应去强化传质，以求经济、合理地从气体中吸收某些有用组分，即着眼于传质，故化学吸收也称带有化学反应的传质。气液相反应侧重于研究传质过程如何影响化学反应的转化率、选择性及宏观速率，以求经济、合理地利用气体原料生产化学产品，即着眼于化学反应，故称其为气液相反应。

16.1.1.2 气液相反应的工业应用

在化学工业中，气液相反应广泛地应用于加氢、磺化、卤化、氧化等化学加工过程，有关实例见表 16-1。除此以外，气体产品的净化过程和废气及污水的处理过程以及好气性微生物发酵过程均应用气液相反应过程。

表 16-1　工业应用气液相反应实例

工业反应	工业应用举例
有机物氧化	链状烷烃氧化成酸；对二甲苯氧化生产对苯二甲酸；环己烷氧化生产环己酮；乙醛氧化生产醋酸；乙烯氧化生产乙醛
有机物氯化	苯氯化为氯化苯；十二烷烃的氯化；甲苯氯化为氯化甲苯；乙烯氯化
有机物加氢	烯烃加氢；脂肪酸酯加氢
其他有机反应	甲醇羟基化为醋酸；异丁烯被硫酸吸收；醇被三氧化硫硫酸盐化；烯烃在有机溶剂中聚合
酸性气体吸收	SO_3 被硫酸吸收；NO_2 被稀硝酸吸收；CO_2 和 H_2S 被碱性溶液吸收

16.1.2 气液相反应器的基本类型与特点

16.1.2.1 气液相反应器的基本类型

气液相反应器类型很多并各具特色。由于反应特性不同，难以找到一个对所有气液相反应过程均为首选的反应器。

气液相反应器按气液相接触形态可分为：①气体以气泡形态分散在液相中的鼓泡塔反应器、搅拌鼓泡釜式反应器和板式反应器；②液体以液滴状分散在气相中的喷雾、喷射和文氏反应器等；③液体以膜状运动与气相进行接触的填料塔反应器和降膜反应器等。几种主要气液相反应器简图如图 16-1 所示。

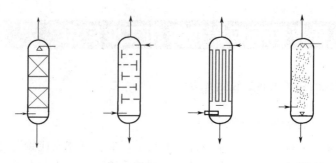

(a) 填料塔反应器　　(b) 板式塔反应器　　(c) 降膜反应器　　(d) 喷雾塔反应器

动画
气液相反应器的
主要类型

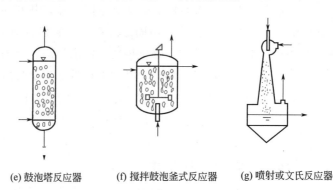

(e) 鼓泡塔反应器　　　(f) 搅拌鼓泡釜式反应器　　　(g) 喷射或文氏反应器

图 16-1　气液相反应器的主要类型

16.1.2.2　气液相反应器的特点

（1）鼓泡塔反应器

鼓泡塔反应器广泛应用于液体相也参与反应的中速、慢速反应和放热量大的反应。例如，各种有机化合物的氧化反应、各种石蜡和芳烃的氯化反应、各种生物化学反应、污水处理曝气氧化和氨水碳化生成固体碳酸氢铵等反应，都采用这种鼓泡反应器。鼓泡塔反应器在实际应用中具有以下优点。

① 气体以小的气泡形式均匀分布，连续不断地通过气液反应层，保证了充足的气液接触面，使气液充分混合反应良好。

② 结构简单，容易清理，操作稳定，投资和维修费用低。

③ 鼓泡反应器具有极高的储液量和相际接触面积，传质和传热效率较高，适用于缓慢化学反应和高度放热的情况。

④ 在塔的内、外都可以安装换热装置。

⑤ 与填料塔相比较，鼓泡塔能处理悬浮液体。

鼓泡塔在使用时也有一些难以克服的缺点，主要表现在以下方面。

① 为了保证气体沿截面的均匀分布，鼓泡塔的直径不宜过大，一般在 2～3m 以内。

② 鼓泡反应器液相轴向返混很严重，在不太大的高径比情况下可认为液相处于理想混合状态，因此较难在单一连续反应器中达到较高的液相转化率。

③ 鼓泡反应器在鼓泡时所耗压降较大。

（2）填料塔反应器

填料塔反应器广泛应用于气体吸收的设备，也可用作气液相反应器。由于液体沿填料表面下流，在填料表面形成液膜而与气相接触进行反应，故液相主体量较少，适用于瞬间反应、快速和中速反应过程。例如，催化热碱吸收 CO_2、水吸收 NO_x 形成硝酸、水吸收 HCl 生成盐酸、水吸收 SO_3 生成硫酸等通常都使用填料塔反应器。填料塔反应器具有结构简单、压力降小、易于适应各种腐蚀介质和不易造成溶液起泡的优点。填料反应器也有不少缺点：首先，它无法从塔体中直接移走热量，当反应热较高时必须借助增加液体喷淋量以显热形式带出热量；其次，由于存在最低润湿率的问题，在很多情况下需采用自身循环才能保证填料的基本润湿，但这种自身循环破坏了逆流的原则。尽管如此，填料反应器还是气-液反应和化学吸收的常用设备。特别是在常压和低压下，压降成为主要矛盾和反应溶剂易于起泡时，采用填料反应器尤为适合。

（3）板式塔反应器

在板式塔反应器中液体是连续相，而气体是分散相，借助于气相通过塔板分散成小气泡而与板上的液体相接触进行化学反应。板式塔反应器适用于快速及中速反应。采用多板可以将轴向返混降至最低程度，并且它可以在很小的液体流速下进行操作，从而能在单塔中直接获得极高的液相转化率。同时，板式塔反应器的气液传质系数较大，可以在板上安置冷却或加热元件，以适应维持所需温度的要求。但是板式塔反应器具有气相流动压降较大和传质表面较小等缺点。

（4）喷雾塔反应器

喷雾塔反应器结构较为简单，液体以细小液滴的方式分散于气体中，气体为连续相，液体为分散相，具有相接触面积大和气相压降小等优点。适用于瞬间、界面和快速反应，也适用于生成固体的反应。喷雾塔反应器具有持液量小和液侧传质系数过小，气相和液相返混较为严重的缺点。

（5）降膜反应器

降膜反应器为膜式反应设备。通常借助管内的流动液膜进行气液反应，管外使用载热流体导入或导出反应热。降膜反应器可用于瞬间、界面和快速反应，它特别适用于较大热效应的气液反应过程。除此之外，降膜反应器还具有压降小和无轴向返混的优点。然而，由于降膜反应器中液体停留时间很短，不适用于慢反应，也不适用于处理含固体物质或能析出固体物质及黏性很大的液体。同时，降膜管的安装垂直度要求较高，液体成膜和均匀分布是降膜反应器的关键，工程使用时必须注意。

（6）搅拌鼓泡釜式反应器

搅拌鼓泡釜式反应器是在鼓泡塔反应器的基础上加上机械搅拌以增大传质效率发展起来的。在机械搅拌的作用下反应器内气体能较好地分散成细小的气泡，增大气液接触面积，但由于机械搅拌使反应器内液体流动接近全混流，同时能耗较高。釜式反应器适用于慢反应，尤其对高黏性的非牛顿型液体更为适用。

（7）高速湍动反应器

喷射反应器、文氏反应器等属于高速湍动接触设备，它们适用于瞬间反应。此时，由于湍动的影响，加速了气膜传递过程的速率，因而获得很高的反应速率。

表 16-2 列举了几种常用的气液相反应器的特性参数。

表 16-2 常用气液相反应器的特性参数

类型	反应器	$\dfrac{相界面积}{液相体积}$/（m^2/m^3）	$\dfrac{相界面积}{反应器体积}$/（m^2/m^3）	液含率
低持液量	填料塔	1200	100	0.08
	板式塔	1000	150	0.15
	喷淋塔	1200	60	0.05
高存液量	鼓泡塔	20	20	0.98
	搅拌釜	200	200	0.90

由于板式塔、膜式塔、喷淋塔在吸收过程与设备中已做了介绍，搅拌鼓泡釜式反应器的结构与釜式反应器基本相同，这里就气液相反应中应用较多的鼓泡塔反应器和填料塔反应器做详细介绍。

16.2　鼓泡塔反应器结构

16.2.1　鼓泡塔反应器分类及应用

化学工业所遇到的鼓泡反应器，按其结构可分为空心式、多段式、气提式和液体喷射式。图 16-2 所示为简单鼓泡塔反应器类型。图 16-3 所示为空心式

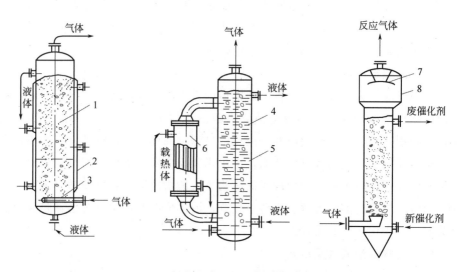

图 16-2　简单鼓泡塔反应器

1—塔体；2—夹套；3—气体分布器；4—塔体；5—挡板；6—塔外换热器；

7—液体捕集器；8—扩大段

鼓泡塔，这类反应器在化学工业上得到了广泛的应用，最适用于缓慢化学反应系统或伴有大量热效应的反应系统。若热效应较大时，可在塔内或塔外装备热交换单元，图 16-4 所示为具有塔内热交换单元的鼓泡塔。

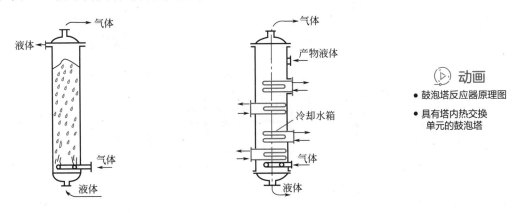

图 16-3　空心式鼓泡塔　　　　图 16-4　具有塔内热交换单元的鼓泡塔

● 鼓泡塔反应器原理图
● 具有塔内热交换单元的鼓泡塔

　　为克服鼓泡塔中的液相返混现象，当高径比较大时，亦常采用多段式鼓泡反应器，以提高反应效果，见图 16-5。对于高黏性物系，例如生化工程的发酵、环境工程中活性污泥的处理、有机化工中催化加氢（含固体催化剂）等情况，常采用气体提升式鼓泡反应器（如图 16-6 所示）或液体喷射式鼓泡反应器（如图 16-7 所示），此种类型利用气体提升和液体喷射形成有规则的循环流动，可以强化反应器传质效果，并有利于固体催化剂的悬浮。此类又统称为环流式鼓泡反应器，它具有径向气液流动速度均匀，轴向弥散系数较低，传热、传质系数较大，液体循环速度可调节等优点。

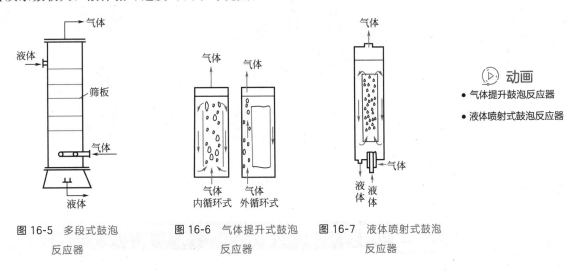

图 16-5　多段式鼓泡　　图 16-6　气体提升式鼓泡　　图 16-7　液体喷射式鼓泡
　　　　反应器　　　　　　　　　反应器　　　　　　　　　反应器

● 气体提升鼓泡反应器
● 液体喷射式鼓泡反应器

16.2.2　鼓泡塔反应器结构

　　鼓泡塔反应器的基本组成部分主要有下述三部分。

　　① 塔底部的气体分布器　分布器的结构要求使气体均匀地分布在液层中；

分布器鼓气管端的直径大小，要使鼓出来的气体泡小，使液相层中含气率增加，液层内搅动激烈，有利于气液相传质过程。常见气体分布器结构如图 16-8 所示。

▶ 动画
气体分布器使用
前后对比

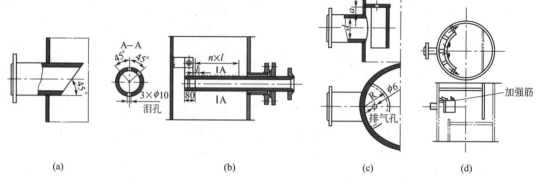

(a)   (b)   (c)   (d)

图 16-8　常见气体分布器结构

② 塔筒体部分　主要是气液鼓泡层，是反应物进行化学反应和物质传递的气液层。如果需要加热或冷却时，可在筒体外部加上夹套，或在气液层中加上蛇管均可。

③ 塔顶部的气液分离器　塔顶的扩大部分，内装液滴捕集装置，以分离从塔顶出来气体中夹带的液滴，达到净化气体和回收反应液的作用。常见的气液分离器如图 16-9 所示。

▶ 动画
气液分离器使用
前后对比

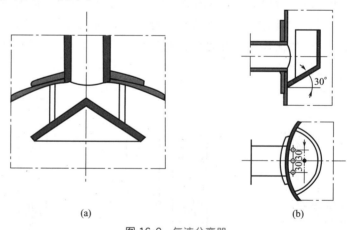

(a)   (b)

图 16-9　气液分离器

16.3　填料塔反应器结构

微课
填料塔反应器和
降膜反应器

16.3.1　填料塔反应器的结构

填料塔是以塔内装有大量的填料为相间接触构件的气液传质设备。填料塔的结构较简单，如图 16-10 所示。填料塔的塔身是一直立式圆筒，底部装有填料支承板，填料以乱堆或整砌的方式放置在支承板上。在填料的上方安装填料压板，以限制填料随上升气流的运动。

（1）塔体

塔体是塔设备的主要部件，大多数塔体是等直径、等壁厚的圆筒体，顶盖以椭圆形封头为多。但随着装置的大型化，不等直径、不等壁厚的塔体逐渐增多。塔体除满足工艺条件对它提出的强度和刚度要求外，还应考虑风力、地震、偏心载荷所带来的影响，以及吊装、运输、检验、开停工等情况。

塔体材质常采用的有非金属材料（如塑料，陶瓷等）、碳钢（复层、衬里）、不锈耐酸钢等。

（2）塔体支座

塔设备常采用裙式支座，如图 16-11 所示。它应当具有足够的强度和刚度，来承受塔体操作重量、风力、地震等引起的载荷。

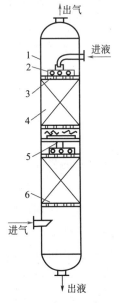

图 16-10　填料塔结构示意

1—塔体；2—液体分布器；3—填料
压紧装置；4—填料层；5—液体收集
与再分布装置；6—支承栅板

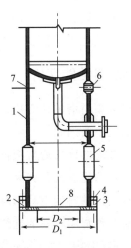

图 16-11　裙式支座

1—裙座圈；2—支承板；3—角牵板；
4—压板；5—人孔；6—有保温时排气管；
7—无保温时排气管；8—排液孔

● 动画
● 填料塔结构
● 真实填料塔视频

塔体支座的材质常采用碳素钢，也有采用铸铁的。

（3）人孔

人孔是安装或检修人员进出塔器的唯一通道。人孔的设置应便于人员进入任何一层塔板。对直径大于 800mm 的填料塔，人孔可设在每段填料层的上、下方，同时兼作填料装卸孔。设在框架内或室内的塔，人孔的设置可按具体情况考虑。

人孔在设置时，一般在气液进出口等需经常维修清理的部位设置人孔。另外在塔顶和塔釜也各设置一个人孔。

塔径小于800mm时，在塔顶设置法兰（塔径小于450mm的塔，采用分段法兰连接），不在塔体上开设人孔。

在设置操作平台的地方，人孔中心高度一般比操作平台高0.7～1m，最大不宜超过1.2m，最小为600mm。人孔开在立面时，在塔釜内部应设置手柄（但人孔和底封头切线之间距离小于1m或手柄有碍内件时，可不设置）。

装有填料的塔，应设填料挡板，借以保护人孔，并能在不卸出填料的情况下更换人孔垫片。

（4）手孔

手孔是指手和手提灯能伸入的设备孔口，用于不便进入或不必进入设备即能清理、检查或修理的场合。

手孔又常用作小直径填料塔装卸填料之用，在每段填料层的上、下方各设置一个手孔。卸填料的手孔有时附带挡板，以免反应生成物积聚在手孔内。

（5）塔内件

填料塔的内件有填料、填料支承装置、填料压紧装置、液体分布装置、液体收集再分布装置等。合理地选择和设计塔内件，对保证填料塔的正常操作及优良的传质性能十分重要。

16.3.2　填料性能评价

填料是填料塔的核心构件，它提供了气液两相接触传质的界面，是决定填料塔性能的主要因素。

填料性能的优劣通常根据效率、通量及压降三要素衡量。在相同的操作条件下，填料的比表面积越大，气液分布越均匀，表面的润湿性能越优良，则传质效率越高；填料的空隙率越大，结构越开敞，则通量越大，压降亦越低。国内学者对九种常用填料的性能进行了评价，用模糊数学方法得出了各种填料的评估值，得出如表16-3所示的结论。从表16-3可以看出，丝网波纹填料综合性能最好，拉西环最差。

表16-3　几种填料综合性能评价

填料名称	评估值	评价	排序	填料名称	评估值	评价	排序
丝网波纹填料	0.86	很好	1	金属鲍尔环	0.51	一般好	6
孔板波纹填料	0.61	相当好	2	瓷Intalox	0.41	较好	7
金属Intalox	0.59	相当好	3	瓷鞍形环	0.38	略好	8
金属鞍形环	0.57	相当好	4	瓷拉西环	0.36	略好	9
金属阶梯环	0.53	一般好	5				

16.4 气液相反应器选择

微课
气液相反应器选择

如上所述，可用于气液相反应过程的反应器类型较多，选择时一般应考虑以下因素。

(1) 具备较高的生产能力

反应器型式应适合反应系统特性的要求，使之达到较高的宏观反应速率。在一般情况下，当气液相反应过程的目的是用于生产化工产品时，应考虑选用填料塔；如果反应速率极快，可以选用填料塔和喷雾塔；如果反应速率极快，同时热效应又很大，可以考虑选用膜式塔；如果反应速率极快而处于气膜控制时，以选用喷射和文氏反应器等高速湍动的反应器为宜；如果反应速率为快速或中速时，宜选用板式塔；对于要求在反应器内能处理大量液体而不要求较大相界面积的动力学控制过程，以选用鼓泡塔和搅拌釜式反应器为宜；对于要求有悬浮均匀的固体粒子催化剂存在的气液相反应过程，一般选用搅拌釜式反应器。

(2) 有利于反应选择性的提高

反应器的选择应有利于抑制副反应的发生。如平行反应中副反应较主反应为慢，则可采用持液量较少的设备，以抑制液相主体进行缓慢的副反应的发生；如副反应为连串反应，则应采用液相返混较少的设备（如填料塔）进行反应，或采用半间歇（液体间歇加入和取出）反应器。

(3) 有利于降低能量消耗

反应器的选择应考虑能量综合利用并尽可能降低能耗。若气液反应在高于室温时进行，则应考虑反应热量的回收；如气液反应在加压时进行，则应考虑压力能量的综合利用。除此之外，为了造成气液两相分散接触，需要消耗一定的动力。研究表明：就造成比表面积而言，喷射反应器能耗最少，其次是搅拌釜式反应器和填料塔反应器，而文氏管和鼓泡反应器的能耗更大些。

(4) 有利于反应温度的控制

气液相反应绝大部分是放热的，因而如何移热防止温度过高是经常碰到的实际问题。当气液相反应热效应很大而又需要综合利用时，降膜反应器是比较合适的。除此之外，板式塔和鼓泡反应器可借助于安置冷却盘管来移热。但在填料塔中移热比较困难，通常只能提高液体喷淋量，以液体显热的形式移除。

(5) 能在较少液体流率下操作

为了得到较高的液相转化率，液体流率一般较低，此时可选用鼓泡塔、搅拌釜和板式塔反应器，但不宜选用填料塔、降膜塔和喷射型反应器。例如，当喷淋密度低于 $3m^3/(m^2 \cdot h)$ 时，填料就不会全部润湿，降膜反应器也有类似的情况，喷射型反应器在液气比较低时将不能造成足够的接触比表面。

其他反应器简介

一、气液固三相反应器

在非均相反应中，同时存在气相、液相、固相三种不同相态的反应过程，称为气液固三相反应。如许多矿石的湿法加工过程中固相为矿石的三相反应，石油加工和煤化工中许多存在固相催化剂的三相催化反应等。

1. 气液固三相反应器的类型

根据气、液、固三相的物料在反应物系中所起的作用，可以将反应器分为下列几种类型：①反应器中同时存在三相物质，各相不是反应物就是反应产物，例如氨水与二氧化碳反应生成碳酸氢铵结晶就属于气体和液体反应生成固体反应产物；②固相为催化剂的气液催化反应，例如煤的加氢催化液化、石油馏分加氢脱硫等；③气、液、固三相中有一相为惰性物料，虽然有一相并不参与化学反应，但从工程的角度看仍属于三相反应的范畴，例如采用惰性气体搅拌的液固反应、采用固体填料的气液反应等。

根据床层在反应器中的状况，一般将工业上常用的气液固三相反应器分成两种类型，即固体处于固定床以及固体处于悬浮床，下面分别进行介绍。

（1）固定床气液固三相反应器

所谓固定床三相反应器是指固体静止不动，气液流动的气液固三相反应器。根据气体和液体的流向不同，可以分为三种操作方式：气液并流向下流动、气液并流向上流动以及气液逆流（通常液体向下流动，气体向上流动）。不同的流动方式下，反应器中的流体力学、传质和传热条件都有很大的区别。

三相反应器中液体向下流动，在固体催化剂表面形成一层很薄的液膜，和与其并流或逆流的气体进行接触，这种反应器称为滴流床或涓流床反应器。正常操作中大多采用气流和液流并流向下流动的方式。滴流床反应器使用广泛，具有许多优点：整个操作处于置换流状态，催化剂被充分润湿，可以获得较高的转化率；反应器操作液固比很小，能够使均相反应的影响降至最小；因为滴流床中的液层很薄，液层的传热和传质阻力都很小，而且并流操作不会造成液泛；另外滴流床反应器的压降也比鼓泡反应器小。但滴流床反应器在直径较大时容易出现低液速操作时液流径向分布不均，造成催化剂润湿不完全，径向温度不均匀，局部过热，使催化剂迅速失活和液层过量气化问题。再就是要求催化剂颗粒不能太小，而大颗粒催化剂又存在明显的内扩散影响。

（2）悬浮床气液固三相反应器

气液固三相反应器中，当固体在反应器内以悬浮状态存在时，都称为悬浮床三相反应器。它一般使用细颗粒固体，根据使固体颗粒悬浮的方式将其分为：①机械搅拌悬浮式；②不带搅拌的悬浮床三相反应器，用气体鼓泡搅拌，也称为鼓泡淤浆反应器；③不带搅拌的气液两相并流向上而颗粒不被带出床外的三相流化床反应器；④不带搅拌的气液两相并流向上而颗粒随液体带出床外的三相输送床反应器，或称为三相携带床反应器；⑤具有导流筒的内环流反应器。其中机械搅拌悬浮三相反应器适用于开发研究阶段及小规模生产，而鼓泡淤浆三相反应器更适合大规模生产，具有导流筒的内环流反应器常用于生物反应工程。

由于悬浮床气液固三相反应器中液体量大，所以热容大，传热系数也大。这对回收反应余热，控制床层温度无疑是非常有利的；对防止超温，维持恒温反应提供了保证。但同时也增加了气体中的反应组分通过液相的扩散阻力，要求催化剂的耐磨性较高等问题。另外，三相流化床和三相携带床在使用中必须解决相应的液-固分离问题和淤浆输送问题。

2. 滴流床三相反应器

滴流床反应器与前面讨论的用于气固相催化反应的固定床反应器相类似。区别是后者只有单相流体在床内流动，而前者的床层内则为两相流体（气体和液体）。显然，两相流的流动状况要比单相流复杂。原则上讲在滴流床中气液两相既可以并流也可以逆流，但在实际中以并流操作为多数。并流操作可以分为向上并流和向下并流两种形式。流向的选择取决于物料处理量、热量回收以及传质和化学反应的推动力。逆流时流速会受到液泛现象的限制，而并流则无此限制，可以允许采用较大的流速。因此，滴流床反应器是一种气液固三相固定床反应器，由于液体流量小，在床层中形成滴流状或涓涓细流，故称为滴流床或涓流床反应器。

滴流床反应器一般都是绝热操作。如果是放热反应，轴向有温升。为防止温度过高，一般总是使气体或部分冷却后的产物循环。

对于常用的气液并流向下的滴流床反应器，由于滴流床内气液两相并流向下的流动状态很复杂，它取决于气液流速、催化剂的颗粒大小与性质、流体的性质等，而且直接影响滴流床的持液量和返混等反应器性能，所以确定床层的流动状态是研究滴流床反应器性能的基础。一般按气液不同的表观质量流速 $[kg/(m^2 \cdot h)]$ 或表观体积流速 $[m^3/(m^2 \cdot h)]$，可以把气液并流向下滴流床内的流动状态大致分为四个区，即滴流区、过渡流动区、脉冲流动区、分散鼓泡区。形成不同区域的最大气速与液体流速有关。液体流速越大，越易形成脉冲区与鼓泡区。

3. 鼓泡（淤浆床）反应器

上述的滴流床反应器是固体处于固定床的三相反应器，而固体处于悬浮床的三相反应器，根据使固体悬浮的作用力不同，又可分为四个类型，即机械搅拌釜、环流反应器、鼓泡塔和三相流化床反应器。机械搅拌釜及鼓泡塔在结构上与气液反应器所使用的没有原则上的区别，只是在液相中多了悬浮着的固体催化剂颗粒而已。环流反应器的特点是器内装设有一导流筒，使流体以高速在器内循环，一般速度在20m/s以上，大大强化了质量传递。三相流化床反应器中，液体从下部的分布板进入，使催化剂颗粒处于流化状态。与气固流化床一样，随着液速的增加，床层膨胀，床层上部存在一清液区，清液区与床层间具有清晰的界面。气体的加入较之单独使用液体时的床层高度要低。液速小时，增大气速也不可能使催化剂颗粒流化。三相流化床中气体的加入使固体颗粒的运动加剧，床层的上界面变得不那么清晰和确定。鼓泡塔是以气体进行鼓泡搅拌，也称为鼓泡淤浆床反应器。它是从气液鼓泡反应器变化而来，将细颗粒物料加入气液鼓泡反应器中去，固体颗粒依靠气体托起而呈悬浮状态，液相是连续相，所以它的基础是气液鼓泡反应器。

与其他浆态反应器类似，作为催化反应器的鼓泡淤浆床反应器有如下优点：①床内催化剂粒度细，不存在大颗粒催化剂颗粒内传质和传热过程对化学反应转化率、收率及选择率的影响；②床层内充满液体，所以热容大，与换热元件的传热系数高，使反应热容易移出，温度容易控制，床层处于恒温状态；③可以在停止操作的情况下更换催化剂；④不会出现催化剂烧结现象。但此类反应器也存在一些不足，如对液体的耐氧化和惰性要求较高，催化剂容易磨损，气相呈一定的返混等。

鼓泡淤浆床反应器是以气液鼓泡反应器为基础的，床内的流体力学特性与气液鼓泡反应器相同或接近。主要有流型、固体完全悬浮时的临界气速、气含率与气泡尺寸分布。

二、生化反应器

生化反应器是利用生物催化剂进行生化反应的设备，是生化产品生产中的主体设备。它在理论、外形、结构、分类和操作方式等方面基本上类似于化学反应器。但是生化反应器用于进行酶反应、动植物细胞培养、常规微生物和基因工程菌的发酵，所以底物的成分和性质一般比较复杂，产物类型很多，且常常与细胞代谢等过程紧密相关。因此，生化反应器又有其自身的特点，一般应满足：①能在不同规模要求上为细胞增殖、酶的催化反应和产物形成提供良好的环境条件，即易消毒，能防止杂菌污染，不损伤酶、细胞或固定化生物催化剂的固有特性，易于改变操作条件，使之能在最适合条件下进行各种生化反应；②能在尽量减少单位体积所需功率输入的情况下提供较好的混合条件，并能增大传热和传质速率；③操作弹性大，能适应生化反应的不同阶段或不同类型产品生产的需要。

生化反应器可以从多个角度进行分类，最常用的是根据反应器的操作方式将其分为间歇操作、连续操作和半间歇操作等多种方式。根据操作方式对生化反应器进行分类能反映出反应器的某些本质特征，因而是常用的一种分类方法。间歇操作反应器的反应物料一次加入一次卸出，反应物系的组成仅随时间变化，属于一非稳态过程。由于它适合于多品种、小批量、反应速率较慢的反应过程，又可以经常进行灭菌操作，因此在生化反应工程中常采用这种操作方式。连续操作反应器具有产品质量稳定、生产效率高的优点，适合于大批量生产，特别是它可以克服在进行间歇操作时细胞反应所存在的由于营养基质耗尽或有害代谢产物积累造成的反应只能在一段有限的时间内进行的缺点。连续操作主要用于固定化生物催化剂的生化反应过程。但是连续操作一般易发生杂菌污染，而且操作时间过长，细胞易退化变异。半间歇操作是一种同时兼有以上两种操作某些特点的操作，它对生化反应有着特别重要的意义。例如存在有基质抑制的微生物反应，当基质浓度过高时会对细胞的生长产生抑制作用，若利用半间歇操作，则可控制基质浓度处在较低的水平，以解除其抑制作用的微生物反应。此种半间歇半连续操作又常称补料分批培养，或称流加操作技术。在此种操作过程中，由于加料，反应液体积逐渐增大，到一定时间应将反应液从反应器中放出。如果只取出部分反应液，剩下的反应液继续进行补料培养，反复多次进行放料和补料操作，此种方法又称重复补料或重复流加操作。

常用的另一种分类方法是根据反应器的结构特征来进行，其中包括釜式、管式、塔式、膜式等。它们之间的主要差别反映在其外形和内部结构上的不同。还有一种分类方法是根据反应器所需能量的输入方式来进行的，其中有机械搅拌式、气体提升式、液体喷射环流式等。

生化反应器目前正向大型化和自动化的方向发展，而生化反应器的规模与生物过程的特性紧密相关。重组人生长激素的大规模生产只有200L的规模，医药工业中传统的微生物次级代谢发酵产品青霉素已经达到了 $200m^3$ 的规模，大的废水处理生物反应器有 $15000m^3$ 。这些生物反应器的形式和操作方法是各不相同的。反应器体积的增大，可以使生产成本下降。但反应器的大型化也会受到传热和传质能力的限制。随着生物催化剂活性的提高和反应器体积的增大，对生化反应器传递性能的要求将会更高。

三、电化学反应器

实现电化学反应的设备或装置统称为电化学反应器，它广泛应用于化工、能源等各个部门。在电化学工程的三大领域，即工业电解、化学电源、电镀中应用的电化学反应器，包括各种电解槽、电镀槽、一次电池、二次电池、燃料电池。它们结构与大小不同，功能与特点迥异，然而却具有以下一些基本特征。

① 电化学反应器都由两个电极（第一类导体）和电解质（第二类导体）构成。

② 电化学反应器都可归入两个类别，即由外部输入电能，在电极和电解液界面上促成电化学反应的电解反应器，以及在电极和电解质界面上自发地发生电化学反应产生电能的化学电源反应器。

③ 电化学反应器中发生的主要过程是电化学反应，并包括电荷、质量、热量、动量的四种传递过程，服从电化学热力学、电极过程动力学及传递过程的基本规律。

④ 电化学反应器是一种特殊的化学反应器。首先它具有化学反应器的某些特点，在一定条件下可以借鉴化学工程的理论和研究方法；其次它又具有自身的特点，如在界面上的电子转移及在体相内的电荷传递、电极表面的电势及电流分布、以电化学方式完成的新相生成（电解析气及电结晶）等，而且它们与化学及化工过程交叠、错综复杂，难以沿袭现有的化工理论及方法解释其现象，揭示其规律。

1. 电化学反应器的类型

电化学反应器作为一种特殊的化学反应器，可以从不同的角度进行分类。但通常是根据反应器结构和反应器工作方式进行分类：①按照反应器结构分为箱式电化学反应器、框板式或压滤机式电化学反应器、结构特殊的电化学反应器；②按反应器工作方式可分为间歇式电化学反应器、置换流式电化学反应器、连续搅拌箱式电化学反应器；③按反应器中工作电极的形状分为二维电极反应器、三维电极反应器。

2. 电化学反应器的主要构件

尽管按不同的分类方式电化学反应器有许多形式，每一种形式的电化学反应器又是由各种构件组成，但是几乎所有的电化学反应器在设计或选型时都要遇到对三个主要方面的选择，即电解槽、电极材料、隔膜。

（1）电解槽

电解槽是由槽体及其内部的阳极、阴极、电解液、膜和参比电极组成。最简单的电解槽内部只有阳极、阴极和电解液。当电解槽内只有阳极和阴极时称为两电极型，有参比电极时称为三电极型；电解槽内没有隔膜时称为一室型，用隔膜将阳极室和阴极室分开的称为两室型。电解槽的具体形式很多，根据需要可以设计成各种形状。

（2）电极材料

电极材料应该对所进行的电化学反应具有最高的效率，为此，它至少应该有以下几种特性：①电极表面对电极反应具有良好的催化活性，电极反应的超电势要低；②一般来说，它在所用的环境下应该是稳定的，不会受到化学或电化学的腐蚀破坏；③是电的良导体；④容易加工，具有足够的机械强度。实际上，很难同时满足上述所有要求。电极催化活性随反应而异，而且一般具有催化性能的物质都是比较昂贵的。工业上常将它们涂布在某种较便宜的基底金属上，如阳极基体用钛，阴极基体用铁、锌和铝等。稳定性的问题也是相对的，所谓惰性阳极也是有一定的使用寿命。目前氯碱工业中应用的 DSA 阳极寿命已远超过电解槽里的其他部件，但受到导电性和机械性能的限制。

（3）隔膜　有些电化学过程，必须把阴极液和阳极液隔开，以防止两室的反应物或产物相互作用或混合，从而造成不良的影响。选择隔膜的原则是：①电阻率低，具有良好的导电性能，以便减少电解槽的欧姆压降；②能防止某些反应物质的扩散渗透；③足够的稳定性和长的使用寿命；④价廉、易加工、无污染等。事实上，这些原则也是相对的，可根据电解过程的实际确定所选用的隔膜。隔膜通常分为两大类，即非选择性的隔膜和选择性的离子交换膜。

非选择性隔膜是多孔材料，其作用只是降低两极间的传递速率，而不能完全防止因浓度梯度存在而发生的渗透作用，这类物质一般价廉、容易得到。离子交换膜是具有高选择性的隔离膜，它仅让某种离子通过，而阻止其他离子穿透，性能十分优良，但价格昂贵。在隔膜材料中，聚四氟乙烯是一种新型材料，它具有耐浓酸、浓碱和所有的有机溶剂的特性，即使温度高达 530K，它仍然保持稳定。

四、聚合反应器

聚合反应是把低分子量的单体转化成高分子量的聚合物的过程，实现这一过程的反应器称为聚合反应器。从本质上讲，聚合反应器与前面讨论的其他化学反应器没有多少区别，只是针对聚合反应系统的高黏度、高放热的特点，在解决传热与流动两大问题上采取了一些措施。

1. 聚合反应器的类型

聚合反应器的种类很多，按反应器的型式可分为搅拌釜（槽）式、塔式和管式反应器，还有一些特殊型式的聚合反应器。选择何种形式的聚合反应器，要根据聚合工艺的要求而定。同一类反应器有它自己的规律，但可以用于多种反应系统。因此聚合反应工程的任务就是要设法找到聚合反应的特性与聚合反应器的特性两者之间的最佳匹配。下面对部分聚合反应器作一简单介绍，便于读者对它们的特性和应用有一个概括性的了解。

2. 常用聚合反应器

（1）釜（槽）式聚合反应器

应用最广泛的是釜式聚合反应器，这是进行聚合反应的主要反应器形式。此类反应器的主要特点是依靠搅拌器使物料得到良好的混合。搅拌作用使物料处于流动状态，从而增大了物料与反应器换热面之间的传热系数。在连续操作时，由于物料的返混，使得反应器内反应物料的浓度比进料浓度低得多，在全混流状态下它就等于反应器的出口浓度。这就大大降低了反应速率，导致放热速率也就大大减小。因此釜式聚合反应器的一个突出优点就在于它缓和了聚合热的去除问题。此外，为了保持非均相聚合中粒子的悬浮，也要依靠搅拌。选用搅拌器的形式主要根据物料的黏度而定，当反应物料黏度较低时，搅拌桨直径与釜径之比（d/d_t）可以小一些，转速则较快；当黏度较大时，搅拌桨叶直径应增大，并与釜径接近，桨叶末端与反应器内壁空隙减小，这样可以使所有物料都能承受到搅拌作用，但此时转速较慢，也可以达到同样的要求而不使消耗功率过大。当釜的高径比大于2.0～2.5时，可设置多层桨，各层间距为桨叶直径的1.0～1.5倍。

（2）塔式聚合反应器

塔式聚合反应器多用于连续生产，并且对物料的停留时间有一定要求。在合成纤维工业中，塔式聚合器所占的比例有30％左右，主要用于一些缩聚反应。在本体聚合反应和溶液聚合反应中，应用也很广泛。如生产聚己内酰胺（尼龙6）的VK塔，单体己内酰胺从顶部加入，这时物料黏度较小，缩聚的初始阶段生成的水变成气泡从顶部排出，而物料则沿塔下流。由于依靠壁外夹套的加热，使物料黏度不致太高，所以使物料得以依靠重力流动。塔内还装有横向碟形挡板，使物料返混减少，停留时间均一。对于聚己内酰胺的VK塔，根据其结构不同，还有不少改进的型式。再如本体法生产聚苯乙烯的塔式反应器、三个塔串联操作的苯乙烯连续本体聚合的方塔式反应器等。

（3）管式聚合反应器

在聚合物的生产中，管式反应器的应用远不及在其他化工产品的生产中用得普遍，只在少部分聚合物的生产中有所运用。在尼龙66的熔融缩聚生产中，其预聚合反应器即为管式反应器。另一个例子是乙烯的高压聚合，管内压力可达300MPa以上，管长可达1000m。由于物料黏度高，易于粘壁，故操作中常使压力做周期性的脉动（变化数MPa），以便把附着于管壁处的物料冲刷下来。

3. 特殊型式聚合反应器

实际生产中，除了上述常见型式的聚合反应器外，还有许多特殊型式的反应器，以便满足一些特殊的聚合体系或对聚合物的特殊要求。这些特殊类型的聚合反应器都是以处理高黏度下的聚合系统为目的。例如供本体聚合或缩聚后阶段用的所谓后聚合反应器，在继续进行聚合的同时，还需要把残余单体或缩聚生成的小分子物质脱除。所以往往一面要通过间壁传热以保持相当高的温度，一面还要减压，并且使表面不断更新，以便于小分子的排出。此外，为了防止粘壁或存在死区，在结构上还有种种特殊的考虑。目前特殊型式的聚合反应器中有的已在工业上应用，但更多的还处在研究阶段。

根据反应器结构类型的不同，特殊型式的聚合反应器有板框式、卧式、捏合机式、螺杆挤出机式、履带式等型式。

五、热管反应器

热管作为一种高导热性能的传热装置，自20世纪60年代诞生以来，其应用范围日益扩大，现已广泛应用于航天工业、动力工程、能量工程、医学及化学工程等领域，而且随着现代工业技术的不断发展，热管技术也越来越广泛地渗入到各个工业领域中，发挥其重要作用。

图16-12是一般热管的工作原理示意图。热管是一段密封的管形壳体，内部管壁紧贴有多孔的毛细吸液芯，毛细吸液芯内充满工作液体，由毛细吸液芯围成圆形的蒸汽通道。当在蒸发段对热管加热时，处于真空状态下的工作液体在毛细吸液芯的表面汽化蒸发，同时吸收汽化潜热，在压力差的推动下，蒸汽从蒸发段流向冷却段，在冷却段释放出汽化潜热，并传送到管外。在蒸发段由于不断有蒸汽生成，使汽-液交界面形成弯曲面。这些弯曲面产生了毛细力，使得液体从冷凝段返回到蒸发段再次蒸发。可以说，热管的工作任务就是从加热段吸收热量，通过内部相变传热过程把热量输送到冷却段，从而实现热量转移。

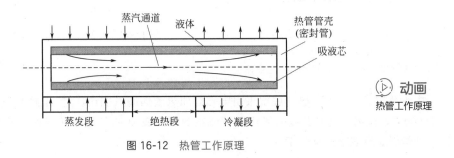

图 16-12　热管工作原理

热管结构简单、无运动部件、操作无噪声、质量轻、工作可靠、寿命长。热管尺寸形状可以多样化，虽然热管的外形一般为圆柱形，但也可以根据需要制成各种各样的形状。

将热管应用于化学反应器上是近年来热管技术应用领域的一大扩展。热管组成的换热器用于化学反应器上（吸热反应或放热反应）可以控制反应器的催化剂床层温度，使其逼近最佳反应温度，从而可以提高反应器的生产能力和产品质量。热管具有温度平展的特性，其表面有很好的温度均匀性，因此用它来保持想要的恒温环境是很理想的。

在化学工业中，用热管作为等温化学反应器的热源效果良好，特别在固定床催化反应器中，轴向催化层温度分布的不均匀问题可以获得较好的解决。

下面是一个用热管换热器改造化学反应器的实例。P_2S_5可作为农药的原料和润滑油等原油的添加剂，采用间歇式装置，反应热量大，主要存在以下问题：①反应器预热温度低于 200℃，且预热时间长达 6～7h；②热量不能及时排出釜外，致使反应温度过高，速度快且又无法控制；③产物温度接近沸点，容易形成气态 P_2S_5，容易引起燃烧、爆炸事故。利用热管冷却的反应釜如图 16-13 所示，选用联苯作热管工质，适用于反应温度高达 500℃ 的工艺要求，利用该形式的热管反应釜，具有以下优势：①新型热管反应釜的预热装置作用可靠，升温速率快，预热温度高，同时又为热管的启动创造了良好条件；②转了两个 135℃ 的异型中温热管能安全正常工作，排热效果好；③调节温度系统方便地满足了工艺要求，又确保了热管安全运行；④新型热管反应釜给生产合格品 P_2S_5 提供了更适宜的条件。

再如乙苯脱氢反应温度为 560～600℃，反应热量由热管供给，反应器结构示意如图 16-14 所示。

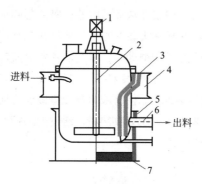

图 16-13　P_2S_5 热管反应釜

1—电机；2—搅拌浆；3—热管；4—冷却风箱；

5—电加热密封腔；6—溢流管；7—电热体

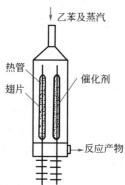

图 16-14　乙苯脱氢热管反应器

由于结构的特殊性，热管底部采用电感应加热或烟道气加热。工作温度必须高于 600℃，适用于这一温度的热管是钾或钠热管。表 16-4 列出了热管脱氢反应器与列管脱氢反应器的操作指标比较。

表 16-4　两种反应器的操作指标比较

项目	列管式等温反应器	热管反应器
乙苯转化率/%	40～50	50～58
苯乙烯收率/%	95	95～97
反应器生产能力/[kg 苯乙烯/(h·m² 催化剂)]	210	355
反应温度/℃	580	在狭窄的最佳温度区内

任务 ⑰ 鼓泡塔反应器设计

工作任务

根据化工产品的生产条件和工艺要求进行鼓泡塔反应器的工艺设计。

技术理论

化学工业中比较多地使用气液相反应器，主要设备有气液相鼓泡塔反应器、填料塔反应器，与其他反应器设计一样，也必须了解在气液相反应器中气液相反反应宏观动力学以及流体流动特性等。

17.1 气液相反应动力学基础

微课
气液相反应过程

17.1.1 气液相反应速率的表示

根据化学反应速率定义式(17-1) 有

$$反应速率 = \frac{反应量}{反应区域 \times 反应时间} \tag{17-1}$$

式中的反应区域，对于气液相反应过程有以下几种选择：

① 选用液相体积时，反应速率 $(-r_A)$ 单位为 kmol/(m^3 液体·h)；

② 选用气液相混合物体积时，反应速率 $(-r_A)_V$ 单位为 kmol/(m^3 气液相混合物·h)；

③ 选用单位气液相界面积时，反应速率 $(-r_A)_S$ 单位为 kmol/(m^2 相界面·h)。

气液相反应系统中，单位液相体积所具有的气液相界面积为

$$a_i = 相界面积/液相体积 = S/V_L$$

而单位气液混合物体积所具有的气液相界面积

$$a = 相界面积/气液相混合物体积 = S/V_R = S/(V_G + V_L)$$

a_i 和 a 均称为比相界面，但它们的基准不同，故数值上也有差别。两者可以通过气含率 ε 关联。气含率的定义为：单位气液混合物体积中气相所占的体积分数，即

$$\varepsilon = V_G/V_R = V_G/(V_G + V_L)$$

根据其定义，可得到如下关系

$$a = (1 - \varepsilon)a_i \tag{17-2}$$

气液相反应过程的三种反应速率有如下关系

$$(-r_A)_V = (-r_A)(1-\varepsilon) = (-r_A)_S a \tag{17-3}$$

因此，对于不同的反应系统，由于反应区域的选择不同，会导致反应速率数值上的不同。必须注意，反应区域应该是实际反应进行的场所，而不包括与其无关的区域。

17.1.2　气液相反应宏观动力学

气液相反应是指气体在液体中进行的化学反应。对于气液相反应，气相中的组分必须进入到液相中才能进行，反应组分可能是一种在气相而另一种在液相，也可能都在气相，但需要进入含有催化剂的溶液中才能进行反应。

17.1.2.1　**气液相反应的基本特征**

气体必须先溶解到液体之中，才可能发生气液相反应，而且气液传质必然会影响化学反应的进程，化学反应也会影响传质。气液相反应系统是十分复杂的系统，须抓住其基本特征，才能找到解决问题的基本线索。气液相反应的基本特征可归纳成以下三点。

① 无论在液相中进行的是简单反应还是复杂反应，宏观上总可以将气液相反应分解成传质和反应两个过程，这两个过程组成一个统一体，先传质后反应。

② 传质和反应的统一体内，传质和反应双方互相影响和制约。这个统一体所表现出来的速率，往往既非反应的本征速率，也非传质的本征速率，而是这两者矛盾统一的速率——宏观速率。

③ 传质和反应统一体的统一水平受流体力学、传热和传质等传递过程和流体的流动与混合等因素的影响。这个统一水平是相对的、可以变化的，即是可调的。换言之，调节有关参量，可以人为地控制传质与反应的统一水平——其宏观表现是宏观速率、反应转化率、反应选择性等。

17.1.2.2　**气液传质理论简述**

描述通过气液相界面物质传递的模型有多个，如"双膜理论""表面更新理论""渗透理论"等。但应用最广的是路易斯-卫特曼（Lewis-Whitman）于1923年提出的"双膜理论"，其优点是简明易懂，便于进行数学处理。

双膜模型假设平静的气液界面两侧存在着气膜与液膜，是很薄的静止层或层流层。当气相组分向液相扩散时，必须先到达气液相界面，并在相界面上达到气液平衡，即服从亨利定律

$$p_{Ai} = H_A c_{Ai} \tag{17-4}$$

式中，p_{Ai} 为气相组分 A 在相界面上成平衡的气相分压，Pa；c_{Ai} 为气相组分 A 在相界面上成平衡的液相浓度，$kmol/m^3$；H_A 为亨利常数，$m^3 \cdot Pa/kmol$。

双膜模型又假设在气膜之外的气相主体和液膜之外的液相主体中达到完全

的混合均匀，即全部传质阻力都集中在膜内。

在无反应的情况下，组分 A 由气相主体扩散而进入液相主体需经历以下途径：

气相主体→气膜→界面气液平衡→液膜→液相主体

如图 17-1 所示。扩散达到定态后，根据扩散方程 $D_{LA}\dfrac{\partial^2 c_A}{\partial Z^2}=0$ 和

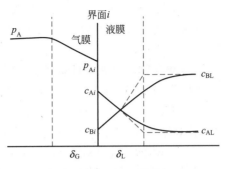

图 17-1　气液相反应双膜理论模型

边界条件，气相中 A 组分通过双膜向液相扩散的物理吸收速率可用下式表示

$$N_A=-\frac{1}{S}\frac{dn_A}{d\tau}=\frac{D_{GA}}{\delta_G}(p_A-p_{Ai})=k_{GA}(p_A-p_{Ai})$$

$$=K_{GA}(p_A-p_A^*)=\frac{D_{LA}}{\delta_L}(c_{Ai}-c_{AL})$$

$$=k_{LA}(c_{Ai}-c_{AL})=K_{LA}(c_A^*-c_{AL}) \tag{17-5}$$

$$\frac{1}{K_{GA}}=\frac{1}{k_{GA}}+\frac{H_A}{k_{LA}} \tag{17-6}$$

$$\frac{1}{K_{LA}}=\frac{1}{H_A k_{GA}}+\frac{1}{k_{LA}} \tag{17-7}$$

$$p_{Ai}=H_A c_{Ai}=\frac{k_{GA}p_A+k_{LA}c_{AL}}{k_{GA}+\dfrac{k_{LA}}{H_A}} \tag{17-8}$$

式中，N_A 为扩散速率，$kmol/(m^2 \cdot s)$；S 为相界面积，m^2；D_{GA} 为组分 A 在气膜中的分子扩散系数，$kmol/(m \cdot s \cdot Pa)$；$\delta_G$ 为气膜有效厚度，m；p_A 为气相主体中组分 A 的分压，Pa；p_{Ai} 为气液相界面处气相组分 A 的分压，Pa；p_A^* 为与液相主体中组分 A 浓度 c_{AL} 平衡的分压（$p_A^*=H_A c_{AL}$），Pa；k_{GA} 为组分 A 在气膜内的传质系数，$kmol/(m^2 \cdot s \cdot Pa)$；$K_{GA}$ 为组分 A 以分压表示的总传质系数，$kmol/(m^2 \cdot s \cdot Pa)$；$D_{LA}$ 为组分 A 在液膜内的分子扩散系数，m^2/s；δ_L 为液膜有效厚度，m；c_{Ai} 为气液相界面处液相组分 A 的浓度，$kmol/m^3$；c_A^* 为与气相主体中组分 A 分压 p_A 平衡的浓度 $\left(c_A^*=\dfrac{p_A}{H_A}\right)$，$kmol/m^3$；$c_{AL}$ 为液相主体中组分 A 的浓度，$kmol/m^3$；k_{LA} 为组分 A 在液膜内的传质系数，m/s；K_{LA} 为组分 A 以液相浓度表示的总传质系数，m/s。

17.1.2.3　气液相反应宏观动力学方程

设有二级不可逆气液相反应

$$A(气相)+bB(液相)\longrightarrow C(产物)$$

气相组分 A 与液相组分 B 之间的反应过程，需要经历以下步骤。

① 气相组分 A 从气相主体传递到气液相界面，在界面上假定达到气液相平衡。

② 气相组分 A 从气液相界面扩散入液相，并且在液相内进行化学反应。

③ 液相内的反应产物向浓度梯度下降的方向扩散，气相产物则向界面扩散。

④ 气相产物向气相主体扩散。

由于反应过程经历了以上步骤，实际表现出来的反应速率是包括这些传递过程在内的综合反应速率，即宏观动力学。当传递速率远大于化学反应速率时，实际的反应速率就完全取决于后者，这就叫动力学控制；反之，如果化学反应速率很快，而某一步的传递速率很慢，则称为扩散控制。当化学反应速率和传递速率具有相同的数量级时，则二者均对过程速率有显著的影响。

（1）气液相反应的类型

对于上述气液相反应，根据不同的传质速率和化学反应速率，有八种不同的反应类型，如图 17-2 所示。

① 瞬间反应　气相组分 A 与液相组分 B 之间的反应为瞬间完成，两者不能共存，反应发生于液膜内某一个面上，该面称为反应面。在反应面上 A、B 的浓度均为零。所以，A 和 B 扩散到此界面的速率决定了过程的总速率。

② 界面反应　反应的性质与瞬间反应相同，但因液相中组分 B 的浓度 c_B 高，气相组分 A 一扩散到达界面即反应完毕，反应面移至相界面上。在界面上，A 组分浓度为零，而 B 组分浓度可大于零。此时，总反应速率取决于气膜内 A 的扩散速率。

③ 二级快速反应　相当于情况①的反应面扩展成为一个反应区，在反应区内 A、B 并存。但由于尚属于快反应，反应区仍在液膜内，并不进入液相主体。

④ 拟一级快速反应　与二级快速反应一样，反应发生于液膜内某一区域中。但组分 B 的浓度 c_B 高，以致与 A 发生反应后消耗的量可以忽略不计，故可视为拟一级反应，即液膜内 c_B 的变化可以忽略。

⑤ 二级中速反应　A 与 B 在液膜中发生反应，但因反应速率不是很快，故有部分 A 在液膜中不能反应完毕，因而进入液相主体，并在液相主体中继续与 B 组分反应。

⑥ 拟一级中速反应　与二级中速反应一样，反应同时发生于液膜与液相主体中。但因液相中 B 组分浓度高，使得在整个液膜中 B 的浓度近似不变，成为 A 组分的拟一级反应。

⑦ 二级慢速反应　与传质速率相比，A 与 B 的反应很慢，扩散通过相界面的气相组分 A 在液膜中与液相组分 B 发生反应，但大部分 A 反应不完而扩散进入液相主体，并在液相主体中与 B 发生反应。由于液膜在整个液相中所占体积分数很小，故反应主要在液相主体中进行。

⑧ 极慢速反应　A 与 B 的反应极其缓慢，传质阻力可以忽略，在液相中组分 A 和 B 是均匀的，反应速率完全取决于化学反应动力学。

不同的反应类型，其传质速率与本征反应速率的相对大小不同，宏观速率的表达形式相差很大，适宜的气液反应设备也不相同。

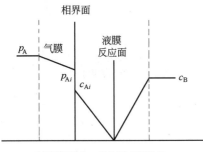

(a) 瞬间反应，反应面在液膜内

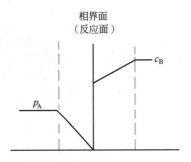

(b) 界面反应，c_B 高，反应面在相界面

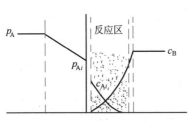

(c) 二级快速反应，反应区在液膜内

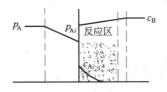

(d) 拟一级快速反应，c_B 高，反应区在液膜内

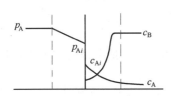

(e) 二级中速反应，反应发生
在液膜内及液相主体内

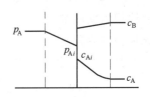

(f) 拟一级中速反应，反应发生
在液膜内及液相主体内

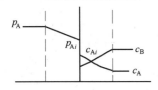

(g) 二级慢速反应，反应主要在液相主体

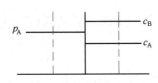

(h) 极慢速反应，在液相主体内的均相反应

图 17-2　气液相反应的类型

（2）气液相反应的基础方程

对于典型的二级不可逆气液相反应

$$A（气相）+bB（液相）\longrightarrow C（产物）$$

如前所述，组分 A 必须首先在气相中扩散，然后透过气液相界面向液相扩散，同时进行化学反应。根据双膜理论可以确定气液反应过程的基本方程。

为了确定液相中组分 A 和 B 的浓度分布，可在液相内离相界面为 z 处，取一厚度为 dz、与传质方向垂直的面积为 S 的微元体积，进行物料平衡，如图 17-3 所示。

当过程达到定态时，扩散进入该微元体积的组分 A 的量与由该微元体积扩散出去的组分 A 的量之差应等于微元体积中反应掉的组分 A 的量和组分

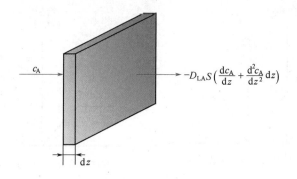

图 17-3 液膜内微元体积物料平衡

A 的累积量。

扩散入微元体积的量 $\qquad -D_{LA}S\dfrac{dc_A}{dz}$

扩散出微元体积的量 $\quad -D_{LA}S\left(\dfrac{dc_A}{dz}+\dfrac{d^2c_A}{dz^2}dz\right)$

微元体积内反应量 $\qquad\qquad (-r_A)Sdz$

微元体积内累积量 $\qquad\qquad\quad 0$

扩散入微元体的量－扩散出微元体的量＝微元体内反应量＋微元体内累积量

$$-D_{LA}S\frac{dc_A}{dz}-\left[-D_{LA}S\left(\frac{dc_A}{dz}+\frac{d^2c_A}{dz^2}dz\right)\right]=(-r_A)Sdz \qquad (17\text{-}9)$$

式中，S 为气液相界面积，m^2；$(-r_A)$ 为以液相体积为基准的反应速率，$kmol/(m^3 \cdot h)$。

设 D_{AL} 为常数，化简式(17-9) 得

$$D_{LA}\frac{d^2c_A}{dz^2}=(-r_A)=kc_Ac_B \qquad (17\text{-}10)$$

同理，对微元体积作组分 B 的物料衡算可得

$$D_{LB}\frac{d^2c_B}{dz^2}=b(-r_A)=bkc_Ac_B \qquad (17\text{-}11)$$

式(17-10) 与式(17-11) 是二级不可逆气液相反应的基础方程式。各种不同类型的气液相反应有不同的边界条件，因而可得到不同的解。一般情况下，其解的表达式均比较复杂，详见相关资料手册。

17.2 鼓泡塔传递特性

17.2.1 鼓泡塔的流体力学特性

鼓泡塔的最基本现象是气体以气泡形态存在，因此，气泡的形状、大小及其运动状况便是鼓泡塔的基本特性。长期以来，人们曾设想以单气泡作为鼓泡

塔反应器的基元对鼓泡塔进行数学描述，但迄今未获成功。因为气泡的形状、大小和运动各异且瞬息万变，以致人们用现代仪器也无法追踪。

17.2.1.1 流动状态和气泡特性

工业鼓泡塔反应器通常在两种流动状态下操作，即安静区和湍动区。所谓安静区操作，即鼓泡塔中的气体流量较小，气泡大小比较均匀，规则地浮升，液体搅拌并不显著。在安静区操作，既能达到一定的气体流量，又可避免气体的轴向返混，很适用于动力学控制的慢反应。对于典型的气液体系（空气-水体系），安静区的空塔气速 u_{OG} 通常小于 0.05m/s，气体分布器的孔口气速小于 7m/s，此时在气体分布器孔口直接形成气泡，其气泡的形状、大小和运动与孔口的直径有关。孔径很小时（如 1mm），形成球形气泡螺旋上升，气泡直径小于 2mm；孔径较大时（如 2mm），形成当量直径约为 3~6mm 的椭圆形气泡，上升过程中左右摆动；孔径大时（如 4mm），形成当量直径大于 6mm 的菌帽形气泡，具有明显的尾涡。显然，在安静区操作的鼓泡塔，其气体分布器的设计十分重要。一般常采用多孔板或多孔盘管，孔径小于 3mm，开孔率一般也小于 5%。

在气体流量较大时，气泡运动呈不规则现象，液体高度地湍动，塔内物料强烈混合，气泡作用的机理比较复杂，这种情况称为湍动区。在湍动区气泡大小不均匀，大气泡上升速度快，小气泡上升速度慢，停留时间不等，加之无定向搅动，不仅呈极大的液相返混，也造成气相返混。湍动区的空塔气速 u_{OG} 通常大于 0.08m/s，工业上常采用大孔径的单管或特殊型式的喷嘴作为气体分布装置。气泡不是在分布器孔口处形成，而是在孔口处形成一股气流，气泡是靠气流与液体之间的喷射、冲击和摩擦而形成。因此在这种鼓泡塔内气泡的形状、大小和运动是各式各样的，是瞬息万变的，是随机的，形成大小不一的气泡群。

17.2.1.2 气泡大小

气泡的大小直接关系到气液传质面积。在同样的空塔气速下，气泡越小，说明分散越好，气液相接触面积就越大。在安静区，因为气泡上升速度慢，所以小孔气速对其大小影响不大，主要与分布器孔径及气液特性有关。对于安静区，单个球形气泡，其直径 d_b 可以根据气泡所受到的浮力 $\pi d_b^3 (\rho_L - \rho_G) g / 6$ 与孔周围对气泡的附着力 $\pi \sigma_L d_0$ 之间的平衡求得，即

$$d_b = 1.82 \left[\frac{d_0 \sigma_L}{(\rho_L - \rho_G) g} \right]^{\frac{1}{3}} \tag{17-12}$$

式中，d_b 为单个球形气泡直径，m；σ_L 为液体表面张力，N/m；ρ_G 为气体密度，kg/m^3；ρ_L 为液体密度，kg/m^3；d_0 为分布器孔径，m。

在工业鼓泡塔反应器内的气泡大小不一，在计算时采用平均气泡直径，即当量比表面平均直径，其计算式为

$$d_{vs} = \frac{\sum n_i d_i^3}{\sum n_i d_i^2} \qquad (17\text{-}13)$$

在气含率小于 0.14 的情况下,可以用下列经验式作近似估算

$$d_{vs} = 26D\left(\frac{gD^2\rho_L}{\sigma_L}\right)^{-0.5}\left(\frac{gD^3\rho_L^2}{\mu_L^2}\right)^{-0.12}\left(\frac{u_{OG}}{\sqrt{gD}}\right)^{-0.12} \qquad (17\text{-}14)$$

式中,d_{vs} 为当量比表面平均直径,m;D 为鼓泡塔反应器内径,m;μ_L 为液体黏度,kg/m·s;u_{OG} 为气体空塔气速,m/s;$\dfrac{gD^2\rho_L}{\sigma_L} = Bo$ 为邦德数;$\dfrac{gD^3\rho_L^2}{\mu_L^2} = Ga$ 为伽利略数;$\dfrac{u_{OG}}{\sqrt{gD}} = Fr$ 为弗劳德数。

17.2.1.3　气含率

气含率的含义是气液混合液中气体所占的体积分数,可用下式表示

$$\varepsilon_G = \frac{V_G}{V_L + V_G} = \frac{V_G}{V_{GL}} \qquad (17\text{-}15)$$

式中,ε_G 为气含率;V_G 为气体体积,m³;V_L 为液体体积,m³;V_{GL} 为气液混合物体积,m³。

对圆柱形塔来说,由于横截面一定,因此气含率的大小意味着通气前后塔内充气床层膨胀高度的大小。故气含率可以测量静液层高度 H_L 和通气时床层高度 H_{GL} 算出,即

$$\varepsilon_G = \frac{H_{GL} - H_L}{H_{GL}} \qquad (17\text{-}16)$$

式中,H_{GL} 为充气液层高度,m;H_L 为静液层高度,m。

掌握所要设计计算的鼓泡塔反应器的预定气含率和塔内装液量,便可预估鼓泡塔内通气操作时的床层高度。此外,对于传质与化学反应来讲,气含率也非常重要,因为气含率与停留时间及气液相界面积的大小有关。

影响气含率的因素主要有设备结构、物性参数和操作条件等。一般气体的性质对气含率影响不大,可以忽略。而液体的表面张力 σ_L、黏度 μ_L 与密度 ρ_L 对气含率都有影响。溶液里存在电解质时会使气液界面发生变化,生成上升速度较小的气泡,使气含率比纯水中的高 15%～20%。空塔气速增大时,ε_G 也随之增加,但 u_{OG} 达到一定值时,气泡汇合,ε_G 反而下降。ε_G 随塔径 D 的增加而下降,但当 $D > 0.15\text{m}$ 时,D 对 ε_G 无影响。当 $u_{OG} < 0.05\text{m/s}$ 时,ε_G 与塔径 D 无关。因此实验室试验设备的直径一般应大于 0.15m,只有当 $u_{OG} < 0.05\text{m/s}$ 时,才可取小塔径。

关于气含率的关联式,目前普遍认为比较完善的是 Hirita 于 1980 年提出的经验公式,即

$$\varepsilon_G = 0.672\left(\frac{u_{OG}\mu_L}{\sigma_L}\right)^{0.578}\left(\frac{\mu_L^4 g}{\rho_L \sigma_L^3}\right)^{-0.131}\left(\frac{\rho_G}{\rho_L}\right)^{0.062}\left(\frac{\mu_G}{\mu_L}\right)^{0.107} \qquad (17\text{-}17)$$

式中，μ_G 为气体黏度，$Pa \cdot s$；ρ_G 为气体密度，kg/m^3。

式(17-17) 全面考虑了气体和液体的物性对气含率的影响。但对电解质溶液，当离子强度大于 $1.0mol/m^3$ 时，应乘以校正系数 1.1。

17.2.1.4 气液比相界面积

气液比相界面积是指单位气液混合鼓泡床层体积所具有的气泡表面积，可以通过气泡平均直径 d_{VS} 和气含率 ε_G 计算出，即

$$a = \frac{6\varepsilon_G}{d_{VS}} \quad (m^2/m^3) \tag{17-18}$$

a 的大小直接关系到传质速率，是重要的参数，其值可以通过一定条件下的经验公式进行计算。

$$a = 26.0 \left(\frac{H_L}{D}\right)^{-0.3} \left(\frac{\rho_L \sigma_L}{g \mu_L}\right)^{-0.003} \varepsilon_G \tag{17-19}$$

式(17-19) 应用范围为：$u_{OG} \leqslant 0.6m/s$，$2.2 \leqslant H_L/D \leqslant 24$，$5.7 \times 10^5 \leqslant \frac{\rho_L \sigma_L}{g d_L} \leqslant 10^{11}$。误差 $\pm 15\%$。

由于 a 值测定比较困难，人们常利用传质关系式 $N_A = k_L a \Delta c_A$ 直接测定 $k_L a$ 之值进行使用。

17.2.1.5 鼓泡塔内的气体阻力

▶ 动画
鼓泡塔内的气体阻力

鼓泡塔内的气体阻力 Δp 由两部分组成：一是气体分布器阻力，二是床层静压头的阻力。即

$$\Delta p = \frac{10^{-3}}{C^2} \frac{u_0^2 \rho_G}{2} + H_{GL} \rho_{GL} g \quad (Pa) \tag{17-20}$$

式中，C^2 为小孔阻力系数，约为 0.8；u_0 为小孔气速，m/s；ρ_{GL} 为鼓泡层密度，kg/m^3。

17.2.1.6 返混

鼓泡塔内液相存在返混，所以通常工业鼓泡塔反应器内液相视为理想混合。塔内气体的返混一般不太明显，常假设为置换流，其计算误差约为 5%。但要求严格计算时，尤其是当气体的转化率较高时，需考虑返混。

17.2.2 鼓泡塔的传质

鼓泡塔反应器内的传质过程中，一般气膜传质阻力较小，可以忽略，而液膜传质阻力的大小决定了传质速率的快慢。如欲提高单位相界面的传质速率，即提高传质系数，则必须提高扩散系数。扩散系数不仅与液体物理性质有关，而且还与反应温度、气体反应物的分压或液体浓度有关。当鼓泡塔在安静区操作时，影响液相传质系数的因素主要是气泡大小、空塔气速、液体性质和扩散系数等；而在湍动区操作时，液体的扩散系数、液体性质、气泡当量比表面积

以及气体表面张力等成为影响传质系数的主要因素。

鼓泡塔反应器中，主要考虑液膜传质阻力。计算液膜传质过程可用以下公式

$$Sh = 2.0 + C\left[Re_b^{0.484} SC_L^{0.339}\left(\frac{d_b g^{\frac{1}{3}}}{D_{LA}^{2/3}}\right)^{0.072}\right]^{1.61} \tag{17-21}$$

$$Sh = \frac{k_{LA} d_b}{D_{LA}}, \quad SC_L = \frac{d_L}{\rho_L D_{LA}}, \quad Re_b = \frac{d_b u_{OG} \rho_L}{\mu_L}$$

式中，Sh 为舍伍德数；SC_L 为液体施密特数；Re_b 为气泡雷诺数；D_{LA} 为液相有效扩散系数，m^2/s；k_{LA} 为液相传质系数，m/s；C 为单个气泡时为 0.061，气泡群时为 0.0187。

适用范围：$0.2cm < d_b < 0.5cm$，液体空速 $\leqslant 10cm/s$，$u_{OG} = 4.17 \sim 27.8cm/s$。由此可计算出传质系数 k_{LA} 值。

17.2.3 鼓泡塔的传热

鼓泡塔中的传热通常以三种方式进行：利用溶剂、液相反应物或产物的汽化带走热量，如苯烃化制乙苯的生产；采用液体循环外冷却器移出反应热，如外循环式乙醛氧化制醋酸的生产；采用夹套、蛇管或列管式冷却器，如并流式乙醛氧化制乙酸的生产。

鼓泡床中由于气泡的运动，床层中的液体剧烈扰动。流体对换热器壁的传热系数比自然对流传热系数大 10 余倍之多，通常它不成为热交换中的主要阻力。常用计算式如下

$$\frac{\alpha_t D}{\lambda_L} = 0.25\left(\frac{D^3 \rho_L g}{\mu_L}\right)^{\frac{1}{3}}\left(\frac{c_p \mu_L}{\lambda_L}\right)^{\frac{1}{3}}\left(\frac{u_{OG}}{u_S}\right)^{0.2} \tag{17-22}$$

式中，α_t 为传热系数，$J/(m^2 \cdot s \cdot K)$；λ_L 为液体热导率，$J/(m \cdot s \cdot K)$；c_p 为液体定压比热容，$J/(kg \cdot K)$；u_S 为气泡滑动速度，m/s。

液体静止时，$u_S = \frac{u_{OG}}{\varepsilon_{OG}}$；液体流动时，$u_S = \frac{u_{OG}}{\varepsilon_{OG}} \pm \frac{u_{OL}}{1 - \varepsilon_{OG}}$。其中 ε_{OG} 为静态气含率（与气含率无多大区别），"$\pm$"号为气液相对流向（"$+$"代表气液逆流，"$-$"代表并流）。

通过式(17-22)可以计算鼓泡床中物料对热交换器壁的传热系数，即可由传热壁等热阻及另一侧传热系数计算出总传热系数。

任务实施

17.3 鼓泡塔反应器设计

鼓泡塔反应器工艺设计计算的主要内容是气液鼓泡床的体积计算。对半连

续操作的鼓泡塔反应器体积的计算，可归结为反应时间的计算，这与均相间歇操作的反应器计算类似。对连续操作的鼓泡塔反应器体积的计算，往往归结为鼓泡层高度的确定。

17.3.1 鼓泡塔的经验法计算

当缺乏宏观动力学数据时，无法进行数学模型法计算，此时可用比较简便的经验法解决。

17.3.1.1 反应器直径的确定

从鼓泡塔反应器的传递特性介绍中可以看出，鼓泡塔内的空塔气速对传递特性有直接关系。因此，鼓泡塔反应器的直径由最佳空塔气速来决定。决定了最佳空塔气速也就确定了鼓泡塔反应器的最佳高度和直径。

最佳空塔气速应满足两个条件：①保证反应过程的最佳选择性；②保证反应器体积最小。气体的空塔气速通常由实验或工厂提供的经验数据确定。当 u_{OG} 很小时，塔径 D 较大。在确定 D 时，应考虑能使气体在塔截面均匀分布和有利于气体在液体中的搅拌作用，从而加强混合和传质。当 u_{OG} 很大时，D 较小，液面高度将相应增大，此时应考虑气体在入口处随压强增高可能引起操作费用提高及由于液体体积膨胀可能出现不正常的腾涌现象等。所以 u_{OG} 值应选择适当，而塔高和塔径之比一般为 $3 < H_{GL}/D < 12$。

u_{OG} 的实际最佳值确定之后，鼓泡塔反应器直径 D 可按下式计算

$$D = \sqrt{\frac{4 v_G}{\pi u_{OG}}} \tag{17-23}$$

式中，v_G 为气体体积流量，m^3/h。

【例 17-1】 采用鼓泡塔反应器进行乙烯和苯的烷基化反应是目前常见的一种做法。新阳集团（常州）采用乙烯和苯为原料生产乙苯，进而以乙苯为原料进行脱氢反应生成苯乙烯。该企业生产乙苯时乙烯进料量为 616kg/h，苯液层高度为 8m，乙烯空塔气速为 0.3m/s。试计算鼓泡塔直径和反应液体积。

解 （1）乙烯体积流量

$$v_G = \frac{616}{28} \times 22.4 = 493 m^3/h$$

（2）鼓泡塔直径

$$D = \sqrt{\frac{4 v_G}{\pi u_{OG}}} = \sqrt{\frac{493}{0.785 \times 0.3 \times 3600}} = 0.762 m$$

（3）反应液体积

$$V_L = 0.785 D^2 H_L = 0.785 \times 0.762^2 \times 8 = 3.65 m^3$$

17.3.1.2 反应器高度和体积的经验确定

除充气床层体积（即反应器的有效体积）外，鼓泡塔体积还包括充气液层

上部除沫分离空间体积和反应器顶盖的死区体积。反应器高度的确定，应全面考虑床层含气量、雾沫夹带、床层上部气相的允许空间（有时为了防止气相爆炸，要求空间尽量小一些）、床层出口位置和床层液面波动范围等多种因素的影响而后确定。

① 充气液层高度 H_{GL} 或体积 V_{GL}　根据实验或工厂提供的空速（单位时间、单位体积反应器通过的气体标准体积流量）、转化率和空时收率（单位时间、单位体积所得产物量）等经验数据并结合式(17-24)、式(17-25)可计算充气液层高度 H_{GL} 或体积 V_{GL}。

② 分离空间的高度　分离空间的作用是除去上升气体所夹带的液滴，而液滴与气体的分离是靠其自重沉降实现的。

分离空间的体积为

$$V_E = \frac{\pi}{4} D^2 H_E \tag{17-24}$$

式中，V_E 为分离空间体积，m^3；H_E 为分离空间高度，m。

分离空间高度是由液滴移动速度决定的。一般液滴的移动速度小于 0.0001m/s，此时，分离高度可用下式计算

$$H_E = \alpha_E D \tag{17-25}$$

式中，D 为塔径；当 $D \geqslant 1.2m$ 时，取 $\alpha_E = 0.75$；当 $D < 1.2m$ 时，H_E 不应小于 1m。

③ 顶盖的死区体积　顶盖部位的体积一般不起气体与液滴的分离作用，而常称为死区体积或无效体积，一般以下式计算

$$V_C = \frac{\pi D^3}{12\varphi} \tag{17-26}$$

式中，V_C 为顶盖死区体积，m^3；φ 为形状系数，对球形顶盖 $\varphi = 1.0$，对 2∶1 的椭圆顶盖 $\varphi = 2.0$。

顶盖高度根据几何形状即可得出。

【例 17-2】 乙醛可通过乙烯和氧气在氯化钯、氯化铜、盐酸及水催化剂的作用下，一步直接氧化合成粗乙醛。其反应式如下：

$$C_2H_4(g) + \frac{1}{2}O_2(g) \longrightarrow CH_3CHO(g) \qquad +243.7kJ/mol$$

现采用气升管式鼓泡塔反应器进行反应，已知工艺数据如下：①原料规格：乙烯 99.7%（体积），氧 99.5%；②操作条件：温度 398K，塔顶表压 294.2kPa，气液并流操作，其 $u_{OG} = 0.715m/s$，$u_{OL} = 0.43m/s$，为了移出反应热，每小时要蒸出 8720kg 水；③进气比：$C_2H_4 ∶ O_2 ∶ (CO_2 + N_2) = 65 ∶ 17 ∶ 18$（摩尔比）；④乙醛空时收率为 0.15kg/(L·h)，乙烯单程转化率为 35.2%，每吨产品消耗乙烯（纯）700kg、氧（纯）280m^3；⑤物性数据：液相黏度 $\mu_L = 2.96 \times 10^{-4} Pa·s$，气相黏度 $\mu_G = 1.30 \times 10^{-5} Pa·s$，液相表面张力 $\sigma_L = 80 \times 10^{-3} N/m$，液相平均密度 $\rho_L = 1120kg/m^3$，气相平均密度 $\rho_L = 1.20 kg/m^3$；⑥每小时生产 85kmol 乙醛。试用经验法计算鼓泡塔反应器的工艺尺寸。

解　(1) 进入鼓泡塔的气相（均为标准状态，下同）体积流量 v_{0G}

$$C_2H_4\text{的体积流量} = \frac{85 \times 44 \times 700 \times 22.4}{1000 \times 28 \times 0.352 \times 0.997} = 5968\text{m}^3/\text{h}$$

$$O_2\text{的体积流量} = \frac{5968 \times 17}{65} = 1561\text{m}^3/\text{h}$$

$$CO_2 + N_2\text{的体积流量} = \frac{5968 \times 18}{65} = 1653\text{m}^3/\text{h}$$

总进气流量

$$v_{0G} = 5968 + 1561 + 1653 = 9182\text{m}^3/\text{h}$$

（2）离开鼓泡塔的气体体积流量 v_G

$$CH_3CHO\text{ 体积流量} = 85 \times 22.4 = 1904\text{m}^3/\text{h}$$

$$C_2H_4\text{ 体积流量} = 5968 \times (1 - 0.352) = 3867.3\text{m}^3/\text{h}$$

$$O_2\text{ 体积流量} = 1561 - \frac{85 \times 44 \times 280}{1000 \times 0.995} = 508.5\text{m}^3/\text{h}$$

$$(CO_2 + N_2)\text{体积流量} = 1653\text{m}^3/\text{h}$$

$$H_2O\text{ 体积流量} = \frac{8720 \times 22.4}{18} = 10851.6\text{m}^3/\text{h}$$

离开鼓泡塔的总气体流量

$$v_G = 1904 + 3867 + 508.5 + 1653 + 10851.6 = 18784.4\text{m}^3/\text{h}$$

（3）操作条件下鼓泡塔内气相平均流量 $\bar{v}_G$

假设该鼓泡塔的气体压降为152kPa，则鼓泡塔入口气体压力为 294.2 + 152 = 446.2（kPa，表压）

$$v'_{G0} = 9182 \times \frac{398 \times 101.3}{273 \times 547.5} = 2477\text{m}^3/\text{h}$$

鼓泡塔塔顶表压为 294.2kPa，出口气体流量为

$$v'_G = 18784.4 \times \frac{398 \times 101.3}{273 \times 395.5} = 7014\text{m}^3/\text{h}$$

塔内平均气体流量为

$$\bar{v}_G = \frac{1}{2}(v'_{G0} + v'_G) = \frac{1}{2}(2477 + 7014) = 4746\text{m}^3/\text{h}$$

（4）鼓泡塔塔径的计算

已知 $u_{OG} = 0.715\text{m/s}$，则塔径由式（17-23）计算得

$$D = \sqrt{\frac{4v_G}{\pi u_{OG}}} = \sqrt{\frac{4746}{0.785 \times 0.715 \times 3600}} = 1.53\text{m}$$

（5）催化剂体积 V_L

已知乙醛空时收率为 0.15kg/(L·h)，催化剂体积 V_L 为

$$V_L = \frac{85 \times 44}{1000 \times 0.15} = 2.493\text{m}^3$$

（6）校核气体压力降 Δp

若不考虑气体分布器小孔处的阻力降，气体通过鼓泡层的压力降可近似按下式计算

$$\Delta p = H_L \rho_L g$$

其中
$$H_L = \frac{V_L}{\frac{\pi}{4}D^2} = \frac{2.493}{0.785 \times 1.53^2} = 13.6\text{m}$$

$$\Delta p = 13.6 \times 1120 \times 9.81 = 149.4\text{kPa}$$

计算结果与所设 152kPa 基本吻合，故塔径为 1.53m，静液层高度为 13.6m。

（7）计算气含率

按式（17-17）计算，有

$$H_G = 0.672 \left(\frac{u_{OG}\mu_L}{\sigma_L}\right)^{0.578} \left(\frac{\mu_L^4 g}{\rho_L \sigma_L^3}\right)^{-0.131} \left(\frac{\rho_G}{\rho_L}\right)^{0.062} \left(\frac{\mu_G}{\mu_L}\right)^{0.107}$$

$$= 0.672 \times \left(\frac{0.715 \times 2.96 \times 10^{-4}}{80 \times 10^{-3}}\right)^{0.578} \times \left[\frac{(2.96 \times 10^{-4})^4 \times 9.81}{1120 \times (80 \times 10^{-3})^3}\right]^{-0.131} \times$$

$$\left(\frac{1.20}{1120}\right)^{0.062} \times \left(\frac{1.30 \times 10^{-5}}{2.96 \times 10^{-4}}\right)^{0.107}$$

$$= 0.672 \times 0.03237 \times 48.70 \times 0.6544 \times 0.7158$$

$$= 0.4962$$

（8）鼓泡塔内气液层高度 H_{GL}

$$H_{GL} = \frac{H_L}{1 - H_G} = \frac{13.6}{1 - 0.4962} = 26.99\text{m}$$

（9）鼓泡塔反应器总高 H

分离空间高度 H_E 由式（17-25）得

$$H_E = \alpha_E D = 0.75 \times 1.53 = 1.15\text{m}$$

顶盖死区高度 H_C 采用球型封头

$$H_C = 0.5D = 0.5 \times 1.53 = 0.77\text{m}$$

鼓泡塔反应器总高 H 为

$$H = H_{GL} + H_E + H_C = 26.99 + 1.15 + 1.15 = 28.91\text{m}$$

17.3.2　鼓泡塔反应器的数学模型法计算

气液两相接触的传递过程和流动过程都比较复杂，因而目前对鼓泡塔反应器的设计还没有达到成熟和满意的阶段。有关鼓泡塔反应器的数学模型，只能局限于几种简化了的理想模型。表 17-1 列举了不同操作情况下气相和液相的流动模型。这些都是按工业鼓泡反应器的实际操作，即沿轴向坐标各相的空间分布情况确定的，具体请详见相关资料手册。

表 17-1　鼓泡塔反应器的数学模型

操作方法	气相　　　液相
连续	a 平推流—A 平推流 b 全混流—B 全混流
半连续	a 平推流—B 完全混合 b 全混流
间歇	b 完全混合—B 完全混合

任务 ⑱ 填料塔反应器设计

📋 工作任务

根据化工产品的生产条件和工艺要求进行填料塔反应器的工艺设计。

📖 技术理论

填料塔反应器的工艺设计计算要求与《传质与分离技术》中填料塔的相同。在已知气体与液体的进料量及组成的条件下，计算填料塔反应器的塔径与填料层高度。

塔径的计算与《传质与分离技术》中填料塔的计算相同，即由埃克特图（或方程）计算出液泛气速，再取液泛气速的 0.6～0.8 倍作为填料塔式反应器的空塔气速，由此可计算出塔径，公式同式（17-23）。

塔高（填料层高度）的计算公式可从塔内微元高度 dZ 作物料衡算求得，设气体内被吸收溶质的含量较少

$$G dy_A = K_{GA} a (y_A - y_A^*) p dZ \tag{18-1}$$

式中，G 为气体的空塔摩尔流速，$\text{mol}/(\text{m}^2 \cdot \text{s})$；$y_A$、$y_A^*$ 分别为气相中被吸收组分 A 的摩尔分数和液流主体中 A 的平衡摩尔分数；a 为单位体积气-液传质比表面积，m^2/m^3；K_{GA} 为以气相量表示的总传质系数，$\text{mol}/(\text{m}^2 \cdot \text{Pa} \cdot \text{s})$。它与气膜传质系数 k_{GA}、液膜传质系数 k_{LA} 的关系为

$$\frac{1}{K_{GA} a} = \frac{1}{k_{GA} a} + \frac{H_A}{k_{LA} a} \tag{18-2}$$

对式（18-2）分离变量积分，得

$$Z = \frac{G}{p} \int_{y_{A2}}^{y_{A1}} \frac{dy_A}{K_{GA} a (y_A - y_A^*)} \tag{18-3}$$

式中，y_{A1}、y_{A2} 分别为进、出吸收塔气体中被吸收组分 A 的摩尔分数。

式（18-3）一般用图解积分法求解。如果平衡线为直线（$y^* = mx$），平均推动力取 $y_A - y_A^*$ 的对数平均值，式（18-3）可简化成

$$Z = \frac{G}{(K_{GA} a)_m p} \times \frac{y_{A1} - y_{A2}}{(y_A - y_A^*)_{LM}} \tag{18-4}$$

式中，下标 m 和 LM 分别表示平均值和对数平均值。$(K_{GA} a)_m$ 一般指塔底和塔顶的算术平均值。

如果气体内被吸收溶质的含量较高，且大部分被吸收，式（18-1）内的 G 不再为定值，应该用惰性气体量为基准进行物料衡算

$$G_I d\left(\frac{y_A}{1 - y_A}\right) = K_{GA} a (y_A - y_A^*) p dZ \tag{18-5}$$

或

$$Z = \frac{G_I}{p} \int_{y_{A2}}^{y_{A1}} \frac{dy_A}{K_{GA} a (1 - y_A)^2 (y_A - y_A^*)} \tag{18-6}$$

式中，G_I为惰性气体的恒摩尔流速，$mol/(m^2 \cdot s)$。其他参数的意义同式(18-1)。

上式亦可用图解积分法求Z，对$1-y_A$和$K_{GA}a$值用进、出口的平均值，上式可简化成

$$Z = \frac{G_I}{p(K_{GA}a)_m(1-y_A)_m^2} \int_{y_{A2}}^{y_{A1}} \frac{\mathrm{d}y_A}{y_A - y_A^*} \tag{18-7}$$

如果平衡线为直线，可得到与式(18-4)相一致的计算式

$$Z = \frac{G_I}{(K_{GA}a)_m p(1-y_A)_m^2} \frac{y_{A1}-y_{A2}}{(y_A-y_A^*)_{LM}} \tag{18-8}$$

通常y_A^*可以忽略不计，从式(18-6)可得

$$Z = \frac{G_I}{(K_{GA}a)_m p} \left\{ \frac{1}{1-y_{A1}} - \frac{1}{1-y_{A2}} - \ln\left[\left(\frac{1-y_{A1}}{y_{A1}} \right) \left(\frac{y_{A2}}{1-y_{A2}} \right) \right] \right\} \tag{18-9}$$

以上公式是取$K_{GA}a$在塔内的平均值。但是，在塔内气体流量有很大变化时，$K_{GA}a$值会有显著的变化，因而用以上公式计算有较大的误差。

在式(18-2)中k_{GA}与k_{LA}分别是A组分的气膜及液膜传质系数［单位分别是$mol/(s \cdot m^2 \cdot Pa)$及$m/s$］，根据实验测定，其值可通过以下两式计算得到

$$\frac{k_{GA}p}{G_M} = \frac{5.23}{M}(a_t d)^{-1.7} \left(\frac{G_M d_0}{\mu_G} \right)^{-0.3} \left(\frac{\mu_G}{\rho_G D_{GA}} \right)^{-2/3} \tag{18-10}$$

$$k_{LA} \left(\frac{\rho_L}{\mu_L g} \right)^{1/3} = 0.005 \left(\frac{G_L}{a_w \mu_L} \right)^{2/3} \left(\frac{\mu_L}{\rho_L D_{LA}} \right)^{-1/2} (a_t d)^{0.4} \tag{18-11}$$

式中，G_M、G_L分别为气体、液体质量流速，$kg/(m^2 \cdot s)$；M为气体的平均摩尔质量，$kg/kmol$；d为填料公称直径，m；a_t为填料层的比表面积，m^2/m^3；D_{GA}、D_{LA}分别为A组分在气体和液体中的分子扩散系数，$mol/(s \cdot m \cdot Pa)$。

a_w为单位填料堆积体积内的浸润面积，其与填料层的比表面积a_t有如下关系

$$\frac{a_w}{a_t} = 1 - \exp\left[-1.45 \left(\frac{\sigma_C}{\sigma_L} \right)^{0.75} \left(\frac{G_L}{a_t \mu_L} \right)^{0.1} \left(\frac{G_L^2 a_t}{\rho_L g} \right)^{-0.05} \left(\frac{G_L^2}{\rho_L a_t \sigma_L} \right)^{0.2} \right] \tag{18-12}$$

式中，σ_C为液体临界表面张力，N/m。

式(18-10)适用于多种气体和球形、拉西环及鞍形填料，当使用小直径填料（<15mm）时将常数5.23改为2.0。

 知识拓展

反应器设计要点

设计反应器时，应首先对反应做全面的、较深刻的了解，比如反应的动力学方程或反应的动力学因素、温度、浓度、停留时间和粒度、纯度、压力等对反应的影响，催化剂的寿命、失活周期和催化剂失活的原因、催化剂的耐磨性以及回收再

生的方案、原料中杂质的影响、副反应产生的条件、副反应的种类、反应特点、反应或产物有无爆炸危险、爆炸极限如何、反应物和产物的物性、反应热效应、反应器传热面积和对反应温度的分布要求、多相反应时各相的分散特征、气-固相反应时粒子的回床和回收以及开车的装置、停车的装置、操作控制方法等，尽可能掌握和熟悉反应的特性，方可在考虑问题时能够瞻前顾后，不至于顾此失彼。

在反应器设计时，除了通常说的要符合"合理、先进、安全、经济"的原则，在落实到具体问题时，要考虑下列设计要点。

1. 保证物料转化率和反应时间

这是反应器工艺设计的关键条件，物料反应的转化率有动力学因素，也有控制因素，一般在工艺物料衡算时，已研究确定。设计者常常根据反应特点、生产实践和中试及工厂数据，确定一个转化率的经验值，而反应的充分和必要时间也是由研究和经验所确定的。设计人员根据物料的转化率和必要的反应时间，可以在选择反应器型式时，作为重要依据，选型以后，并依据这些数据计算反应器的有效容积和确定长径比例及其他基本尺寸，决定设备的台件数。

2. 满足物料和反应的热传递要求

化学反应往往都有热效应，有些反应要及时移出反应热，有些反应要保证加热的量，因此在设计反应器时，一个重要的问题是要保证有足够的传热面积，并有一套能适应所设计传热方式的有关装置。此外，在设计反应器时还要有温度测定控制的一套系统。

3. 设计适当的搅拌器和类似作用的机构

物料在反应器内接触应当满足工艺规定的要求，使物料在湍流状态下，有利于传热、传质过程的实现。对于釜式反应器来说，往往依靠搅拌器来实现物料流动和接触的要求，对于管式反应器来说，往往有外加动力调节物料的流量和流速。搅拌器的型式很多，在设计反应釜时，当作为一个重要的环节来对待。

4. 注意材质选用和机械加工要求

反应釜的材质选用通常都是根据工艺介质的反应和化学性能要求，如反应物料和产物有腐蚀性，或在反应产物中防止铁离子渗入，或要求无锈、十分洁净，或要考虑反应器在清洗时可能碰到腐蚀性介质等，此外，选择材质与反应器的反应温度有关联，与反应粒子的摩擦程度、磨损消耗等因素有关。不锈钢、耐热锅炉钢、低合金钢和一些特种钢是常用的制造反应器的材料。为了防腐和洁净，可选用搪玻璃衬里等材料，有时为了适应反应的金属催化剂，可以选用含这种物质（金属、过渡金属）的材料作反应器，可收到一举两得之功。材料的选择与反应器加热方法有一定关系，如有些材料不适用于烟道气加热，有些材料不适合于电感应加热，某些材料不宜经受冷热冲击等，都要仔细认真地加以考虑。

工作任务

对乙苯生产用鼓泡塔反应器进行操作与控制。

技术理论

19.1 烃化塔操作与控制

下面以乙烯和苯生产乙苯为例进行鼓泡塔反应器的操作与控制。

19.1.1 原理及流程简述

19.1.1.1 反应原理

乙烯气体与苯在液相中以三氯化铝复合体为催化剂进行烃化反应，生成物中含有主产物乙苯，未反应的过量苯及反应的副产物二乙苯及三烃基苯、四烃基苯（统称多乙苯）。苯、乙苯和多乙苯的混合物称为"烃化液"。

主反应式　$C_6H_6 + C_2H_4 \xrightarrow[95℃\pm5℃]{AlCl_3\ 复合体} C_6H_5C_2H_5$（乙苯）

同时生成深度烃化产物

$$C_6H_5C_2H_5 + C_2H_4 \longrightarrow C_6H_4(C_2H_5)_2 （二乙苯）$$

$$C_6H_4(C_2H_5)_2 + C_2H_4 \longrightarrow C_6H_3(C_2H_5)_3 （三乙苯）$$

甚至可以生成四、五、六乙苯。

在烃化反应的同时，由于三氯化铝复合体催化剂的存在，也能进行反烃化反应，如

$$C_6H_4(C_2H_5)_2 + C_6H_6 \longrightarrow 2C_6H_5C_2H_5$$

从烃化塔出来的烃化液带有部分 $AlCl_3$ 复合体催化剂，这部分 $AlCl_3$ 复合体催化剂经过冷却沉降以后，有活性的一部分送回烃化塔继续使用，另一部分综合利用分解处理。

19.1.1.2 工艺流程简述

工艺流程如图 19-1 所示。精苯由苯贮槽用苯泵送入烃化塔，乙烯气经缓冲器送入烃化塔，根据反应的实际情况用乙烯间隙地将三氯化铝催化剂从三氯化铝槽定量地压入烃化塔。苯和乙烯在三氯化铝槽催化剂的存在下起反应，烃

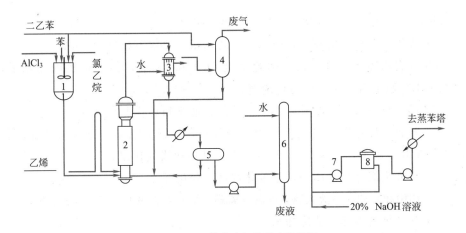

图 19-1 乙苯生产烃化反应流程图

1—催化剂配制槽；2—鼓泡塔反应器；3—冷凝器；4—二乙苯吸收器；5—沉降槽；

6—水洗塔；7—中和泵；8—油碱分离槽

化塔内的过量苯蒸气及未反应的乙烯气经过捕集器捕集，使带出的烃化液回至烃化液沉降槽，其余气体进入循环苯冷凝器中冷凝。从烃化塔出来的流体经气液分离器后，回收苯送入水洗塔，分离出来的尾气（即 HCl 气体）进入尾气洗涤塔洗涤。沉降槽上层烃化液流入烃化液缓冲罐，进入缓冲罐的烃化液由于烃化系统本身的压力压进水洗塔底部进口，水洗塔上部出口溢出的烃化液进入烃化液中间槽，水洗塔中的污水由底部排至污水处理系统。由烃化液中间罐出来的烃化液与由碱液罐出来的 NaOH 溶液一起经过中和泵混合中和。中和之后的混合液进入油碱分离沉降槽沉降分离。

📋🔍 **任务实施**

19.1.2 正常开车

① 如是原始开车，需用一定量的空气对系统进行吹扫，直至干净、干燥，并保证无泄漏（吹扫时，先开调节阀旁路阀，再开调节阀，即凡有旁路的需先开旁路）。

② 组织开车人员全面检查本系统工艺设备，仪表、管线、阀门是否正常和安装正确，是否已吹扫，试压后的盲板是否经拆除，即全部处于完善备用状态。

③ 保证制备好 AlCl₃ 复合体，打好苯和碱液，即原材料必须全部准备就绪。

④ 关闭所有入烃化塔阀门（即乙烯阀、苯阀、苯计量槽出口阀、多乙苯转子流量计前后的旁路阀），关闭各设备排污阀，关闭去事故槽阀，关闭烃化液沉降槽，放废复合体阀门，关闭各取样阀，开启各安全阀之根部阀，开启各设备放空阀，开启尾气塔进气阀门，关闭各泵进出口阀，开启各种仪表、调节阀，再作一次全面检查。

⑤ 与调度联系水、电、汽及其他原料。

⑥ 开启水解塔、尾气塔进水阀门，开启Ⅱ型管出水阀，调节好进水量和

出水量，系统稍开烃化冷却、冷凝、进出水阀门。

⑦ 排放苯贮槽中的积水，分析苯中含水量，要求不超过 $1000\mu L/L$。

⑧ 开启乙烯缓冲罐，用乙烯置换至 $O_2 \leqslant 0.2\%$ 后，使乙烯罐内充乙烯，至 $0.3MPa$ 稳定后，切入压力自调阀。

⑨ 排尽蒸汽管中冷凝水，开蒸汽总阀，使车间总管上有蒸汽。

⑩ 开启入烃化塔苯管线上的阀门和苯泵，打开多乙苯转子流量计阀，向塔内打苯和多乙苯，停泵，沉降 2h 左右，从烃化塔底排水。

⑪ 从催化剂计量槽压一定量催化剂进入烃化塔。

⑫ 用中和泵抽新碱液入第一油碱分离器，至分离器的 1/2 高度（看液位计）。

⑬ 开烃化塔上部二节冷却水。

⑭ 往烃化塔下部第一节夹套通入 $0.1MPa$ 左右的蒸汽。

⑮ 稍开乙烯阀，问塔内通乙烯，按照控制塔内温度上升速率为 $30\sim40℃/h$ 控制乙烯入烃化塔流量，并注意尾气压力和尾气塔中洗涤情况。

⑯ 根据通入乙烯后反应情况和夹套加热，可调节蒸汽量和冷却水量。

⑰ 当烃化塔内反应温度升至 $85\sim90℃$ 时，再开苯泵，稳定泵压 $0.3MPa$，开泵流量计调节苯进料流量，并加大乙烯流量，根据温度情况反复调节，保证温度在 $95℃$ 左右，并且苯量是乙烯量的 $8\sim10$ 倍。

⑱ 反应过程中，每小时向塔内压入新 $AlCl_3$ 复合体一次，压入量可按进苯量的 $5\%\sim8\%$ 计（8% 的量是指才开车，沉降槽内还未回流时）。

⑲ 经常巡回，根据设备、管道的温度估计烃化塔出料情况，当看到烃化液充满烃化液缓冲罐时开始观察水解塔，注意水解塔下水情况［下水需清晰，但带有少量 $Al(OH)_3$］，一般水解塔进水量可控制在烃化塔进料量的 $1\sim1.3$ 倍，使油水界面稳定于水解塔中部位置。

⑳ 水解塔正常后，中和泵开始打油水分离沉降槽中的碱液，进行循环，然后开烃化液入中和泵阀门，调小入中和泵碱液阀，使烃化液吸入，观察烃化液中间槽中的烃化液液面稳定于 1/4。

㉑ 调节第一油碱分离沉降槽的碱液循环量，使烃化液与碱液分界面在贮槽的 1/3 处，烃化液从第一油碱液沉降槽上部出口溢出进入第二油碱分离沉降槽，再从第二油碱分离沉降槽上部进入烃化液贮槽，贮存后供精馏开车使用。碱液仍入中和泵循环使用。

㉒ 中和开车后，可通知精馏岗位做开车准备，通知分析工分析烃化液酸碱性，烃化液酸碱度应在 $pH=7\sim9$ 之间，并维持第一油碱分离器界面在 $1/3\sim1/2$ 处。

19.1.3 停车

(1) 正常停车

① 与调度室联系决定停车后，通知前后工序及其他岗位做停车准备。

② 切断苯泵电源，停止进苯，立即关闭苯入塔阀门，然后再关闭操作室与现场调节阀前后阀。

③ 与造气联系停送乙烯气，关闭乙烯气入塔阀门，然后关闭其调节阀前后阀门。

④ 继续往水解塔进水，待水解塔内烃化液由上部溢完后停止进水，并由底部排污阀放完塔内存水。

⑤ 停止加入新 $AlCl_3$ 复合体，关闭复合体入塔阀门。

⑥ 关闭烃化液冷却器进水阀，并放完存水。

⑦ 停止烃化塔夹套加热，并放完存水。

⑧ 停止尾气洗涤塔进水。

⑨ 乙烯缓冲罐进行放空。

⑩ 在水解塔做好停车步骤的期间，待烃化液中间罐内物料出完后，停烃化液中和泵，关闭进出口阀门及关碱液循环阀门。

⑪ 待油碱分离沉降槽内烃化液溢完后，放出油碱分离沉降槽内的碱液。

⑫ 关闭所有其他阀门，停止使用一切仪表，并在停车后进行一次全面复查。

（2）临时停车

1）临时停车由班长与工段长或车间负责人根据以下情况酌情处理

① 冷却水、蒸汽、电中断或生产所必需条件的某一条件被破坏。

② 外车间影响，中断乙烯气，或乙烯不符合要求。

③ 反应温度高于 100℃ 且在 1～2h 内仍无法调节。

④ 设备管线及阀门发现有严重堵塞或因腐蚀泄漏，经抢救仍无效时。

2）临时停车及停车步骤

① 参照正常停车①～⑤进行。

② 放完烃化塔夹套存水。

③ 停车 8h 以上须对烃化塔内物料继续进行保温。

④ 临时停车后重新开车，参照正常开车相应阶段进行。

3）紧急停车

① 工段内或有关段及车间发生火情、雷击、大台风等进行紧急停车。

② 紧急停车，应立即切断进乙烯气及进苯阀门，停止进料。

③ 同时与调度联系，停送原料气。

④ 停进 $AlCl_3$ 复合体溶解。

⑤ 按临时停车步骤处理。

19.1.4 正常操作

（1）烃化温度

烃化温度的高低直接影响产品的质量。温度过高时深烃化物量增多，选择性下降；温度过低时反应速率减小，产量下降。通常维持烃化温度在 95℃ ± 5℃ 的范围内。生产中常采用三种方法来控制反应温度：第一种方法是控制苯进量，由于该烃化反应是放热反应，当反应温度偏高时可以减小进苯量，反之则增大进苯量；第二种方法是采用向烃化塔外夹套通入水蒸气或冷却水方法来控制；第三种方法是通过回流烃化液的温度进行调节。

（2）烃化压力

烃化压力的考虑因素主要是在反应温度下苯的挥发度，在一个标准大气压下苯的沸点是80℃，而反应温度为95℃±5℃，因此必须维持一定的正压。通常反应压力为0.03～0.05MPa（表压）。

（3）流量控制

鼓泡塔反应器在正常操作时，反应物苯在鼓泡塔中是连续相，乙烯是分散相。通常取苯的流量为乙烯流量的8～11倍，$AlCl_3$复合体加入量为苯流量的4%～5%。

19.1.5　烃化塔常见异常现象与事故处理

（1）烃化塔常见异常现象及处理方法

苯烃化生产乙苯中鼓泡塔反应器生产过程中常见异常现象及处理方法见表19-1。

表19-1　烃化塔常见异常现象及处理方法

序号	异常现象	原因分析判断	操作处理方法
1	反应压力高	①苯中带水 ②尾气管线堵塞 ③苯回收冷凝器断水 ④乙烯进量过多	①立即停止苯及乙烯进料并将气相放空 ②停车检修 ③检查停水原因再行处理 ④减少乙烯进料量，或增加苯流量
2	反应温度高	①烃化塔夹套冷却水未开或未开足 ②$AlCl_3$复合回流温度高 ③苯中带水 ④乙烯进量过多	①开足夹套冷却水 ②增大烃化液冷却器进水量 ③停止苯进料，放出苯中存水 ④减少乙烯进料量或增加苯流量
3	反应温度低	①烃化塔夹套冷却水过大 ②$AlCl_3$复合体回流温度低 ③$AlCl_3$复合体活性下降，或加水量太少 ④乙烯进量过少或苯进量过多	①减少或关闭夹套进水 ②减少烃化液冷却器进水量 ③放出废复合体，补充新复合体 ④增加乙烯流量或减少苯流量
4	烃化塔底部堵塞	①苯中含硫化物或苯中带水 ②乙烯中含硫化物或带炔烃多 ③$AlCl_3$质量不好 ④排放废$AlCl_3$量太少	①、②由烃化塔底部放出堵塞物或由复合体沉降体槽底部排除废复合体 ③退回仓库 ④增加排放废$AlCl_3$量

序号	异常现象	原因分析判断	操作处理方法
5	冷却、冷凝器出水 pH<7	设备防腐蚀衬里破裂或已烂穿,腐蚀严重	停止进水,放出存水,情况不严重者可继续开车
6	烃化塔底部阀门严重泄漏	腐蚀严重	停车调换阀门。紧急时可将塔内物料放入事故贮槽
7	油碱分离器第一沉降槽,物料由放空管跑出	中和泵进碱液量太大	关放空阀门,适当减少进液量

(2) 其他事故处理

1) 水、电、汽、原料乙烯、苯中断

可按临时停车处理。

2) 火警事故

① 车间内发生火情,由岗位人员、班长、工段长及车间负责人根据火警情况决定处理意见。

② 工段内发生火情,进行紧急停车,同时报警进行灭火。

③ 造气车间及与本工段有关联的单位发生火情或其他事故,应立即与调度联系,决定处理意见。

④ 工段内发生严重雷击或大台风,不能维持生产,进行紧急停车。

⑤ $AlCl_3$ 计量槽液面管破裂,在可能条件下立即关闭液面管上下阀门开关,并立即开 $AlCl_3$ 溶液出料阀,关乙烯进气阀,开放空阀,出完料后进行修理。

19.2 鼓泡塔反应器常见故障处理与维护要点

19.2.1 常见故障及处理方法

鼓泡塔反应器常见故障及处理方法见表 19-2。

表 19-2 鼓泡塔反应器常见故障及处理方法

▷ 动画

鼓泡塔反应器常见故障及处理方法

序号	故障现象	故障原因	处理方法
1	塔体出现变形	①塔局部腐蚀或过热使材料强度降低,而引起设备变形 ②开孔无补强或焊缝处的应力集中,使材料的内应力超过屈服极限而发生塑性变形 ③受外压设备,当工作压力超过临界工作压力时,设备失稳而变形	①防止局部腐蚀产生 ②矫正变形或切割下严重变形处,焊上补板 ③稳定正常操作

序号	故障现象	故障原因	处理方法
2	塔体出现裂缝	①局部变形加剧 ②焊接的内应力 ③封头过渡圆弧弯曲半径太小或未经返火便弯曲 ④水力冲击作用 ⑤结构材料缺陷 ⑥振动与温差的影响	裂缝修理
3	塔板越过稳定操作区	①气相负荷减小或增大,液相负荷减小 ②塔板不水平	①控制气相、液相流量。调整降液管、出入口堰高度 ②调整塔板水平度
4	鼓泡元件脱落和腐蚀掉	①安装不牢 ②操作条件破坏 ③泡罩材料不耐腐蚀	①重新调整 ②改善操作,加强管理 ③选择耐蚀材料,更新泡罩

19.2.2 鼓泡塔反应器维护要点

(1) 停车检查

塔设备停止生产时,要卸掉塔内压力,放出塔内所有存留物料,然后向塔内吹入蒸汽清洗。打开塔顶大盖(或塔顶气相出口)进行蒸煮、吹除、置换、降温,然后自上而下地打开塔体人孔。在检修前,要做好防火、防爆和防毒的安全措施,既要把塔内部的可燃性或有毒性介质彻底清洗吹净,又要对设备内及塔周围现场气体进行化验分析,达到安全检修的要求。

(2) 塔体检查

① 每次检修都要检查各附件(压力表、安全阀与放空阀、温度计、单向阀、消防蒸汽阀等)是否灵活、准确。

② 检查塔体腐蚀、变形、壁厚减薄、裂纹及各部分焊接情况,进行超声波测厚和理化鉴定。并作详细记录,以备研究改进及作为下次检修的依据。经检查鉴定,如果认为对设计允许强度有影响时,可进行水压试验,其值参阅有关规定。

③ 检查塔内污垢和内部绝缘材料。

(3) 塔内外检查

① 检查塔板各部件的结焦、污垢、堵塞情况,检查塔板、鼓泡构件和支承结构的腐蚀及变形情况。

② 检查塔板上各部件(出口堰、受液盘、降液管)的尺寸是否符合图纸及标准。

③ 对于浮阀塔板,应检查其浮阀的灵活性,是否有卡死、变形、冲蚀等现象,浮阀孔是否有堵塞。

④ 检查各种塔板、鼓泡构件等部件的紧固情况,是否有松动现象。

在线资源扫码使用

工作任务

对环氧乙烷生产过程中的二氧化碳接触塔进行操作与控制。

技术理论

20.1　二氧化碳接触塔操作与控制

20.1.1　工艺流程简述

工艺流程如图 20-1 所示。来自循环压缩机出口循环气（含 CO_2 体积分数为 8.1%）与回收的压缩机出口气体汇合后（含 CO_2 体积分数大约为 8.9%），这股富二氧化碳循环气进到预饱和器部分，在预饱和器内循环气同来自接触塔分离罐的洗涤水逆流接触，直接进行热交换，使循环气温度升高。然后，富二氧化碳循环气进入接触塔的底部，在此循环气与贫碳酸钾溶液接触，循环气中的碳酸钾转化为碳酸氢钾，使循环气中的二氧化碳含量减少到 CO_2 体积分数为 3.86%，贫二氧化碳循环气从接触塔的顶部流到分离罐底部。

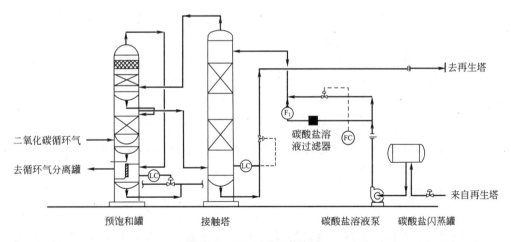

☆图 20-1　CO_2 吸收工艺流程

在接触塔分离罐内，贫二氧化碳循环气同来自洗涤水冷却器的水直接接触，被冷却和洗涤。洗涤后的贫二氧化碳循环气离开预饱和器和循环气分离罐，流到塔底部的分离罐，离开分离罐的贫二氧化碳循环气返回到反应单元。

来自接触塔底部的富二氧化碳碳酸盐溶液减压进入再生塔进料闪蒸罐。在此，溶解在富碳酸盐溶液中的所有碳氢化合物基本上都闪蒸出来，进入气相，作为塔顶采出物，并同再吸收塔塔顶气体一起经回收压缩机送回预饱和罐。

任务实施

20.1.2 开车前准备

二氧化碳脱除系统的准备和试验主要包括下面几个步骤。

(1) 机械清洗及检查

检查接触塔、再生塔和再沸器内部是否有脏物和碎屑，应彻底清除这些杂物。在向塔内装入填料之前，应清洗塔内。检查系统的所有保温及伴热已安装完毕。检查并确认滴孔已设在应有的位置并且是打开的。如果有必要，应检查和清洗过滤器。

(2) 水洗

在接触塔升压前，用脱盐水洗涤接触塔分离和预饱和罐。运行洗涤水流量控制器、液位控制器和压差记录。建立预饱和罐液位，并用洗涤水泵循环洗涤水。

向再生塔加入脱盐水。当液位达到再生塔塔釜视镜顶部时，把水送到碳酸盐闪蒸罐，在液位控制器控制下建立液位，然后用泵将水打到接触塔。到接触塔的碳酸盐流量控制器应打到手动，用以维持碳酸盐溶液泵要求的最小流量。无论何时，在碳酸盐溶液泵运行时，到泵的密封冲洗脱盐水都不能停。另外所有仪表的冲洗水都应投入运行。接触塔同前面叙述的循环气系统一样用氮气升压到约1.5MPa，并同循环气系统隔离。连续补加脱盐水，以维持再生塔和碳酸盐闪蒸罐的液位。在停碳酸盐溶液泵之前，使液位接近各玻璃液位计的顶部。

当操作稳定时，应将控制系统置于自动控制。操作条件应尽量接近设计条件。经过系统的循环水，经常检查泵的过滤网和过滤器，以排除异物。系统应注意确保接触塔不能向再生塔泄压。反复加水循环和排放操作，一直到排出水干净为止。

控制低液位开关，防止接触塔排空。观察接触塔的液位，确保报警功能好用。当循环水干净时，通过对再生塔再沸器加蒸汽把循环水加热到沸点，并继续循环。再次清除脏物，直到循环水干净为止。

(3) 碱洗

在大约70℃温度下，用4.5% NaOH溶液碱洗脱除系统。为了防止设备的碱脆化，在任何情况下碱液温度都不许超过80℃。给再生塔充液，并按水洗程序使水循环到接触塔及再生塔进料内蒸罐。调节系统存量，使总容量还能增加30%左右。当系统循环达到适宜的速率及流量处于自动控制时，开始向系统中加碱。

碱量应加到使溶液的质量分数达到4.5%。如果需要，可以向再生塔再沸器中加入蒸汽，使溶液温度升到 70℃ 左右。经系统循环碱溶液，以除去油和油脂。在碱洗期间，应经常检查泵过滤网，看溶液过滤器是否有污垢。碱洗循环应持续 24h（如果过滤网或过滤器仍有污垢，则循环时间应更长一些），之后将碱液排放掉。

如果洗涤溶液试样经分析后符合要求，就将系统排空，并用脱盐水对系统冲洗 8～12h。这时系统可准备用循环气进行干运转。如果洗涤溶液试样经分析后不符合要求，则先用清洁冷水将系统冲洗 8h 后，再在 70℃ 温度下用4.5% 的碱液进行第二次碱洗。此操作应继续到洗涤溶液显示出满意的低发泡趋势为止。然后将碱液排掉，将系统用清洁水最终冲洗 8h 后，再往下进行。

(4) 加入碳酸盐

加入一定量的碳酸钾制成 30%（质量分数）的碳酸盐溶液。碳酸钾经碳酸盐溶解罐顶部人孔加入，在此罐中碳酸钾被脱盐水及从碳酸盐输送泵出口的循环液溶解。提供低压蒸汽促进碳酸盐的溶解（50～70℃）。水要加足，使碳酸盐溶液质量分数达到 35%～50%。

分析碳酸盐溶液浓度，如溶液浓度达到规定值，就把这批料用泵打到碳酸盐贮罐中。这种分批制备过程一直重复进行，到碳酸盐贮罐接近装满为止。

在把碳酸盐输送到再生塔之前，所有仪表冲洗水应处于使用状态。开始将碳酸盐溶液打进再生塔中，当再生塔和碳酸盐溶液闪蒸罐液位都达到视镜顶部时，将一些碳酸盐溶液打进接触塔，使系统达到设计液位并开始循环。接通碳酸盐溶液过滤器，按需要调节接触塔的塔压，以维持流量。

(5) 通过碳酸盐系统的循环气体干运转

一旦加入碳酸盐溶液，整个系统进入稳定操作，则开始进行干运转。此时采取循环气系统带循环压缩机共同运行。接触塔分离罐和预饱和罐也应处于运行状态。

在试车期间，轮流启动各泵，以检查各泵的操作运转情况。使碳酸盐过滤器要有一股流量通过。定期分析循环溶液，当热的碳酸盐溶液循环 5 天时，系统即已准备好进行脱除。

20.1.3 正常开车

① 初次开车时，循环气系统必须用氮气升压。

② 循环水系统必须运行。

③ 循环气压缩机运行，小股物流经过反应器，大部分物流经过旁路。

④ 反应器及反应器冷却器蒸汽发生系统运行，反应温度为 200℃。

⑤ 二氧化碳脱除系统处于运行状态，有一小股循环气通过。

⑥ 所有气体分析器投入运行并已标定。

20.1.4 正常停车

① 当所有的氧气都已耗尽，不再有二氧化碳生成时，切断二氧化碳接触塔气体进出口。

② 在设计浓度下，碳酸氢盐将在 55% 时析出。在碳酸氢盐全部转化之前，碳酸盐再生必须继续进行。当溶液完全再生后，停止向再生塔通蒸汽。

③ 如果长期停车（5 天或更长时间），应该停碳酸盐溶液泵，塔内的液体排到碳酸盐贮罐。碳酸盐贮罐的温度必须保持在 70℃，因碳酸盐系统重新启动要比环氧乙烷生产装置其他部分开车提前很久。

20.1.5 正常操作

二氧化碳接触塔的控制参数为：碳酸盐流量、液位和气体流量。

(1) 碳酸盐流量

碳酸盐溶液所需的流量应保持在设计值。如果反应器入口二氧化碳浓度连续超过设计值（或接触塔出口二氧化碳超过设计值），需少量增加碳酸盐溶液流量，应检查贫碳酸盐溶液中碳酸氢盐/碳酸盐的浓度。

(2) 消泡

接触塔发泡的结果非常有害，会使碳酸盐进入反应系统。使用一种合适的消泡剂来控制可能发生的起泡。消泡剂应少量添加，不能大量一次加入。初期每天加入约 25～50mL。消泡剂的加入数量和频率应根据循环气通过二氧化碳系统的压差来调节。定期控制碳酸盐溶液的起泡。

为确保发泡在可控下，最重要的是监视下列参数的相关变化趋势。

① 通过接触塔的压力降。建立气体流量和在稳定状态下压力降的关系。任何压差增加使建立的液位超过 10%，应立即加入消泡剂。如果没有改善发泡性能，循环气量应逐渐减少，直到发泡终止。

② 发泡试验要定期分析并且结果应监控。任何来自操作液位的主要的偏差都应立即再确认。

③ 在碳酸盐溶液中的乙二醇浓度的变化是由洗涤塔的性能决定的。

④ 控制乙二醇含量低于 5%。

⑤ 通过监控铁和其他微粒物质来一直保持碳酸盐溶液的清洁。碳酸盐过滤器的正确运行是脱除微粒物的关键。

如果过量的消泡剂加入系统，碳酸盐溶液将发泡。为避免加入过量的消泡剂，要求使用定量瓶。

(3) 接触塔液位

一般来说，接触塔液位最好保持在液位控制器量程的 50%（大约）。

(4) 循环气流量

通过接触塔的循环气流量由流量控制阀控制，它控制流经二氧化碳脱除系统的循环气流量，位于从接触塔分离罐去循环气分离罐上游的循环气系统的出口管线上。脱除反应器中产生的二氧化碳，并在稳定的状态下保持循环气中的二氧化碳浓度。通过调节循环压缩机出口的阀门来间接控制通过接触塔的循环气流量，这个流量应调节到维持在反应器进口循环气中的二氧化碳在 7%（摩尔分数）或低于 7%。

当进入接触塔的气体流量变化时，应注意防止起泡或液泛。

(5) 洗涤水流量

洗涤水被送到接触塔洗涤部分，然后在液位控制下进入接触塔的预饱和罐部分。在洗涤部分任何由贫二氧化碳循环气带来的碳酸盐都被洗涤下来。在预饱和罐部分富二氧化碳循环气被加热后进入接触塔。避免过大的流量，以防止可能在液体分布器上发生起泡并使水进入反应系统。要监控洗涤水中碳酸盐和碳酸氢盐的含量。如需要，通过再生塔凝液泵向洗涤水回路加入新鲜脱盐水，排出一些水以减少洗涤水中的碳酸盐含量。

(6) 预饱和罐液位

一般来说，预饱和罐液位应保持在控制器量程的 50% 左右。

(7) 碳酸盐溶液浓度

贫碳酸盐溶液应维持在当量碳酸钾在 25%（质量分数）。较低的浓度将减少二氧化碳脱除系统的能力。较高的浓度可能使重碳酸盐沉淀。

20.1.6 二氧化碳接触塔常见异常现象与处理方法

在生产过程中二氧化碳接触塔的常见异常现象与处理方法见表 20-1。

表 20-1 二氧化碳接触塔常见异常现象与处理方法

序号	异常现象	原因分析判断	操作处理方法
1	①解吸塔塔顶冷却水中断 ②解吸塔塔顶温度和压力升高,入口阀处于常开状态,冷却水流量为零	冷却水中断	①打开调压阀保压,关闭加热蒸汽阀门,停用再沸器 ②停止向吸收塔进富 CO_2 循环气 ③停止向解吸塔进料 ④关闭循环气出口阀 ⑤停止向吸收塔加入碳酸盐溶液,停止解吸塔回流 ⑥事故解除后按热状态开车操作
2	仪表风中断	各调节阀全开或全闭	①打开并调节吸收塔碳酸盐溶液流量调节阀的旁通阀,并使流量维持在正常值 ②打开并调节吸收塔塔釜溶液流量调节阀的旁通阀,并使流量维持在正常值 ③打开吸收塔温度和压力调节阀的旁通阀,并使之维持在正常值 ④打开并调节控制解吸塔的液位和回流量调节阀的旁通阀,并使流量维持在正常值
3	循环气中 CO_2 浓度偏高	①进氧量偏大 ②输送碳酸盐溶液管线堵塞	①设法在系统内碳酸盐溶液倒空之前使碳酸盐溶液流动,以防管线内结晶堵塞 ②立即停止氧气和乙烯进料 ③着手解决碳酸盐溶液倒空及洗塔问题
4	吸收塔有较高液位	再吸收塔釜液泵故障	①将备用泵投入使用 ②如果备用泵不能使用,反应系统应紧急停车
5	①再生塔中液位升高 ②吸收塔顶温度升高,压力上升	碳酸盐溶液泵故障	①将备用泵投入使用 ②如果备用泵不能投入使用,应紧急停车,要求停车在由于 CO_2 的积累造成循环气体压力过于升高之前进行

20.2.1　常见故障及处理方法

填料塔反应器生产过程中常见故障与处理方法见表 20-2。

表 20-2　填料塔反应器生产过程中常见故障与处理方法

序号	故障现象	故障原因	处理方法
1	工作表面结垢	①被处理物料中含有机械杂质（如泥、砂等） ②被处理物料中有结晶析出和沉淀 ③硬水所产生的水垢 ④设备结构材料被腐蚀而产生的腐蚀产物	①加强管理，考虑增加过滤设备 ②清除结晶、水垢和腐蚀产物 ③采取防腐蚀措施
2	连接处失去密封能力	①法兰连接螺栓没有拧紧 ②螺栓拧得过紧而产生塑性变形 ③由于设备在工作中发生振动，而引起螺栓松动 ④密封垫圈产生疲劳破坏（失去弹性） ⑤垫圈受介质腐蚀而坏 ⑥法兰面上的衬里不平 ⑦焊接法兰翘起	①拧紧松动螺栓 ②更换变形螺栓 ③消除振动，拧紧松动螺栓 ④更换变质的垫圈 ⑤选择耐腐蚀垫圈换上 ⑥加工不平的法兰 ⑦更换新法兰
3	塔体厚度减薄	设备在操作中受到介质的腐蚀、冲蚀和摩擦	减压使用；或修理腐蚀严重部分，或设备报废
4	塔体局部变形	①塔局部腐蚀或过热使材料强度降低，面引起设备变形 ②开孔无补强或焊缝处的应力集中，使材料的内应力超过屈服极限而发生塑性变形 ③受外压设备，当工作压力超过临界工作压力时，设备失稳而变形	①防止局部腐蚀产生 ②矫正变形；或切割下严重变形处，焊上补板 ③稳定正常操作
5	塔体出现裂缝	①局部变形加剧 ②焊接的内应力 ③封头过渡圆弧弯曲半径太小或未经返火便弯曲 ④水力冲击作用 ⑤结构材料缺陷 ⑥振动与温差的影响 ⑦应力腐蚀	裂缝修理

20.2.2　填料塔维护要点

填料塔是由塔体、喷淋装置、填料、算板、再分布器以及气液进出口等组成，欲使这些零部件发挥很大效能和延长使用寿命，应做到以下几点。

① 定期检查、清理、更换莲蓬头或溢流管，保持不堵塞、不破损、不偏斜，使喷淋装置能把液体均匀地分布到填料上。

② 进塔气体的压力和流速不能过大，否则将带走填料或使其紊乱，严重降低气液两相接触效率。

③ 控制进气温度，防止塑料填料软化或变质，增加气流阻力。

④ 进塔的液体不能含有杂物，太脏时应过滤，避免杂物堵塞填料缝隙。

⑤ 定期检查、防腐、清理塔壁，防止腐蚀、冲刷、挂疤等缺陷。

⑥ 定期检查算板腐蚀程度，如果腐蚀变薄则应更新，防止脱落。

⑦ 定期测量塔壁厚度并观察塔体有无渗漏，发现后及时修补。

⑧ 经常检查液面，不要淹没气体进口，防止引起振动和异常响声。

⑨ 经常观察基础下沉情况，注意塔体有无倾斜。

⑩ 保持塔体油漆完整，外观无挂疤，清洁卫生。

⑪ 定期打开排污阀门，排放塔底积存脏物和碎填料。

⑫ 冬季停用时，应将液体放净，防止冻结。

⑬ 如果压力突然下降，可能的原因是发生了泄漏。如果压力上升，可能的原因是填料阻力增加或设备管道堵塞。

⑭ 防腐层和保温层坏，此时要对室外保温的设备进行检查，着重检查温度在100℃以下的雨水浸入处、保温材料变质处、长期经外来微量腐蚀性流体侵蚀处。

知识拓展

化工装置操作规程和岗位操作法

一、操作规程的意义、作用和标准内容

1. 操作规程是化工装置生产管理的基本法规

为使一个化工装置能够顺利地开车、正常地运行以及安全地生产出符合质量标准的产品，且产量又能达到设计规模，在装置投运开工前必须编写该装置的操作规程。操作规程是指导生产、组织生产、管理生产的基本法规，是全装置生产、管理人员借以搞好生产的基本依据。操作规程一经编制、审核、批准颁发实施后，具有一定的法定效力，任何人都无权随意地变更操作规程。对违反操作规程而造成生产事故的责任人，无论是生产管理人员还是操作人员，都要追究其责任，并根据情节及事故所造成的经济损失给予一定的行政处分，对事故情节恶劣、经济损失重大的责任人还要追究其法律责任。在化工生产中由于违反操作规程而造成跑料、灼烧、爆炸、失火、人员伤亡的事故屡见不鲜。因此，操作规程也是一个装置生产、管理、安全工作的经验总结。每个操作人员及生产管理人员都必须学好操作规程，了解装置全貌以及装置内各岗位构成，了解本岗位在整个装置中的作用，从而严格地执行操作规程，按操作规程办事，强化管理、精心操作，安全、稳定、长周期、满负荷、优质地完成好生产任务。

2. 操作规程一般应包括的内容

① 有关装置及产品基本情况的说明　如装置的生产能力；产品的名称、物理化学性质、质量标准以及它的主要用途；本装置和外部公用辅助装置的联系，包括原料、辅助原料的来源，水、电、汽的供给，以及产品的去向等。

② 装置的构成、岗位的设置及主要操作程序　如一个装置分成几个工段，应按工艺流程顺序列出每个工段的名称、作用及所管辖的范围；按工段列出每个工段所属的岗位，以及每个岗位的所管范围、职责和岗位的分工；列出装置开停工程序以及异常情况处理等内容。

③ 工艺技术方面的主要内容　如原料及辅助原料的性质及规格；反应机理及化学反应方程式；流程叙述、工艺流程图及设备一览表；工艺控制指标，包括反应温度、反应压力、配料比、停留时间、回流比等；每吨产品的物耗及能耗等。

④ 环境保护方面的内容　列出三废的排放点及排放量以及其组成；介绍三废处理措施，列出三废处理一览表。

⑤ 安全生产原则及安全注意事项　应结合装置特点列出本装置安全生产有关规定、安全技术有关知识、安全生产注意事项等。对有毒有害装置及易燃易爆装置更应详细地列出有关安全及工业卫生方面的篇章。

⑥ 成品包装、运输及储存方面的规定　列出包装容器的规格、重量，包装、运输方式，产品储存中有关注意事项，批量采样的有关规定等。

上述六个方面的内容，可以根据装置的特点及产品的性能给予适当的简化或细化。

3. 操作规程的通用目录

常见的化工装置操作规程编写的有关章节如下。

① 装置概况。

② 产品说明。

③ 原料、辅助原料及中间体的规格。

④ 岗位设置及开停工程序。

⑤ 工艺技术规程。

⑥ 工艺操作控制指标。

⑦ 安全生产规程。

⑧ 工业卫生及环境保护。

⑨ 主要原料、辅助原料的消耗及能耗。

⑩ 产品包装、运输及储存规则。

二、操作规程的编制、批准和修订

一个新装置最初版的操作规程一般应由车间工艺技术人员编写初稿，首先他必须学习和熟悉装置的设计说明书及初步设计等有关设计资料，了解工艺意图及主要设备的性能，并配合设计人员在编写试车方案的基础上着手编写工艺操作规程，编写好的初稿应广泛征求有关生产管理人员及岗位操作人员的意见，在汇总各方意见的基础上完成修改稿。在编写中也可将部分章节交由其他专业人员参与编写，如安全生产原则、环境保护及工业卫生等内容可以由上述专业人员执笔编写。完成好的修改稿交由车间主任初审，经过车间领导初审后的修订稿上报给工厂生产技术科，经技术科审查后报请厂总工程师审查并由厂长批准下达。另有一种方式是由工艺技术人员牵头，组织有关人员向国内或国外有同类装置的生产厂收集该厂的操作规程等有关资料，并派出操作人员去上述工厂进行岗位培训，在同类装置培训人员及收集资料的基础上，以同类装置的操作规程为蓝本，加以修改补充，使之更适合本装置的工艺及管理要求，并组织参加岗位培训的操作人员进行讨论、修改，完成初稿，再经上述同样程序进行报审和批准。也有的是将上述两种编写方式结合起来进行编制的。总之，无论采用何种方式编写，都要求能满足装置生产及管理的需要，具有科学根据及先进性，但又不能照抄照搬，一定要结合本装置的特点及本车间的管理体制，并应在实践中结合岗位操作人员的创造、发明、合理化建议不断地予以修改、补充及完善。

装置在生产一个阶段以后，一般为3年，最长的5年，由于技术进步及工厂生产的发展，需要对原有装置进行改造或更新，有的需要扩大生产能力，有的需要改革原有的工艺过程，这样原来的工艺流程、主要设备及控制手段已做了修改，所以必须对原有的操作规程进行修订，然后才能开工生产。修订的操作规程必须按照上述同样的报批程序进行上报及批准。即使不进行扩建及技术改造，一般情况在装置生产2~3年后也要对原有的操作规程进行修订或补充。由于2~3年的生产实践，操作人员在实践中积累了很多宝贵的经验，发现了原设计中的一些缺陷及薄弱环节，因此有必要将这些经验及改进措施补充到原订的操作规程中去，使之更加完善。这必将更有利于工厂的安、稳、专、满、优生产。所以操作规程的修订虽然并没有硬性的时间规定，但根据生产管理的需要也应及时地进行。上述修订工作仍应由车间工艺技术人员牵头组织编写，并报上级批准下达。修订稿一经批准下达，原有的操作规程即宣告失效。

三、岗位操作法的意义、作用及标准内容

1. 岗位操作法是操作规程的实施和细化

一个化工装置要实现正常运行及顺利试车，除了需要一个科学、先进的操作规程以外，还必须有一整套岗位操作法来实施和贯彻操作规程中所列的开停工程序，进行细化并具体到每个岗位如何互相配合、互有分工地将全装置启动起来，以及在生产需要和非常情况出现时把全装置正确地停止运转。因此，岗位操作法是每个岗位操作人员借以进行生产操作的依据及指南，它与操作规程一样，一经颁发实施即具有法定效力，是工厂法规的基础材料及基本守则。每个操作人员在走上生产岗位之前都要经过岗位操作法的学习及考试，只有熟悉岗位操作法，并能用操作法中的有关内容来指导实施正常生产操作的人员，经过考核合格，才能走上操作岗位。同样，任何个人无权更改操作法的有关内容，如有违反操作法或随意更改操作法的人员，应予严肃批评教育，如果由此而造成生产事故，则要追究其责任。由于违反岗位操作法而造成跑料、泄漏、爆炸、失火及人身伤亡等事故，在化工生产中也是经常发生的。所以，每个操作人员都必须认真学习及掌握好岗位操作法，严格按操作法进行操作，杜绝发生事故的根源，完成好本岗位的生产任务。

此外，岗位操作法也是工厂考核操作人员转正定级的基本依据，也是新操作人员进行教育培训的基础教材。一般新操作人员进厂，必须组织学习操作规程及岗位操作法，使他们对化工生产的了解由抽象转为具体。而对老操作人员，每年必须按岗位操作法对其进行考核，然后决定其技术等级，以激励操作人员不断地学习和进取，达到高级技工的水平。

2. 岗位操作法一般应包括的内容

① 本岗位的基本任务　应以简洁的文字列出本岗位所从事的生产任务。如原料准备岗位，每班要准备哪几种原料，它的数量、质量指标、温度、压力等；准备好的原料送往什么岗位，每班送几次，每次送几吨；本岗位与前、后岗位是怎么分工合作的，特别应明确两个岗位之间的交接点，不能造成两不管的状况。

② 工艺流程概述　说明本岗位的工艺流程及起止点，并列出工艺流程简图。

③ 所管设备　应列出本岗位生产操作所使用的所有设备、仪表，标明其数量、型号、规格、材质、重量等。通常以设备一览表的形式来表示。

④ 操作程序及步骤　列出本岗位如何开工及停工的具体操作步骤及操作要领。如先开哪个管线及阀门；是先加料还是先升温，加料及升温具体操作步骤，要加多少料，温度升到多少度，都要详细列出，特别是空车开工及倒空物料作抢修准备的停工。

⑤ 生产工艺指标　如反应温度、操作压力、投料量、配料比、反应时间、反应空间速度等。凡是由车间下达本岗位的工艺控制指标，应一个不漏地全部列出。

⑥ 仪表使用规程　列出仪表的启动程序及有关规定。

⑦ 异常情况及其处理　列出本岗位通常发生的异常情况有哪几种，发生这些异常状况的原因分析，以及采用什么处理措施来解决上列的几种异常状况。措施要具体化，要有可操作性。

⑧ 巡回检查制度及交接班制度　应标明本岗位的巡回检查路线及其起止点，必要时以简图列出；列出巡回检查的各个点、检查次数、检查要求等。交接班制度应列出交接时间、交接地点、交接内容、交接要求及交接班注意事项等。

⑨ 安全生产守则　应结合装置及岗位特点列出本岗位安全工作的有关规定及注意事项。如本岗位不能穿带钉子的鞋上岗；有的岗位需戴橡皮围裙及橡皮手套进行操作等。都应以具体的条款列出。

⑩ 操作人员守则　应从生产管理角度对岗位人员提出一些要求及规定。如上岗不能抽烟，必须按规定着装等。提高岗位人员素质，实现文明生产的一些内容及条款。

上述基本内容也应结合每个岗位的特点予以简化或细化，但必须符合岗位生产操作及管理的实际要求。编写中内容应具体，结合一些理论，但要突出具体操作。文字要简洁，含义应明确，以免导致误操作以及岗位之间的扯皮。如是上道岗位或下道岗位的工作内容及所管辖范围，则在本岗位的操作法中就不应列出，如必须列出时应明确本岗位的职责只是予以配合。操作人员如对岗位操作法中有些内容、要求不够清楚时，应及时请示班长及值班主任。不能随意解释及推测，否则岗位操作发生事故应由操作人员负主要责任。

四、岗位操作法的编制、批准和修订

岗位操作法一般由装置的工艺技术人员牵头组织编写初稿，并可由车间安全员、班组长及其他一些生产骨干共同参与编写工作。编写过程可与操作规程同步，也可先完成操作规程继而完成岗位操作法。一般也可有两种方式。一种方式是由工艺技术人员组织上述人员一起消化、学习装置的设计说明书、初步设计及试车规程和操作规程，在此基础上编写岗位操作法。一般在化工投料之前先编写一个初稿供试车用，也可叫试行稿。在化工试车总结基础上对初稿进行补充、修改、完善，然后正常试生产一段时期后再最终确定送审稿。因为在试车阶段毕竟时间甚短，许多问题一时尚未暴露出来，所以在试生产一个时期后再予确定最终送审稿的做法比较值得推荐。为了使工厂在试生产阶段有法可依，可将这一阶段的岗位操作法定为试行稿或暂行稿，交由厂生产技术科审查备案。另一种方式则由装置的工艺技术人员牵头组织部分生产骨干去国内（外）同类生产厂培训，并收集同类装置的岗位操作法等技术资料后，再按不同专业、不同岗位有针对性地对同类装置相同岗位的操作法进行修改、补充、完善来完成初稿，进行试行，在试行一个阶段后再作一次修改，完成最终送审稿。也有的是同类装置但最终产品的包装方式不一样，如有的是液体、灌桶包装，有的却是固体包装，此时就必须到另外的固体包装岗位收集资料，作为编写初稿的基础材料，再根据产品的不同性质作出适当的修改。如有的产品怕吸收空气中的水分而影响它的出厂质量指标，而有的产品则无此方面的要求，则包装岗位设备的设置及操作内容都会有一些不相同。上述两种岗位操作法的编写方式可根据情况选择使用，或将两种方式结合起来进行初稿的编写。总之，无论采用哪种方式编写，编写好的岗位操作法既要满足生产管理的需要，又要使操作操作人员易懂、易学、易执行。初稿确定后由车间主任组织讨论修改后试行，试行一阶段后再作修改，完成送审稿，交由厂生产技术部门及总工程师进行审定，由厂长批准颁发。岗位操作法与操作规程一样，一经批准下达即具有法定效力，不得随意修改，各类人员都应维护它的严肃性。岗位操作法的修订工作与操作规程情况基本类同，一种情况是由于科技进步革新了原有的工艺流程或主要设备，第二种情况是由于扩建增加了生产能力，第三种情况是由于广大操作人员在生产一个阶段后发现了设计上的一些缺陷及一些薄弱环节后提出了一些改进的意见和措施，这样原有的操作法就必须进行修订和补充。修订和报批的程序与前述相同。新操作法一旦报批颁发，原有的操作法即宣告失效。此外，在工厂体制、管理模式进行调整时，也可能要对岗位操作法进行一些修改或补充。

上面介绍了操作规程及岗位操作法的编写内容及编报过程。由于科学技术在日新月异地发展，工厂的管理体制及模式在不断地深化改革，因此工厂基本法规的内容及编报过程都不能看成是一成不变的。如计算机的普及已使工艺及自控成为不可分割的一个部分；由于环境保护要求的不断提高，也可能增加一些新的章节；由于管理模式改变，装置不设立车间，工厂实行二级管理，其报批程序也简化，最后甚至一级审批即可颁发生效。总之，今后对新装置的操作规程及岗位操作法的编制，还是应该结合当时的科技水平、管理模式及产品的特点来编写，不宜生搬硬套，照抄照搬，应予提倡出新。在科技不断进步、体制改革不断深化的未来，作为工厂法规重要组成部分的操作规程及岗位操作法，一定会编写得更加合理、更加实用及更加先进。

 **技术前沿**

微反应器在气液相反应中的应用

一、气液相微反应器的特点

以微反应系统为核心的微化工技术以其简单高效、快速灵活、可直接放大和可持续性等优势受到广大科技工作者的青睐。高通量的微反应器在实现化学反应的基础上，还可以进行实时在线分析，提高反应安全性及自动化程度。将其用于气-液反应的优势在于：

① 较大的表面积-体积比　随着反应器通道特征尺寸的减小，表面积-体积比显著增加，参与反应的气-液表面积成倍增加，可以达到常规的 $10 \sim 50$ 倍，大大提高了传质传热效率；

② 减小反应设备尺寸　微尺度气-液反应发生在较小尺寸的反应设备中，由于微系统内部体积较小，减少了不必要的试剂消耗，可以节约生产成本。同

时较小的尺寸拓宽了安全操作范围，避免爆炸，使反应更加安全；

③ 为生化反应提供可精确控制的环境　微反应器尺寸小，操作性好，可以实现对反应温度的精确控制和对反应物的精确配比。同时扩大产量可以通过增加微通道的数量来实现，避免了常规反应器放大的难题。

由于微反应器中气液相接触面积比常规尺度气液接触设备至少提高了一到两个数量级，所以极大地强化了传质过程，特别是在气体吸收及气液反应过程中已经进行了大量的研究。

中国科学院大连化学物理研究所采用当量直径为 $667\mu m$ 的微通道反应器对纯水吸收二氧化碳过程的进行实验研究，目的主要是研究微通道内的气液传质特性。结果表明实验操作条件下，液侧体积传质系数是常规气液接触设备的十倍甚至百倍。

以二乙醇胺吸收二氧化碳、一氧化碳混合气体为研究体系，在微通道接触器内进行了气液传质实验。实验过程中气液两相以并流或逆流的形式流经不同尺寸的微通道，在微孔接触板处形成气液界面。结果表明25%的二氧化碳在10s内被吸收了90%。

在通道直径为1.56mm的独石（一种天然矿石，结构上具有多行微通道）中进行了水吸收氧气的物理吸收实验，其液侧体积传质系数达到了 $1s^{-1}$，比常规设备的液侧体积传质系数至少提高了2个数量级。

以上说明微通道接触器的传质性能十分高效，有利于增强气液相反应的传质。

二、微反应器的放大

在研究将微反应器用于工业实际应用的过程中，如何对反应器进行化工放大显得格外重要。所谓化工放大，是指化学品的生产从实验室规模放大到工业规模，是化学品实现规模化、产业化生产所不可或缺的开发过程。由于化学反应通常伴随着质量、热量、动量传递的发生，反应规模扩大会产生"放大效应"，导致反应器的材质、原料规格、反应工艺条件、生产方式、产品收率等发生改变；其中差别最大的是反应工艺条件和产品收率。传统工业放大过程往往费时费力，需要反复尝试和改进工艺条件来克服"放大效应"，这直接拉大了实验室研究与工业生产的距离，同时也大大提高了开发成本，使得很多科学研究成果要很久才能真正为社会服务。可以说，只要放大问题解决了，实现产品工业化过程中的很多单元操作的问题都可迎刃而解。微反应器由于是单独的反应系统，其工业放大方法与传统的工业放大过程明显不同，不存在放大效应，这也赋予了微反应器在研究产品工业化的过程中很大的优越性。

由于微反应器是单独的反应体系，它的生产规模扩大主要是通过"数目放大"来实现，简单地将微反应器进行平行叠加即可，不存在所谓"放大效应"的问题。数目放大与传统逐级放大过程的比较见图20-2。

三、亚硫酸铵氧化反应的微反应器应用实例

（1）亚硫酸铵氧化反应原理

硫酸铵性能稳定，其中所含的氮和硫两种营养元素，对农作物生长有利，

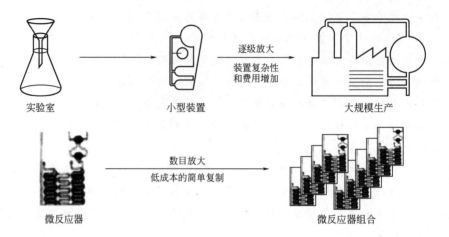

图 20-2　数目放大与逐级放大过程的比较

既能单独作为肥料,也能作为生产复合肥的原料,所以亚硫酸铵(亚铵)氧化制取硫酸铵越来越受到人们的重视。而当亚硫酸铵浓度大于 $0.5mol/L$ 时,反应速率随着亚硫酸铵浓度的增加而降低,此浓度下亚铵转化率达到 50% 需要 $2h$ 以上的反应时间,同时亚硫酸铵直接氧化制硫酸铵必须在较低的总盐(硫酸盐和亚硫酸盐)浓度($1mol/L$)下进行。因此氨法深度氧化技术虽然具有高氧化率、高脱硫率,并有效控制逸氨的优势,但是前期投资大,占地面积大,设备复杂,不利于中小企业广泛采用。

金属套管式微反应器(见图 20-3)则可以氧气初始浓度较高的亚硫酸铵溶液,其出色的传质能力提高了亚铵转化率与亚铵氧化反应速率,为中小企业实现连续化生产提供了途径。

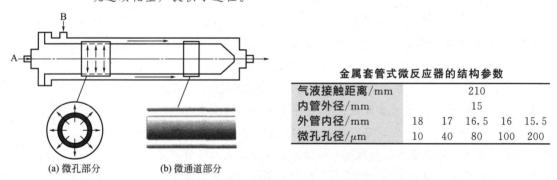

金属套管式微反应器的结构参数

气液接触距离/mm		210			
内管外径/mm		15			
外管内径/mm	18	17	16.5	16	15.5
微孔孔径/μm	10	40	80	100	200

(a) 微孔部分　　(b) 微通道部分

图 20-3　金属套管式微反应器结构

(2) 亚硫酸铵氧化反应的微反应器工艺方法

如图 20-4 所示,反应过程中将装有反应液的容器和套管式微反应器均放在恒温水浴锅中控制温度。将事先配好的亚铵溶液用蠕动泵输入反应器外管,由气体流量计控制气体流量,通过混合器混合调温后进入反应器内管并由微孔处喷出,然后与由外管进入的液体在微通道内进行接触反应。待系统稳定后在出口处取样分析,选用碘量法检测亚硫酸盐浓度。

(3) 亚硫酸铵氧化反应的微反应器工艺结果

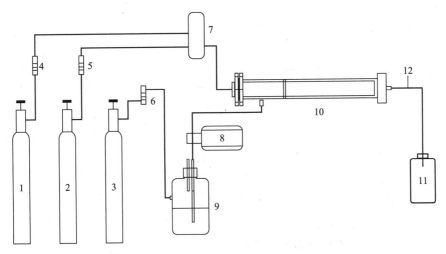

图 20-4　亚硫酸铵氧化反应的微反应器工艺流程图

1—氧气；2,3—氮气；4,5,6—流量计；7—缓冲瓶；8—蠕动泵；9—反应液瓶；
10—套管式微反应器；11—废液瓶；12—取样口

结果表明，对于亚铵氧化反应最合适的套管尺寸为 $D_h = 10\mu m$，$R_h = 250\mu m$；在操作条件下提高氧气流量、氧气分压、温度、pH 值和催化剂浓度等都有助于亚铵转化率及反应速率的提高。高浓度的硫酸根对亚铵氧化反应有抑制作用。在微反应器中，亚铵氧化反应存在关键的亚铵初始浓度可使反应速率达到最大，反应速率比在常规反应器中提高了两个数量级以上。

四、臭氧降解苯酚水溶液的微反应器应用实例

（1）臭氧降解苯酚水溶液反应原理

臭氧氧化法降解苯酚水溶液具有原料简单（氧气经高压放电后便可得到臭氧）、无二次污染和氧化工艺易于控制等显著特点。但是单纯臭氧氧化方式处理废水的主要问题是臭氧在废水中溶解度低，进入液相传质阻力大，导致臭氧利用率低、氧化能力不足等。

采用套管式微反应器（见图 20-5）对臭氧氧化苯酚水溶液的过程进行优化，可以强化液相传质，在极短的反应时间内获得了较高的苯酚去除率，提升反应效果。

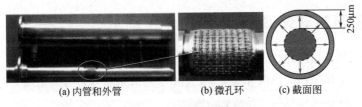

(a) 内管和外管　　　　(b) 微孔环　　　　(c) 截面图

图 20-5　套管式微反应器

（2）臭氧降解苯酚水溶液工艺方法

如图 20-6 所示，反应过程中利用恒温水浴锅精确控制反应体系温度，苯酚溶液由蠕动泵输入反应器外管，在微通道内沿轴向流动；由臭氧发生器产生的臭氧-氧气混合气则通入反应器内管，由微孔径向喷出与苯酚溶液在微通道内进行错流接触反应，然后从出口流出。气液两相在反应器内的反应时间仅为3～4s。系统稳定后在反应器出口处取样分析苯酚浓度。

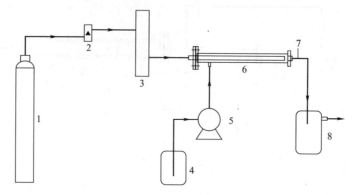

图 20-6　臭氧降解苯酚水溶液的套管式微反应器工艺流程

1—氧气瓶；2—气体流量计；3—臭氧发生器；4—苯酚溶液；5—蠕动泵；

6—套管式微反应器；7—取样口；8—废液瓶

（3）臭氧降解苯酚水溶液工艺结果

在套管式微反应器中，通过强化臭氧在液相中的传质过程，在极短的接触时间内苯酚去除率便可达到99%以上。

在工艺条件下，反应气液比对苯酚去除率有很大影响，其实质是臭氧量对苯酚去除率的影响；pH值是臭氧氧化处理苯酚废水的关键控制参数；选用不同尺寸的内管和外管会影响气液混合及传质特性，从而大幅度影响苯酚去除率，最佳的内外管型号为 $D_h=10\mu m$，$R_h=250\mu m$；苯酚的去除率随着反应器微孔孔径、内外管环隙和苯酚溶液初始浓度的增大而减小，随着温度的增大而增大，实验条件下的最佳温度为55℃。

项目三　思考与复习

思考题与复习题

3-1. 气液相反应的特点是什么？

3-2. 气液反应器的类型有哪些？它们各具有什么特点，分别适用于何种情况？

3-3. 气液相反应过程包括哪些步骤？

3-4. 常见鼓泡塔反应器有哪些类型？鼓泡塔的基本结构有哪些？

3-5. 填料塔的基本结构有哪些？和鼓泡塔相比较填料塔有哪些优点？

3-6. 常见填料的类型有哪些？各有什么特点？

3-7. 对动力学控制、扩散控制的气液反应，如何选择气液相反应器？

3-8. 流化床中质量传递和热量传递有何特点？

3-9. 气液相反应的特点是什么？

3-10. 根据双膜理论简述气液相反应的宏观过程。

3-11. 何谓气含率？它的影响因素有哪些？

3-12. 鼓泡塔内的气体阻力 Δp 由哪几部分组成？

3-13. 鼓泡塔如何防止雾沫夹带？

3-14. 在鼓泡塔内采取什么措施可增大气液相的接触表面积？

3-15. 鼓泡塔的传热方式有哪些？

3-16. 如何根据经验法计算鼓泡塔的工艺尺寸？

3-17. 如何计算填料塔的塔径和高度？

3-18. 鼓泡塔反应器常见故障有哪些？产生的原因是什么？如何排除？

3-19. 填料塔反应器常见故障有哪些？产生的原因是什么？如何排除？

3-20. 请从反应速率大小的角度分别阐述鼓泡塔反应器、喷淋塔反应器、填料塔反应器的适用范围。

3-21. 请为乙醛氧化制乙酸工艺选择合适的气液相反应器。

计算与设计题

3-1. 苯烷基化生产乙苯采用鼓泡塔反应器，每小时通入乙烯 1232kg，塔内苯液层高度为 10m，其空间速度为 $62.9h^{-1}$，试计算该鼓泡塔直径。　　　　　[1.12m]

3-2. 乙炔二聚生成乙烯基乙炔，反应式如下：

$$2CH{\equiv}CH \longrightarrow CH_2{=}CH{-}C{\equiv}CH$$

该反应在直径为 1.3m 的鼓泡塔中进行，每小时生产纯度为 99.7％ 的乙烯基乙炔 450kg。原料乙炔的纯度为 99.5％，空速（标准状态）为 $200m^3/(m^3\ 催化剂{\cdot}h)$，若不考虑副反应，试计算转化率达到 15％ 时，催化剂溶液的体积和静液层高度。

[$12.96m^3$，9.76m]

3-3. 烃化反应在一鼓泡塔中进行，该塔直径为 1.2m，静液层高度为 12m，若气含率为 0.34，试计算该塔的高度。　　　　　[19.7m]

3-4. 试设计一空气氧化邻二甲苯制邻甲基苯甲酸连续逆流操作鼓泡氧化塔。

（1）设计任务　年产 400 吨邻甲基苯甲酸。

（2）工艺数据　氧化反应选择性 85％，生成的邻甲基苯甲酸损失 5％，邻二甲苯反应转化率 30％，每生成 1kmol 邻甲基苯甲酸耗氧 1.9kmol，冷凝后气相每小时吸附回收邻二甲苯 5kg，操作压力 0.35MPa（绝对压），操作温度 120℃，气液进料温度 20℃，塔顶冷凝器回流液冷至 20℃，操作空塔气速 0.05m/s。

（3）物性参数　液相平均密度 $\rho_L = 925kg/m^3$；气相平均密度 $\rho_G = 3.95kg/m^3$；液相平均黏度 $\mu_L = 2.35 \times 10^{-5}Pa{\cdot}s$；气相平均黏度 $\mu_G = 1.86 \times 10^{-5}Pa{\cdot}s$；液相表面张力 $\sigma_L = 21 \times 10^{-3}N/m$。

（4）物料衡算　反应方程 $C_6H_4(CH_3)_2 + \dfrac{2}{3}O_2 \longrightarrow CH_3C_6H_4COOH + H_2O$

副反应消耗按主反应计，忽略各股物料中的杂质等少量组分，年操作时间按

8000h 计算，以每小时为基准进行计算。

$$[V_{GL} = 0.358 m^3, \quad D = 0.46m, \quad H_{GL} = 2.16m]$$

3-5. 以填料塔进行用氨水吸收 H_2S 的带化学反应的脱硫过程，$k_{LA} = 2 \times 10^{-4}$ m/s，$k_{GA} = 0.2 kmol/(m^2 \cdot h \cdot atm) = 2 kmol/(m^2 \cdot h \cdot MPa)$，填料塔的比表面积 a 为 $92 m^2/m^3$，气体在塔内的空塔流速为 $30 kmol/(m^2 \cdot h)$，入塔气含硫 $2g/m^3$，出塔气含硫 $0.05 g/m^3$，操作压力 $p = 0.22MPa$，全塔平均增强因子 $\beta = 50$，$H_A = 0.1 atm \cdot m^3/kmol$（或 $1 MPa \cdot m^3/kmol$）。试求：不计氨水表面上 H_2S 平衡分压（即 $p_A^* = 0$）时的填料层高度。

$$[此反应为气膜控制，K_{GA} = k_{GA}，塔高为 5.46m]$$

本书符号说明

英文

A	传热面积，m^2
A_{a0}	吸附指前因子，h^{-1}
A_{d0}	脱附指前因子，h^{-1}
A_i	管内壁面积，m^2
A_0	指前因子，也称频率因子，$kmol^{1-n}/[(m^3)^{1-n} \cdot h]$
A_p	非球形颗粒的外表面积，m^2
A_s	与非球形颗粒等体积圆球的外表面积，m^2
a	组分 A 的化学计量系数
a_t	填料层的比表面积，m^2/m^3
Bo	邦德数，$\dfrac{gD^2\rho_L}{\sigma_L}=Bo$
b	组分 B 的化学计量系数
C_D	阻力系数
c	反应物料的浓度，$kmol/m^3$
$c_A, c_B, \cdots$	组分 A、B、…的浓度，$kmol/m^3$
c_{Ab}, c_{Ac}, c_{Ae}	分别为气泡相、气泡晕、乳化相中反应组分 A 的浓度，$kmol/m^3$
c_{Ai}	第 i 釜内组分 A 的浓度，$kmol/m^3$
c_{Ai}	气相组分 A 在相界面上成平衡的液相浓度，$kmol/m^3$
c_{Ai}	气液相界面处液相组分 A 的浓度，$kmol/m^3$
$c_{A(i-1)}$	第 $i-1$ 釜内组分 A 的浓度，$kmol/m^3$
c_A^*	与气相主体中组分 A 分压 p_A 平衡的浓度，$kmol/m^3$
c_{AL}	液相主体中组分 A 的浓度，$kmol/m^3$
c_{GA}	组分 A 在气流主体中的浓度，$kmol/m^3$
c_p	液体热容，$J/(kg \cdot K)$
$\overline{c}_p'$	进入微元体积 dV_R 的物料在 $T_b \sim T'$ 温度范围内的平均比热容，$kJ/(kg \cdot K)$
$\overline{c}_p''$	离开微元体积 dV_R 的物料在 $T_b \sim T''$ 温度范围内的平均比热容，$kJ/(kg \cdot K)$
c_{pt}	物料的平均比热容，$kJ/(kg \cdot K)$
c_{SA}	组分 A 在催化剂外表面处的浓度，$kmol/m^3$
$\overline{c}_p$	$T_0 \sim T_b$ 温度范围内物料的平均比热容，$kJ/(kg \cdot K)$
$\overline{c}_p'$	$T \sim T_b$ 温度范围内物料的平均比热容，$kJ/(kg \cdot K)$
D	鼓泡塔反应器直径，m
D_{GA}	组分 A 在气膜中的分子扩散系数，$kmol/(m \cdot s \cdot Pa)$
D_{LA}	组分 A 在液膜内的分子扩散系数，m^2/s
D_R	反应器直径，m
d	填料公称直径，m
d_a	面积相当直径，mm
d_b	单个球形气泡直径，m
d_e	气泡当量直径，m
d_0	分布器孔径，m
d_S	比表面当量直径，mm
$\overline{d}_S$	平均比表面当量直径，m
d_V	体积当量直径，mm
E	反应活化能，$kJ/kmol$
E_a	吸附活化能，$kJ/kmol$
E_a^{θ}	覆盖率等于零时的吸附活化能，$kJ/kmol$
E_d	脱附活化能，$kJ/kmol$
E_d^0	覆盖率等于零时的脱附活化能，$kJ/kmol$
F_A	出口物料中组分 A 的摩尔流量，$kmol/h$
F_{A0}	进口物料中组分 A 的摩尔流量，$kmol/h$
Fr	弗劳德数，$\dfrac{u_{OG}}{\sqrt{gD}}=Fr$
F_t	离开微元体积 dV_R 的物料总摩尔流量，$kmol/h$
F_t'	进入微元体积 dV_R 的物料总摩尔流量，$kmol/h$
f_M	修正摩擦系数
G	流体表观质量流速，$kg/(m^2 \cdot h)$
G	气体的空塔摩尔流速，$mol/(m^2 \cdot s)$
Ga	伽利略数，$\dfrac{gD^3\rho_L^2}{\mu_L^2}=Ga$
G_I	惰性气体的恒摩尔流速，$mol/(m^2 \cdot s)$
G_L	液体质量流速，$kg/(m^2 \cdot s)$
G_M	气体质量流速，$kg/(m^2 \cdot s)$

H_A	亨利常数，$m^3 \cdot Pa/kmol$		量，kmol
$(-\Delta H_A)$	化学反应热，kJ/kmol	n_{S0}	反应开始时组分 S 的物质的量，kmol
$(-\Delta H_A)_{Tb}$	在基准温度下，以反应物 A 计算的化学反应热，kJ/kmol	p	绝对压力，Pa
H_E	分离空间高度，m	Δp	压力降，Pa
H_{GL}	充气液层高度，m	p_A	组分 A 在气相中的分压，Pa
H_L	静液层高度，m	p_A, p_B, p_R	组分 A、B、R 在流体中的分压，Pa
K	传热系数，$kW/(m^2 \cdot K)$	p_{Ai}	气液相界面处气相组分 A 的分压，Pa
K	反应总平衡常数	p_{Ai}	气相组分 A 在界面上成平衡的气相分压，Pa
K_A, K_B, K_R	组分 A、B、R 的吸附平衡常数	p_A^*	与液相主体中组分 A 浓度 c_{AL} 平衡的分压，Pa
K_{GA}	组分 A 以分压表示的总传质系数，$kmol/(m^2 \cdot s \cdot Pa)$	p_{GA}	组分 A 在气流主体中的分压，Pa
K_{LA}	组分 A 以液相浓度表示的总传质系数，m/s	p_{SA}	组分 A 在催化剂外表面处的分压，Pa
k	反应速率常数，$kmol^{1-n}/[(m^3)^{1-n} \cdot h]$	Q	传热速率，kJ/h
k_a	吸附速率常数，h^{-1}	Q_b	放热速率，kJ/h
k_{cA}	以浓度差为推动力的外扩散传质系数，m/h	Q_c	移热速率，kJ/h
k_d	脱附速率常数，h^{-1}	R	气体通用常数，$R = 8.314 kJ/(kmol \cdot K)$
k_{GA}	以分压差为推动力的外扩散传质系数，$kmol/(h \cdot m^2 \cdot Pa)$	Re_b	气泡雷诺数，$Re_b = \dfrac{d_b u_{OG} \rho_L}{\mu_L}$
k_{LA}	组分 A 在液膜内的传质系数，m/s	$(-r_A)$	组分 A 的消耗速率
k_p	以分压表示的反应速率常数，$kmol/(m^3 \cdot h \cdot Pa^n)$	$(-r_A)_i$	第 i 釜内反应速率，$kmol/(m^3 \cdot h)$
L	管长，m	r_a	吸附速率，Pa/h
m	吸附中心数	$(-r_B)$	组分 B 的消耗速率
m_t	反应物料总质量，kg	r_d	脱附速率，Pa/h
M	气体的平均摩尔质量，kg/kmol	r_i	组分 i 的反应速率，$kmol/(m^3 \cdot h)$
$\overline{M}$	离开微元体积 dV_R 的物料平均摩尔质量，kg/kmol	S	相界面积，m^2
$\overline{M}'$	进入微元体积 dV_R 的物料平均摩尔质量，kg/kmol	Sc_L	液体施密特数，$Sc_L = \dfrac{\mu_L}{\rho_L D_{LA}}$
N_A	组分 A 的传递速率，$kmol/[h \cdot m^3(床层)]$	S_e	催化剂床层（外）比表面积，m^2/m^3
N_A'	扩散速率，$kmol/(m^2 \cdot s)$	S_V	非球形颗粒的比表面积，m^2/m^3
N_{Ab}	组分 A 的物质的量，kmol	S_{Vi}	颗粒 i 筛分的比表面积，m^2/m^3
n	总反应级数	Sh	舍伍德数，$Sh = \dfrac{k_{LA} d_b}{D_{LA}}$
n_A	反应到某一时刻组分 A 的物质的量，kmol	S_V	空速，h^{-1}
n_{A0}	反应开始时组分 A 的物质的量，kmol	S_w	催化剂空时收率，$kg/(kg \cdot h)$ 或 $kg/(m^3 \cdot h)$
n_B	反应到某一时刻组分 B 的物质的量，kmol	T	反应物料温度，K
n_{B0}	反应开始时组分 B 的物质的量，kmol	T_b	选定的基准温度，K
n_R	反应到某一时刻组分 R 的物质的量，kmol	T_m	床层平均温度，K
n_{R0}	反应开始时组分 R 的物质的量，kmol	T_s	传热介质温度，K
n_S	反应到某一时刻组分 S 的物质的	T_w	管内壁温度，K
		T'	进入微元体积 dV_R 的物料温度，K

T''	离开微元体积 dV_R 的物料温度，K	δ	后备系数
t	操作周期，h	δ_G	气膜有效厚度，m
u_t	带出速度，m/s	δ_L	液膜有效厚度，m
u_{mf}	临界流化速度，m/s	ε	床层空隙率
u_0	流体空床平均流速，m/s	ε_A	膨胀因子
V	反应器体积，m³	ε_G	气含率
V_B	质量 W 的催化剂堆积体积，m³	η	催化剂有效系数
V_b	气泡体积，m³	θ_A	组分 A 的覆盖率
V_C	顶盖死区体积，m³	λ_f	流体热导率，kJ/(m·h·K)
V_E	分离空间体积，m³	λ_L	液体热导率，J/(m·s·K)
V_G	气体体积，m³	μ_f	流体黏度，Pa·s
V_{GL}	气液混合物体积，m³	μ_L	液体黏度，kg/(m·s)
V_L	液体体积，m³	μ_G	气体黏度，Pa·s
V_0	进口物料体积流量，m³/h；	ρ	反应釜进口物料密度，kg/m³
V_p	非球形颗粒的体积，m³	ρ'	反应釜出口物料密度，kg/m³
V_R	反应器有效体积，即反应区域，m³	ρ_B	催化剂床层堆积密度，kg/m³
V_{Ri}	第 i 釜的有效体积，m³	ρ_s	催化剂的表观密度，kg/m³
V_s	催化剂颗粒体积，m³	ρ_f	流体密度，kg/m³
V_0'	反应釜出口物料体积流量，m³/h	ρ_G	气体密度，kg/m³
v_G	气体体积流量，m³/h	ρ_L	液体密度，kg/m³
$v_0^\ominus$	原料气（标准状态）体积流量，m³/h	ρ_{GL}	鼓泡层密度，kg/m³
		σ_c	液体临界表面张力，N/m
W	催化剂质量，kg	σ_L	液体表面张力，N/m
x_A	反应物 A 的转化率	τ	反应时间，h
x_{Ai}	第 i 釜内组分 A 的转化率	τ'	辅助时间，h
$x_{A(i-1)}$	第 $i-1$ 釜内组分 A 的转化率	$\bar\tau$	物料在连续操作釜式反应器中的平均停留时间，h
x_{A0}	初始转化率		
x_{Af}	最终转化率	$\bar\tau_i$	物料在第 i 釜中的平均停留时间，h
y_A, y_A^*	气相中被吸收组分 A 的摩尔分数和液流主体中组分 A 的平衡摩尔分数	φ	外表面积校正系数
		ϕ_s	非球形颗粒的形状系数
y_{A1}, y_{A2}	分别为进、出吸收塔气体中被吸收组分 A 的摩尔分数	φ	装料系数

希文

α_1, α_2	反应级数
α_t	床层对壁传热系数，kJ/(m²·h·K)

下标

m	间歇操作釜式反应器
mf	表示临界流化状态

参 考 文 献

[1] 朱炳辰. 化学反应工程. 5版. 北京：化学工业出版社，2020.

[2] 陈甘棠. 化学反应工程. 4版. 北京：化学工业出版社，2021.

[3] 李绍芬. 反应工程. 3版. 北京：化学工业出版社，2013.

[4] 梁斌. 化学反应工程. 3版. 北京：科学出版社，2019.

[5] 陆敏. 化学制药工艺与反应器. 5版. 北京：化学工业出版社，2023.

[6] 靳海波. 精细化工反应工程基础. 北京：中国石化出版社，2010.

[7] 贾士儒. 生物反应工程原理. 4版. 北京：科学出版社，2015.

[8] 张晓娟. 精细化工反应过程与设备. 北京：中国石化出版社，2008.

[9] 罗康碧，罗明河，李沪萍. 反应工程原理. 2版. 北京：科学出版社，2016.

[10] 罗康碧，罗明河，李沪萍. 反应工程原理解析. 北京：科学出版社，2017.

[11] 许志美. 化学反应工程. 北京：化学工业出版社，2019.

[12] 张濂，许志美，袁向前. 化学反应工程原理. 2版. 上海：华东理工大学出版社，2007.

[13] 许志美，张濂，袁向前. 化学反应工程原理例题与习题. 2版. 上海：华东理工大学出版社，2007.

[14] 陈敏恒. 化工原理（少学时）. 3版. 上海：华东理工大学出版社，2019.

[15] 戚以政，汪叔雄. 生物反应动力学与反应器. 3版. 北京：化学工业出版社，2007.

[16] Fogler H S. Elements of Chemical Reaction Engineering. 6th ed. London：Pearson，2020.

[17] Levenspiel O. Chemical Reaction Engineering. 3rd ed. 北京：化学工业出版社，2002.

[18] 刘承先，文艺. 化学反应器操作实训. 北京：化学工业出版社，2006.

[19] 中石化上海工程有限公司. 化工工艺设计手册（下册）. 5版. 北京：化学工业出版社，2019.

[20] 梁凤凯，陈学梅. 有机化工生产技术与操作. 2版. 北京：化学工业出版社，2015.

[21] 陈国桓，张喆，许莉，陈刚. 化工机械基础. 4版. 北京：化学工业出版社，2021.

[22] 张卫红，李为民. 化学反应工程. 3版. 北京：中国石化出版社，2020.

[23] 高正中. 实用催化. 2版. 北京：化学工业出版社，2012.

[24] 蒋作良. 药厂反应设备及车间工艺设计. 北京：中国医药科技出版社，2008.

[25] 王尚弟. 催化剂工程导论. 3版. 北京：化学工业出版社，2015.

[26] 袁渭康，王静康，费维扬，欧阳平凯. 化学工程手册. 3版. 北京：化学工业出版社，2019.

[27] 单国荣，杜淼，朱利平. 聚合反应工程基础. 2版. 北京：化学工业出版社，2021.

[28] 黄仲涛，耿建铭. 工业催化. 4版. 北京：化学工业出版社，2020.

[29] 杨春晖，郭亚军. 精细化工过程与设备. 2版. 哈尔滨：哈尔滨工业大学出版社，2010.

[30] 米镇涛. 化学工艺学. 2版. 北京：化学工业出版社，2009.

[31] 曲刚. 微管内催化制备生物柴油的工艺研究 [D]. 杭州：浙江大学，2015.

[32] 郑亚锋. 微反应器中的乙烯氧化反应 [D]. 北京：北京化工大学，2005.

[33] 李鹏飞. 套管式微反应器中气液相快速氧化反应的研究 [D]. 北京：北京化工大学，2011.